UG NX 12.0 工程应用精解丛书

U0378991

UG NX 12.0
曲面设计教程

北京兆迪科技有限公司 ◎ 编著

机械工业出版社
CHINA MACHINE PRESS

扫描二维码
获取随书学习资源

本书全面、系统地介绍了使用 UG NX 12.0 进行曲面设计的过程、方法和技巧。书中内容包括曲面设计的概要、曲面基准特征的创建、曲线设计、简单曲面的创建、自由曲面的创建、曲面的编辑、曲面中的倒圆角、TOP_DOWN 自顶向下产品设计，最后一章还给出了大量的曲面设计综合范例。

在内容安排上，为了使读者更快地掌握 UG 软件的曲面功能，书中结合大量的曲面设计范例对软件中一些抽象的曲面概念、命令和功能进行讲解，同时结合范例讲述了一些生产一线曲面产品的真实设计过程，能使读者较快地进入曲面设计实战状态。在写作方式上，本书紧贴软件实际操作界面，使初学者能够尽快上手，提高学习效率。本书附赠学习资源，学习资源中有大量 UG 曲面设计技巧和具有针对性实例的教学视频，语音讲解详细，学习资源中还包含本书所有的模型文件、范例文件和练习素材文件。

本书内容全面，条理清晰，实例丰富，讲解详细，可作为工程技术人员的 UG 曲面设计自学教程和参考书，也可作为大中专院校学生和各类培训学校学员的 UG 课程上课或上机练习的教材。

本书是"UG NX 12.0 工程应用精解丛书"中的一本，读者在阅读本书后，可根据自己工作和专业的需要，抑或为了进一步提高 UG 技能、增加职场竞争力，再购买丛书中的其他书籍。

图书在版编目（CIP）数据

UG NX 12.0 曲面设计教程 / 北京兆迪科技有限公司
编著. —8 版. —北京：机械工业出版社，2019.1（2024.6 重印）
（UG NX 12.0 工程应用精解丛书）
ISBN 978-7-111-61414-2

Ⅰ.①U…　Ⅱ.①北…　Ⅲ.①曲面—机械设计—计算
机辅助设计—应用软件—教材　Ⅳ.①TH122

中国版本图书馆 CIP 数据核字（2018）第 261187 号

机械工业出版社（北京市百万庄大街 22 号　邮政编码 100037）
策划编辑：丁　锋　　　　责任编辑：丁　锋
责任校对：张　薇　郑　婕　封面设计：张　静
责任印制：常天培
固安县铭成印刷有限公司印刷
2024 年 6 月第 8 版第 3 次印刷
184mm×260 mm • 22 印张 • 532 千字
标准书号：ISBN 978-7-111-61414-2
定价：69.90 元

电话服务　　　　　　　　　　网络服务
客服电话：010-88361066　　机　工　官　网：www.cmpbook.com
　　　　　010-88379833　　机　工　官　博：weibo.com/cmp1952
　　　　　010-68326294　　金　书　网：www.golden-book.com
封底无防伪标均为盗版　机工教育服务网：www.cmpedu.com

丛书介绍与选读

"UG NX 工程应用精解丛书"自出版以来，已经拥有众多读者并赢得了他们的认可和信赖，很多读者每年在软件升级后仍继续选购。UG 是一款功能十分强大的 CAD/CAM/CAE 高端软件，目前在我国工程机械、汽车零配件等行业占有很高的市场份额。近年来，随着 UG 软件功能进一步完善，其市场占有率越来越高。本套 UG 丛书的内容在不断完善，丛书涵盖的模块也不断增加。为了方便广大读者选购这套丛书，下面特对其进行介绍。首先介绍本套 UG 丛书的主要特点。

- ☑ 本套 UG 丛书是目前涵盖 UG 模块功能较多、体系完整、丛书数量（共 20 本）比较多的一套丛书。
- ☑ 本套 UG 丛书在编写时充分考虑了读者的阅读习惯，语言简洁、讲解详细、条理清晰，图文并茂。
- ☑ 本套 UG 丛书的每一本书都附赠学习资源，对书中内容进行全程讲解，学习资源中包括大量 UG 应用技巧和具有针对性的范例教学视频和详细的语音讲解，读者可将学习资源中语音讲解视频文件复制到个人手机、iPad 等电子产品中随时观看、学习。另外，学习资源内还包含了书中所有的素材模型、练习模型、范例模型的原始文件以及配置文件，方便读者学习。
- ☑ 本套 UG 丛书的每一本书在写作方式上紧贴 UG 软件的实际操作界面，采用软件中真实的对话框、操控板和按钮等进行讲解，使初学者能够直观、准确地操作软件进行学习，从而尽快上手，提高学习效率。

本套 UG 丛书的所有 20 本图书全部是由北京兆迪科技有限公司统一组织策划、研发和编写的。当然，在策划和编写这套丛书的过程中，兆迪公司也吸纳了来自其他行业著名公司的顶尖工程师共同参与，将不同行业独特的工程案例及设计技巧、经验融入本套丛书；同时，本套丛书也获得了 UG 厂商的支持，丛书的质量得到了他们的认可。

本套 UG 丛书的优点是，丛书中的每一本书在内容上都是相互独立的，但是在工程案例的应用上又是相互关联、互为一体的；在编写风格上完全一致，因此读者可根据自己目前的需要单独购买丛书中的一本或多本。不过，读者如果以后为了进一步提高 UG 技能还需要购书学习时，建议仍购买本丛书中的其他相关书籍，这样可以保证学习的连续性和良好的学习效果。

《UG NX 12.0 快速入门教程》是学习 UG NX 12.0 中文版的快速入门与提高教程，也是学习 UG 高级或专业模块的基础教程，这些高级或专业模块包括曲面、钣金、工程图、注塑模具、冲压模具、数控加工、运动仿真与分析、管道、电气布线、结构分析和热分析等。如果读者以后根据自己工作和专业的需要，或者是为了增强职场竞争力，需要学习这些专业模块，建议先熟练掌握本套丛书《UG NX 12.0 快速入门教程》中的基础内容，然后再学习高级或专业模块，以提高这些模块的学习效率。

《UG NX 12.0 快速入门教程》内容丰富、讲解详细、价格实惠，相比其他同类型的书籍，价格要便宜 20%~30%，因此《UG NX 4.0 快速入门教程》《UG NX 5.0 快速入门教程》《UG NX 6.0 快速入门教程》《UG NX 6.0 快速入门教程（修订版）》《UG NX 7.0 快速入门教程》《UG NX 8.0 快速入门教程》《UG NX 8.0 快速入门教程（修订版）》《UG NX 8.5 快速入门教程》《UG NX 10.0 快速入门教程》已经累计被我国 100 多所大学本科院校和高等职业院校选为在校学生 CAD/CAM/CAE 等课程的授课教材。《UG NX 12.0 快速入门教程》与以前的版本相比，图书的质量和性价比有了大幅的提高，我们相信会有更多的院校选择此书作为教材。下面对本套 UG 丛书中每一本图书进行简要介绍。

（1）《UG NX 12.0 快速入门教程》
- 内容概要：本书是学习 UG 的快速入门教程，内容包括 UG 功能概述、UG 软件安装方法和过程、软件的环境设置与工作界面的用户定制和各常用模块应用基础。
- 适用读者：零基础读者，或者作为中高级读者查阅 UG NX 12.0 新功能、新操作之用，抑或作为工具书放在手边以备个别功能不熟或遗忘而查询之用。

（2）《UG NX 12.0 产品设计实例精解》
- 内容概要：本书是学习 UG 产品设计实例类的中高级图书。
- 适用读者：适合中高级读者提高产品设计能力、掌握更多产品设计技巧。UG 基础不扎实的读者在阅读本书前，建议先选购和阅读本丛书中的《UG NX 12.0 快速入门教程》。

（3）《UG NX 12.0 工程图教程》
- 内容概要：本书是全面、系统学习 UG 工程图设计的中高级图书。
- 适用读者：适合中高级读者全面精通 UG 工程图设计方法和技巧之用。

（4）《UG NX 12.0 曲面设计教程》
- 内容概要：本书是学习 UG 曲面设计的中高级图书。
- 适用读者：适合中高级读者全面精通 UG 曲面设计之用。UG 基础不扎实的读者在阅读本书前，建议先选购和阅读本丛书中的《UG NX 12.0 快速入门教程》。

（5）《UG NX 12.0 曲面设计实例精解》
- 内容概要：本书是学习 UG 曲面造型设计实例类的中高级图书。
- 适用读者：适合中高级读者提高曲面设计能力、掌握更多曲面设计技巧之用。UG 基础不扎实的读者在阅读本书前，建议先选购和阅读本丛书中的《UG NX 12.0 快速入门教程》《UG NX 12.0 曲面设计教程》。

（6）《UG NX 12.0 高级应用教程》

- 内容概要：本书是进一步学习 UG 高级功能的图书。
- 适用读者：适合读者进一步提高 UG 应用技能之用。UG 基础不扎实的读者在阅读本书前，建议先选购和阅读本丛书中的《UG NX 12.0 快速入门教程》。

（7）《UG NX 12.0 钣金设计教程》

- 内容概要：本书是学习 UG 钣金设计的中高级图书。
- 适用读者：适合读者全面精通 UG 钣金设计之用。UG 基础不扎实的读者在阅读本书前，建议先选购和阅读本丛书中的《UG NX 12.0 快速入门教程》。

（8）《UG NX 12.0 钣金设计实例精解》

- 内容概要：本书是学习 UG 钣金设计实例类的中高级图书。
- 适用读者：适合读者提高钣金设计能力、掌握更多钣金设计技巧之用。UG 基础不扎实的读者在阅读本书前，建议先选购和阅读本丛书中的《UG NX 12.0 快速入门教程》《UG NX 12.0 钣金设计教程》。

（9）《钣金展开实用技术手册（UG NX 12.0 版)》

- 内容概要：本书是学习 UG 钣金展开的中高级图书。
- 适用读者：适合读者全面精通 UG 钣金展开技术之用。UG 基础不扎实的读者在阅读本书前，建议先选购和阅读本丛书中的《UG NX 12.0 快速入门教程》《UG NX 12.0 钣金设计教程》。

（10）《UG NX 12.0 模具设计教程》

- 内容概要：本书是学习 UG 模具设计的中高级图书。
- 适用读者：适合读者全面精通 UG 模具设计。UG 基础不扎实的读者在阅读本书前，建议选购和阅读本丛书中的《UG NX 12.0 快速入门教程》。

（11）《UG NX 12.0 模具设计实例精解》

- 内容概要：本书是学习 UG 模具设计实例类的中高级图书。
- 适用读者：适合读者提高模具设计能力、掌握更多模具设计技巧之用。UG 基础不扎实的读者在阅读本书前，建议先选购和阅读本丛书中的《UG NX 12.0 快速入门教程》《UG NX 12.0 模具设计教程》。

（12）《UG NX 12.0 冲压模具设计教程》

- 内容概要：本书是学习 UG 冲压模具设计的中高级图书。
- 适用读者：适合读者全面精通 UG 冲压模具设计之用。UG 基础不扎实的读者在阅读本书前，建议先选购和阅读本丛书中的《UG NX 12.0 快速入门教程》。

（13）《UG NX 12.0 冲压模具设计实例精解》

- 内容概要：本书是学习 UG 冲压模具设计实例类的中高级图书。
- 适用读者：适合读者提高冲压模具设计能力、掌握更多冲压模具设计技巧之用。UG 基础不扎实的读者在阅读本书前，建议先选购和阅读本丛书中的《UG NX

12.0 快速入门教程》《UG NX 12.0 冲压模具设计教程》。

（14）《UG NX 12.0 数控加工教程》

- 内容概要：本书是学习 UG 数控加工与编程的中高级图书。
- 适用读者：适合读者全面精通 UG 数控加工与编程之用。UG 基础不扎实的读者在阅读本书前，建议先选购和阅读本丛书中的《UG NX 12.0 快速入门教程》。

（15）《UG NX 12.0 数控加工实例精解》

- 内容概要：本书是学习 UG 数控加工与编程实例类的中高级图书。
- 适用读者：适合读者提高数控加工与编程能力、掌握更多数控加工与编程技巧之用。UG 基础不扎实的读者在阅读本书前，建议先选购和阅读本丛书中的《UG NX 12.0 快速入门教程》《UG NX 12.0 数控加工教程》。

（16）《UG NX 12.0 运动仿真与分析教程》

- 内容概要：本书是学习 UG 运动仿真与分析的中高级图书。
- 适用读者：适合中高级读者全面精通 UG 运动仿真与分析之用。UG 基础不扎实的读者在阅读本书前，建议先选购和阅读本丛书中的《UG NX 12.0 快速入门教程》。

（17）《UG NX 12.0 管道设计教程》

- 内容概要：本书是学习 UG 管道设计的中高级图书。
- 适用读者：适合高级产品设计师阅读。UG 基础不扎实的读者在阅读本书前，建议先选购和阅读本丛书中的《UG NX 12.0 快速入门教程》。

（18）《UG NX 12.0 电气布线设计教程》

- 内容概要：本书是学习 UG 电气布线设计的中高级图书。
- 适用读者：适合高级产品设计师阅读。UG 基础不扎实的读者在阅读本书前，建议先选购和阅读本丛书中的《UG NX 12.0 快速入门教程》。

（19）《UG NX 12.0 结构分析教程》

- 内容概要：本书是学习 UG 结构分析的中高级图书。
- 适用读者：适合高级产品设计师和分析工程师阅读。UG 基础不扎实的读者在阅读本书前，建议先选购和阅读本丛书中的《UG NX 12.0 快速入门教程》。

（20）《UG NX 12.0 热分析教程》

- 内容概要：本书是学习 UG 热分析的中高级图书。
- 适用读者：适合高级产品设计师和分析工程师阅读。UG 基础不扎实的读者在阅读本书前，建议先选购和阅读本丛书中的《UG NX 12.0 快速入门教程》。

前　言

UG 是一款功能强大的三维 CAD/CAM/CAE 软件系统,其内容涵盖了产品从概念设计、工业造型设计、三维模型设计、分析计算、动态模拟与仿真、工程图输出到生产加工成产品的全过程,应用范围涉及航空航天、汽车、机械、造船、通用机械、数控加工、医疗和电子等诸多领域。由于具有强大的功能,UG 在国外大学里已成为工程类专业必修的课程,熟练运用 UG 也成为工程技术人员的必备技能。UG NX 12.0 是目前最新的版本,该版本在易用性、数字化模拟、知识捕捉、可用性和系统工程、模具设计和数控编程等方面进行了创新,对以前版本进行了数百项以客户为中心的改进。本书是学习 UG NX 12.0 的曲面设计教程,其特色如下。

- 内容全面:与其他同类书籍相比,包括更多的 UG 曲面设计内容。
- 范例丰富:对软件中的主要命令和功能,首先结合简单的范例进行讲解,然后安排一些较复杂的综合范例帮助读者深入理解和灵活运用。
- 讲解详细:条理清晰,使读者能独立学习书中的内容。
- 写法独特:采用 UG NX 12.0 中文版中真实的对话框和按钮等进行讲解,使初学者能够直观、准确地操作软件,从而大大提高学习效率。
- 附加值高:本书附赠学习资源,学习资源中包括大量 UG 曲面设计技巧和具有针对性实例的教学视频并进行了详细的语音讲解,可以帮助读者轻松、高效地学习。

本书由北京兆迪科技有限公司编著,参加编写的人员有詹友刚、王焕田、刘静、雷保珍、刘海起、魏俊岭、任慧华、詹路、冯元超、刘江波、周涛、赵枫、邵为龙、侯俊飞、龙宇、施志杰、詹棋、高政、孙润、李倩倩、黄红霞、尹泉、李行、詹超、尹佩文、赵磊、王晓萍、陈淑童、周攀、吴伟、王海波、高策、冯华超、周思思、黄光辉、党辉、冯峰、詹聪、平迪、管璇、王平、李友荣。本书已经过多次审核,难免有疏漏之处,恳请广大读者予以指正。

本书学习资源中含有该"读者意见反馈卡"的电子文档,请认真填写本反馈卡,并 E-mail 给我们。E-mail: 兆迪科技 zhanygjames@163.com,丁锋 fengfener@qq.com。咨询电话:010-82176248,010-82176249。

编　者

读者回馈活动:

为了感谢广大读者对兆迪科技图书的信任与支持,兆迪科技面向读者推出"免费送课"活动,即日起,读者凭有效购书证明,可领取价值 100 元的在线课程代金券 1 张,此券可在兆迪科技网校(http://www.zalldy.com/)免费换购在线课程 1 门,也可以在购买在线课程时抵扣现金。活动详情可以登录兆迪网校或者关注兆迪公众号查看。

兆迪网校　　兆迪公众号

本 书 导 读

为了能更高效地学习本书，务必请您仔细阅读下面的内容。

写作环境

本书使用的操作系统为 64 位的 Windows 7，系统主题采用 Windows 经典主题。本书采用的写作蓝本是 UG NX 12.0 中文版。

学习资源使用

为方便读者练习，特将本书所有素材文件、已完成的实例文件、配置文件和视频语音讲解文件等放入随书附赠的学习资源中，读者在学习过程中可以打开相应素材文件进行操作和练习。

本书附赠学习资源，建议读者在学习本书前，先将学习资源中的所有文件复制到计算机硬盘的 D 盘中。D 盘上 ugnx12.8 目录下共有 3 个子目录。

（1）ugnx12_system_file 子目录：包含一些系统文件。

（2）work 子目录：包含本书的全部已完成的实例文件。

（3）video 子目录：包含本书讲解中的视频文件。读者学习时，可在该子目录中按顺序查找所需的视频文件。

学习资源中带有"ok"扩展名的文件或文件夹表示已完成的实例。

相比于老版本的软件，UG NX 12.0 在功能、界面和操作上变化极小，经过简单的设置后，几乎与老版本完全一样（书中已介绍设置方法）。因此，对于软件新老版本操作完全相同的内容部分，学习资源中仍然使用老版本的视频讲解，对于绝大部分读者而言，并不影响软件的学习。

本书约定

● 本书中有关鼠标操作的说明如下。

☑ 单击：将鼠标指针移至某位置处，然后按一下鼠标的左键。

☑ 双击：将鼠标指针移至某位置处，然后连续快速地按两次鼠标的左键。

☑ 右击：将鼠标指针移至某位置处，然后按一下鼠标的右键。

☑ 单击中键：将鼠标指针移至某位置处，然后按一下鼠标的中键。

☑ 滚动中键：只是滚动鼠标的中键，而不能按中键。

☑ 选择（选取）某对象：将鼠标指针移至某对象上，单击以选取该对象。

☑ 拖移某对象：将鼠标指针移至某对象上，然后按下鼠标的左键不放，同时移动鼠标，将该对象移动到指定的位置后再松开鼠标的左键。

- 本书中的操作步骤分为 Task、Stage 和 Step 三个级别，说明如下。
  - ☑ 对于一般的软件操作，每个操作步骤以 Step 字符开始。例如，下面是草绘环境中绘制椭圆操作步骤的表述。

    Step1. 选择下拉菜单 工具(T) ➝ 草图绘制实体(K) ➝ ⊘ 椭圆(长短轴)(E) 命令（或单击"草图"工具栏中的 ⊘ 按钮）。

    Step2. 定义椭圆中心点。在图形区某位置单击，放置椭圆的中心点。

    Step3. 定义椭圆长轴。在图形区某位置单击，定义椭圆的长轴和方向。

    Step4. 确定椭圆大小。移动鼠标指针，将椭圆拉至所需形状并单击以定义椭圆的短轴。
  - ☑ 每个 Step 操作视其复杂程度，其下面可含有多级子操作。例如 Step1 下可能包含（1）、（2）、（3）等子操作，子操作（1）下可能包含①、②、③等子操作，子操作①下可能包含 a）、b）、c）等子操作。
  - ☑ 如果操作较复杂，需要几个大的操作步骤才能完成，则每个大的操作冠以 Stage1、Stage2、Stage3 等，Stage 级别的操作下再分 Step1、Step2、Step3 等操作。
  - ☑ 对于多个任务的操作，则每个任务冠以 Task1、Task2、Task3 等，每个 Task 操作下可包含 Stage 和 Step 级别的操作。
- 由于已建议读者将学习资源中的所有文件复制到计算机硬盘的 D 盘中，书中在要求设置工作目录或打开学习资源文件时所述的路径均以"D:"开始。

技术支持

本书编写人员均来自北京兆迪科技有限公司，该公司专门从事 UG 技术的研究、开发、咨询及产品设计与制造服务，并提供 UG 软件的专业培训及技术咨询。读者在学习本书的过程中如果遇到问题，可通过访问该公司的网站 http://www.zalldy.com 来获得技术支持。

即日起，读者凭有效购书证明（购书发票、购书小票，订单截图、图书照片等），即可享受读者回馈、最新图书信息咨询、与主编大咖在线直播互动交流等服务。

- 读者回馈活动。为了感谢广大读者对兆迪科技图书的信任与支持，兆迪科技面向读者推出"免费送课"活动，即日起，读者凭有效购书证明，可领取价值 100 元的在线课程代金券 1 张，此券可在兆迪科技网校（http://www.zalldy.com/）免费换购在线课程 1 门，活动详情可以登录兆迪网校或者关注兆迪公众号查看。

咨询电话：010-82176248，010-82176249。

目　录

第 **1** 章　曲面设计概要

本章提要　随着时代的进步，人们的生活水平和质量都在不断地提高。人们在要求产品功能日益完备的同时，也越来越追求外形的美观。因此，产品设计者很多时候都需要用复杂的曲面来展现产品的外观。本章主要内容包括：

- 曲面设计的发展概况
- 曲面造型方法
- 曲面造型的数学概念
- 光顺曲面的设计技巧

1.1　曲面设计的发展概况

曲面造型（Surface Modeling）是随着计算机技术和数学方法的不断发展而逐步产生和完善起来的。它是计算机辅助几何设计（Computer Aided Geometric Design，CAGD）和计算机图形学（Computer Graphics）的一项重要内容，主要研究在计算机图像系统的环境下对曲面的表达、创建、显示分析等。

早在 1963 年，美国波音公司的 Ferguson 首先提出将曲线曲面表示为参数的矢量函数方法，并引入参数三次曲线。从此，曲线曲面的参数化形式成为形状数学描述的标准形式。

到了 1971 年，法国雷诺汽车公司的 Bezier 又提出一种控制多边形设计曲线的新方法，这种方法很好地解决了整体形状控制问题，从而将曲线曲面的设计向前推进了一大步。然而 Bezier 的方法仍存在连接问题和局部修改问题。

直到 1975 年，美国 Syracuse 大学的 Versprille 首次提出具有划时代意义的有理 B 样条（NURBS）方法。NURBS 方法可以精确地表示二次规则曲线曲面，从而能用统一的数学形式表示规则曲面与自由曲面。这一方法的提出，终于使非均匀有理 B 样条方法成为现代曲面造型中最为广泛流行的技术。

当今在 CAD/CAM 系统的曲面造型领域有一些功能强大的软件系统，如美国 Unigraphics Solutions 公司的 UG，美国 PTC 公司的 Pro/ENGINEER、美国 SDRC 公司的 I-DEAS MasterSeries、法国达索系统的 CATIA 等，它们各具特色和优势，在曲面造型领域中都发挥着举足轻重的作用。

Siemens 公司的 UG 软件，以其参数化、基于特征、全相关等新概念闻名于 CAD 领域。它在曲面的创建生成、编辑修改、计算分析等方面功能强劲，另外它还可以将特殊的曲面造型实例作为一个特征加入特征库中，使其功能得到不断扩充。

随着计算机图形技术以及工业制造技术的不断发展，曲面造型在近几年得到了长足的发展，这主要表现在以下几个方面：

（1）从研究领域来看，曲面造型技术已从传统的研究曲面表示、曲面求交和曲面拼接，扩充到曲面变形、曲面重建、曲面简化、曲面转换和曲面等距性等。

（2）从表示方法来看，以网格细分为特征的离散造型方法得到了高度的运用。这种曲面造型方法在生动逼真的特征动画和雕塑曲面的设计加工中更是独具优势。

（3）从曲面造型方法来看，出现了一些新的方法，如基于物理模型的曲面造型方法、基于偏微分方程的曲面造型方法、流曲线曲面造型方法等。

如今，人们对产品的使用远远超出了只要求性能符合的底线，在此基础上人们更愿意接受能在视觉上带来冲击的产品。在较为生硬的三维建模设计中，曲面扮演的就是让模型更活泼，甚至具有装饰性的角色。不仅如此，在普通产品的设计中也对曲面的连续性提出了更高的要求，由原来的点连续提高到了相切连续甚至更高。在生活中，人们随处可见的电子产品、儿童玩具、办公用品等产品的设计中都可以见证曲面设计的必要性和重要性。

1.2　曲面造型的数学概念

曲面造型技术随着相关数学领域研究的不断深入而得到长足的发展，多种曲线、曲面被广泛应用。在此主要介绍其中最基本的一些曲线、曲面的理论及构造方法，使读者在原理和概念上有一个大致的了解。

1．贝塞尔（Bezier）曲线与曲面

Bezier 曲线与曲面是法国雷诺汽车公司的 Bezier 在 1962 年提出的一种构造曲线曲面的方法，是三次曲线的形成原理，这是由四个位置矢量 Q_0、Q_1、Q_2 和 Q_3 定义的曲线。通常将 Q_0、Q_1、$\cdots$、Q_n 组成的多边形折线称为 Bezier 控制多边形，多边形的第一条折线和最后一条折线代表曲线的起点和终点的切线方向，其他曲线用于定义曲线的阶次与形状。

2．B 样条曲线与曲面

B 样条曲线继承了 Bezier 曲线的优点，仍采用特征多边形及权函数定义曲线，所不同的是权函数不采用伯恩斯坦基函数，而采用 B 样条基函数。

B 样条曲线与特征多边形十分接近，且便于进行局部修改。与 Bezier 曲面生成过程相似，由 B 样条曲线可以很容易推广到 B 样条曲面。

3．非均匀有理 B 样条（NURBS）曲线与曲面

NURBS 是 Non-Uniform Rational B-Splines 的缩写，是非均匀有理 B 样条的意思。具体

解释如下。

- Non-Uniform（非均匀）：指能够改变控制顶点的影响力范围。当创建一个不规则曲面的时候，这一点非常有用。同样，统一的曲线和曲面在透视投影下也不是无变化的，对于交互的 3D 建模来说，这是一个严重的缺陷。
- Rational（有理）：指每个 NURBS 物体都可以用数学表达式来定义。
- B-Spline（B 样条）：指用路线来构建一条曲线，在一个或更多的点之间以内插值替换。

NURBS 技术提供了对标准解析几何和自由曲线、曲面的统一数学描述方法，它可通过调整控制顶点和因子，方便地改变曲面的形状，同时也可以方便地转换成对应的 Bezier 曲面，因此 NURBS 方法已成为曲线、曲面建模中最为流行的技术。STEP 产品数据交换标准也将非均匀有理 B 样条（NURBS）作为曲面几何描述的唯一方法。

4．NURBS 曲面的特性及曲面连续性定义

（1）NURBS 曲面的特性。

NURBS 是用数学方式来描述形体，采用解析几何图形，曲线或曲面上任何一点都有其对应的坐标（x, y, z），所以具有非常高的准确性。NURBS 曲面可以由任何曲线生成。

对于 NURBS 曲面而言，剪切是不会对曲面的 UV 方向产生影响的，也就是说不会对网格产生影响，如图 1.2.1 所示。剪切前后，网格（U 方向和 V 方向）并不会发生实质的改变，这也是通过剪切四边面来构成三边面和五边面等多边面的理论基础。

a）剪切前　　　　　　　　　　　　　　b）剪切后

图 1.2.1　剪切曲面

（2）曲面 G1 与 G2 连续性定义。

Gn 表示两个几何对象间的实际连续程度。例如：

- G0 意味着两个对象相连或两个对象的位置是连续的。
- G1 意味着两个对象光滑连接，一阶微分连续，或者是相切连续的。
- G2 意味着两个对象光滑连接，二阶微分连续，或者两个对象的曲率是连续的。
- G3 意味着两个对象光滑连接，三阶微分连续。

1.3　曲面造型方法

曲面造型的方法有很多种，下面介绍最常见的几种方法。

1．拉伸面

将一条截面曲线沿一定的方向滑动所形成的曲面，称为拉伸面，如图 1.3.1 所示。

a）拉伸前　　　　　　　　　图 1.3.1　拉伸面　　　　　　b）拉伸后

2．直纹面

直纹面可以理解为将两条曲线轮廓线（剖面线串）用一系列直线连接而成的曲面，如图 1.3.2 所示。其中剖面线串可由单个对象（对象包括曲线、实体边缘或实体面）或多个对象组成。在创建直纹面时，只能使用两组剖面线串，这两组线串可以封闭，也可以不封闭。另外，构成直纹面的两组剖面线串的走向必须相同，否则曲面将会出现扭曲。

a）创建前　　　　　　　　　图 1.3.2　直纹面　　　　　　b）创建后

3．旋转面

将一条截面曲线沿着某一旋转轴旋转一定的角度就形成了一个旋转面，如图 1.3.3 所示。

a）旋转前　　　　　　　　　图 1.3.3　旋转面　　　　　　b）旋转后

4．扫掠面

将截面曲线沿着轨迹曲线扫掠而形成的曲面即为扫掠面，如图 1.3.4 所示。

截面曲线和轨迹线可以有多条，截面曲线形状可以不同，可以封闭也可以不封闭。生成扫掠时，软件会自动过渡，生成光滑连续的曲面。

a）扫掠前　　　　　　　　　图 1.3.4　扫掠面　　　　　　b）扫掠后

5. 曲线网格曲面

曲线网格曲面是以一系列曲线为骨架进行形状控制，且通过这些曲线自然过渡生成曲面，如图 1.3.5 所示。

图 1.3.5　曲线网格曲面

6. 偏距曲面

偏距曲面就是把曲面特征沿某方向偏移一定的距离来创建曲面，如图 1.3.6 所示。机械加工或钣金零件在装配时为了得到光滑的外表面，往往需要确定一个偏距曲面。

现在常用的偏距曲面的生成方法一般是先将原始曲面离散细分，然后求取原始曲面离散点上的等距点，最后将这些等距点拟合成等距面。

图 1.3.6　偏距曲面

1.4　光顺曲面的设计技巧

一个美观的产品外形往往是光滑而圆顺的。光滑的曲面，从外表看流线顺畅，不会引起视觉上的凸凹感，从理论上是指具有二阶几何连续、不存在奇点与多余拐点、曲率变化较小，以及应变较小等特点的曲面。

要保证构造出来的曲面既光滑又能满足一定的精度要求，就必须掌握一定的曲面造型技巧，下面我们就一些常用的技巧进行介绍。

1. 区域划分，先局部再整体

一个产品的外形，用一张曲面去描述往往是不切实际和不可行的，这时就要根据应用软件曲面造型方法，结合产品的外形特点，将其划分为多个区域来构造几张曲面，然后再将它们缝合在一起，或用过渡面与其连接。当今的三维 CAD 系统中的曲面几乎都是定义在四边形域上。因此，在划分区域时，应尽量将各个子域定义在四边形域内，即每个子面片都具有四条边。

2．创建光滑的控制曲线是关键

控制曲线的光滑程度往往决定着曲面的品质。要创建一条高质量的控制曲线，主要应从以下几点着手：①要达到精度的要求；②曲率主方向要尽可能一致；③曲线曲率要大于将进行圆角过渡的半径值。

在创建步骤上，首先利用投影、插补、光顺等手段生成样条曲线，然后根据其曲率图的显示来调整曲线段，从而达到光滑的效果。有时也可通过调整空间曲线的参数一致性，或生成足够数目的曲线上的点，再通过这些点重新拟合曲线，来达到光滑的目的。

3．光滑连接曲面片

曲面片的光滑连接，应具备以下两个条件：保证各连接面片间具有公共边；保证各曲面片的控制线连接光滑。其中第二条是保证曲面片连接光滑的必要条件，可以通过修改控制线的起点、终点约束条件使其曲率或切线在接点处保证一致。

4．还原曲面，再塑轮廓

一个产品的曲面轮廓往往是已经修剪过的，如果直接利用这些轮廓线来构造曲面，常常难以保证曲面的光滑性，所以造型时要充分考察零件的几何特点，利用延伸、投影等方法将三维空间轮廓线还原为二维轮廓线，并去掉细节部分，然后还原出"原始"的曲面，最后再利用面的修剪方法获得理想的曲面外轮廓。

5．注重实际，从模具的角度考察曲面质量

再漂亮的曲面造型，如果不注重实际的生产制造，也毫无用处。产品三维造型的最终目的是制造模具。产品零件大多由模具生产出来，因此在三维造型时，要从模具的角度去考虑，在确定产品出模方向后，应检查曲面能否出模，是否有倒扣现象（即拔模角为负角）。如发现问题，应对曲面进行修改或重构曲面。

6．随时检查，及时修改

在进行曲面造型时，要随时检查所建曲面的状况，注意检查曲面是否光滑，有无扭曲、曲率变化等情况，以便及时修改。

检查曲面光滑程度的方法主要有以下两种：①对构造的曲面进行渲染处理，可通过透视、透明度和多重光源等处理手段产生高清晰度的逼真的彩色图像，再根据处理后图像光亮度的分布规律来判断曲面的光滑度。若图像明暗变化比较均匀，则说明曲面光滑性好。②可对曲面进行高斯曲率分析，进而显示高斯曲率的彩色光栅图像，这样可以直观地了解曲面的光滑性情况。

第 2 章　曲面基准特征的创建

本章提要　曲面基准特征在建模过程中起着十分重要的作用。它不但为特征的定位提供基础参考，并且能使设计过程显得简单明快。本章的主要内容包括：

- 基准特征和系统设置
- 基准轴的创建
- 基准坐标系的创建
- 基准平面的创建
- 基准点的创建

2.1　基准特征和系统设置

1．概述

UG NX 12.0 中的基准包括基准平面、基准轴、基准点和基准坐标系。这些基准特征在构建零件模型中主要起参照作用，它们是没有任何质量和体积的几何体，且不能构成模型表面形状，但在创建零件的一般特征、曲面、零件的剖切面和零件装配中都十分有用。

基准特征可以分为两种，即相对基准和固定基准。前者是相对于已存实体模型而言的，而后者固定在模型空间中。一般推荐使用相对基准特征，因为相对基准是相关和参数化的特征，与目标实体的表面、边缘、控制点等相关联。

选择基准操作命令的方法一般有如下两种。

方法一：从下拉菜单中选择命令，如图 2.1.1 所示。

方法二：从工具栏中选择命令，如图 2.1.2 所示。

图 2.1.1　下拉菜单　　　　图 2.1.2　工具栏

2．修改基准名称

UG NX 12.0 会给每个基准特征自动命名，但有时在非常复杂的模型中，根据实际需要适当地将某些基准特征进行重新命名，将会帮助用户提高工作效率。

下面以一个具体例子来说明修改基准特征名称的一般操作过程。

Step1. 打开文件 D:\ugnx12.8\work\ch02.01\rename.prt。

Step2. 打开模型树，如图 2.1.3a 所示。

Step3. 在模型树中的☑☐基准平面 (1)图标上右击，系统弹出图 2.1.4 所示的快捷菜单。

Step4. 在弹出的快捷菜单中选择 重命名 选项，在所选取的选项中输入 center，按 Enter 键完成基准的重命名，如图 2.1.3b 所示。

　　a）重命名前　　　　　　　　　　　　　　　　　　b）重命名后

图 2.1.3　修改基准名称

3. 设置基准显示状态

选择下拉菜单 编辑(E) ➡ 对象显示(J)... 命令，系统弹出"类选择"对话框。选取要设置显示状态的基准，单击对话框中的 确定 按钮，系统弹出图 2.1.5 所示的"编辑对象显示"对话框。在该对话框中可以对对象的图层、颜色、线型、宽度、透明度以及着色状态等进行设置。

图 2.1.4　快捷菜单

图 2.1.5　"编辑对象显示"对话框

2.2　基准平面的创建

　　基准平面也称基准面。在创建一般特征时，如果模型上没有合适的平面，用户可以创建基准平面作为特征截面的草图平面及参照平面，也可以根据一个基准平面进行标注，就好像它是一条边。基准平面的大小可以调整，以使其适合零件、特征、曲面、边、轴或半径。UG NX 12.0 中有两种类型的基准平面：相对基准平面和固定基准平面。

　　相对基准平面：相对基准平面是根据模型中的其他对象而创建的。可使用曲线、面、边缘、点及其他基准作为基准平面的参考对象，可创建跨过多个个体的相对基准平面。

　　固定基准平面：固定基准平面不能作为参考基准，也不受其他几何对象的约束，在用户定义特征中使用除外。可使用任意相对基准平面来创建固定基准平面，方法是：在创建基准平面时，取消选中"基准平面"对话框中的□ 关联复选框。除此方法外，还可根据 WCS 和绝对坐标系并通过使用方程式中的系数，也可以使用其他一些特殊方法来创建固定基准平面。

　　要选择一个基准平面，可以在模型树中单击其名称，也可以在图形区中选择它的一条边界。

1．创建基准平面的一般过程

　　下面以一个范例来说明创建图 2.2.1 所示基准平面的一般操作过程。现在要创建一个基准平面，使其穿过图中模型的一条边线，并与模型上所指定的面成 60° 的夹角。

a）选取参考平面和通过轴　　　　　　　　b）创建基准平面

图 2.2.1　创建基准平面

　　Step1. 打开文件 D:\ugnx12.8\work\ch02.02\datum_plane_01.prt。

　　Step2. 选择命令。选择下拉菜单 插入(S) ➡ 基准/点(D) ➡ □ 基准平面(D)...命令，系统弹出图 2.2.2 所示的"基准平面"对话框。

　　Step3. 选择创建基准平面的方法。在"基准平面"对话框 类型 区域的下拉列表中选择 ■ 成一角度 选项。

　　Step4. 定义参考对象。选取图 2.2.1a 所示模型的上表面为参考平面，选取图 2.2.1a 所示的边线为通过轴。

Step5. 定义参数。在"基准平面"对话框 **角度** 区域的 **角度** 文本框中输入值 60，单击 **< 确定 >** 按钮，完成基准平面的创建，结果如图 2.2.1b 所示。

图 2.2.2 "基准平面"对话框

图 2.2.2 所示"基准平面"对话框 **类型** 区域的下拉列表中各选项的功能说明如下。

- **自动判断**（自动判断）：通过选择的对象自动判断约束条件。例如选取一个表面或基准平面时，系统自动生成一个预览基准平面，可以输入偏置值和数量来创建基准平面。

- **按某一距离**（按某一距离）：通过输入偏置值创建与已知平面（基准平面或零件表面）平行的基准平面。

- **成一角度**（成一角度）：通过输入角度值创建与已知平面成一角度的基准平面。先选择一个平面或基准平面，然后选择一个与所选面平行的线性曲线或基准轴以定义旋转轴。

- **二等分**（二等分）：创建与两平行平面距离相等的基准平面，或创建与两相交平面所成角度相等的基准平面。

- **曲线和点**（曲线和点）：用此方法创建基准平面的步骤为，先指定一个点，然后指定第二个点或者一条直线、线性边、基准轴、面等。如果选择直线、基准轴、线性曲线或特征的边缘作为第二个对象，则基准平面同时通过这两个对象；如果选择一般平面或基准平面作为第二个对象，则基准平面通过第一个点，但与第二个对象平行；如果选择两个点，则基准平面通过第一个点并垂直于这两个点所定义的方向；如果选择三个点，则基准平面通过这三个点。

- **两直线**（两直线）：通过选择两条现有直线，或直线与线性边、面的法向向量或基准轴的组合，创建的基准平面包含第一条直线且平行于第二条直线。如果两条直线共面，则创建的基准平面将同时包含这两条直线。否则，还会有下面两种可能的情况：

☑　两条线不垂直。创建的基准平面包含第一条直线且平行于第二条直线。

☑　两条线垂直。创建的基准平面包含第一条直线且垂直于第二条直线，或是包含第二条直线且垂直于第一条直线（可以使用备选解实现）。

- **相切** （相切）：创建一个与任意非平的表面相切的基准平面，还可以选择与第二个选定对象相切。选择曲面后，系统显示与其相切的基准平面的预览，可接受预览的基准平面，或选择第二个对象。

- **通过对象** （通过对象）：根据选定的对象平面创建基准平面，对象包括曲线、边缘、面、基准、平面、圆柱、圆锥或旋转面的轴、基准坐标系、坐标系以及球面和旋转曲面。如果选择圆锥面或圆柱面，则在该面的轴线上创建基准平面。

- **点和方向** （点和方向）：通过定义一个点和一个方向来创建基准平面。定义的点可以是使用点构造器创建的点，也可以是曲线或曲面上的点；定义的方向可以通过选取的对象自动判断，也可以使用矢量构造器来构建。

- **曲线上** （曲线上）：创建一个与曲线垂直或相切且通过已知点的基准平面。

- **YC-ZC 平面** （YC-ZC 平面）：沿工作坐标系（WCS）或绝对坐标系（ABS）的 YC-ZC 平面创建一个固定的基准平面。

- **XC-ZC 平面** （XC-ZC 平面）：沿工作坐标系（WCS）或绝对坐标系（ABS）的 XC-ZC 平面创建一个固定的基准平面。

- **XC-YC 平面** （XC-YC 平面）：沿工作坐标系（WCS）或绝对坐标系（ABS）的 XC-YC 平面创建一个固定的基准平面。

- **视图平面** （视图平面）：创建平行于视图平面并穿过 ACS 原点的固定基准平面。

- **按系数** （按系数）：通过使用系数 a、b、c 和 d 指定一个方程的方式创建固定基准平面。该基准平面由方程 $ax + by + cz = d$ 确定。

注意：在部件导航器中，关联基准平面显示名称为"基准平面"，非关联基准平面显示名称为"固定基准平面"。

2．创建基准平面的其他方法：点和方向

用"点和方向"创建基准平面是指通过定义一点和平面的法向方向来创建基准平面。下面以一个范例来说明用"点和方向"创建基准平面的一般操作过程。

Step1. 打开文件 D:\ugnx12.8\work\ch02.02\datum_plane_02.prt。

Step2. 选择下拉菜单 插入(S) ➡ 基准/点(D) ➡ 基准平面(D)... 命令，系统弹出"基准平面"对话框。

Step3. 选择创建基准平面的方法。在 类型 区域的下拉列表中选择 点和方向 选项。

Step4. 定义参考对象。选取图 2.2.3a 所示曲线的端点为参考点，在 ✔ 指定矢量 的下拉列表中选择 XC 选项，定义 XC 基准轴的正方向为平面的法向；单击 < 确定 > 按钮，完成基准平面的创建，结果如图 2.2.3b 所示。

a）选取点　　　　　　　　　　　　　　b）创建基准平面

图 2.2.3　利用"点和方向"创建基准平面

3. 创建基准平面的其他方法：在曲线上

用"在曲线上"创建基准平面是指通过曲线上的一点创建与该曲线有确定相对位置的基准平面。下面以一个范例来说明利用曲线上一点创建基准平面的一般操作过程。

Step1. 打开文件 D:\ugnx12.8\work\ch02.02\datum_plane_03.prt。

Step2. 选择下拉菜单 插入(S) ➡ 基准/点(D) ➡ □ 基准平面(D)... 命令，系统弹出"基准平面"对话框。

Step3. 选择创建基准平面的方法。在 类型 区域的下拉列表中选择 □ 曲线上 选项。

Step4. 定义参考对象。在绘图区中选取图 2.2.4a 所示的曲线，在 曲线上的位置 区域 位置 的下拉列表中选取 弧长 选项，在 弧长 文本框中输入值 20，按 Enter 键确定。单击"基准平面"对话框中的 < 确定 > 按钮，完成基准平面的创建，结果如图 2.2.4b 所示。

说明：选取曲线时靠近的端点不同，结果也会不同，可以通过单击 曲线 区域的"反向"按钮 ⊠ 进行调整，以得到需要的结果。

a）选取曲线　　　　　　　　　　　　　b）创建基准平面

图 2.2.4　利用"在曲线上"创建基准平面

4. 创建基准平面的其他方法：按某一距离

用"按某一距离"创建基准平面是指创建一个与指定平面相距一定距离的基准平面。下面以一个范例来说明用"按某一距离"创建基准平面的一般操作过程。

Step1. 打开文件 D:\ugnx12.8\work\ch02.02\datum_plane_04.prt。

Step2. 选择下拉菜单 插入(S) ➡ 基准/点(D) ➡ ☐ 基准平面(D)... 命令，系统弹出"基准平面"对话框。

Step3. 选择创建基准平面的方法。在 类型 区域的下拉列表中选择 ☰ 按某一距离 选项。

Step4. 定义参考对象。在绘图区选取图 2.2.5a 所示的面为参考平面，在 偏置 区域的 距离 文本框中输入值 10，单击 < 确定 > 按钮，完成基准平面的创建，结果如图 2.2.5b 所示。

a) 选取参考平面　　　　　　　　　　　b) 创建基准平面

图 2.2.5 利用"按某一距离"创建基准平面

5. 创建基准平面的其他方法：二等分

用"二等分"创建基准平面是指创建一个与指定两平面等距离的基准平面。下面以一个范例来说明用"二等分"创建基准平面的一般操作过程。

Step1. 打开文件 D:\ugnx12.8\work\ch02.02\datum_plane_05.prt。

Step2. 选择下拉菜单 插入(S) ➡ 基准/点(D) ➡ ☐ 基准平面(D)... 命令，系统弹出"基准平面"对话框。

Step3. 选择创建基准平面的方法。在 类型 区域的下拉列表中选择 ☐ 二等分 选项。

Step4. 定义参考对象。选取图 2.2.6a 所示的两个平面为参考平面，单击 < 确定 > 按钮，完成基准平面的创建，结果如图 2.2.6b 所示。

a) 选取参考平面　　　　　　　　　　　b) 创建基准平面

图 2.2.6 利用"二等分"创建基准平面

6. 创建基准平面的其他方法：曲线和点

用"曲线和点"创建基准平面是指通过指定点和曲线创建基准平面。下面以一个范例来说明用"曲线和点"创建基准平面的一般操作过程。

Step1. 打开文件 D:\ugnx12.8\work\ch02.02\datum_plane_06.prt。

Step2. 选择下拉菜单 插入(S) ➡ 基准/点(D) ➡ ☐ 基准平面(D)... 命令，系统弹出"基准平面"对话框。

Step3. 选择创建基准平面的方法。在 类型 区域的下拉列表中选择 ☐ 曲线和点 选项，在 曲线和点子类型 区域的 子类型 下拉列表中选择 点和曲线/轴 选项。

Step4. 定义参考对象。在绘图区依次选取图 2.2.7a 所示的点和曲线作为参考对象；单击 < 确定 > 按钮，完成基准平面的创建，结果如图 2.2.7b 所示。

说明：通过单击"基准平面"对话框中的"备选解"按钮 可以改变基准平面与曲线的相对位置，结果如图 2.2.8 所示。

a）选取曲线和点   b）创建基准平面

图 2.2.7 利用"曲线和点"创建基准平面   图 2.2.8 基准平面与直线垂直

7．创建基准平面的其他方法：两直线

用"两直线"创建基准平面可以创建通过两相交直线的基准平面，也可以创建包含第一条直线并且平行于第二条直线的基准平面。下面以一个范例来说明用"两直线"创建基准平面的一般操作过程。

Step1. 打开文件 D:\ugnx12.8\work\ch02.02\datum_plane_07.prt。

Step2. 选择下拉菜单 插入(S) ➡ 基准/点(D) ➡ 基准平面(D)... 命令，系统弹出"基准平面"对话框。

Step3. 选择创建基准平面的方法。在 类型 区域的下拉列表中选择 两直线 选项。

Step4. 定义参考对象。在绘图区依次选取图 2.2.9a 所示的两条直线作为参考对象；单击 < 确定 > 按钮，完成基准平面的创建，结果如图 2.2.9b 所示。

a）选取直线   b）创建基准平面

图 2.2.9 利用"两直线"创建基准平面

说明：通过单击"基准平面"对话框中的"备选解"按钮 得到不同的基准平面。

8．创建基准平面的其他方法：相切

用"相切"创建基准平面是指创建与两对象相切的基准平面。下面以一个范例来说明用"相切"创建基准平面的一般操作过程。

Step1. 打开文件 D:\ugnx12.8\work\ch02.02\datum_plane_08.prt。

Step2. 选择下拉菜单 插入(S) ➡ 基准/点(D) ➡ 基准平面(D)... 命令，系统弹出"基准平面"对话框。

Step3. 选择创建基准平面的方法。在 类型 区域的下拉列表中选择 相切 选项，在 相切子类型

区域的 子类型 下拉列表中选择 两个面 选项。

Step4. 定义参考对象。在绘图区依次选取两圆柱体的外表面为参考对象；单击 < 确定 > 按钮，完成基准平面的创建，结果如图 2.2.10 所示。

说明：通过单击"基准平面"对话框中的"备选解"按钮 可以改变基准平面与圆柱的相对位置，图 2.2.11～图 2.2.13 所示为基准平面与表面相切的其余三种情况。

图 2.2.10　利用"相切"创建基准平面

图 2.2.11　表面相切（一）

图 2.2.12　表面相切（二）

图 2.2.13　表面相切（三）

9. 创建基准平面的其他方法：通过对象

用"通过对象"创建基准平面是指通过选定的对象来创建基准平面。下面以一个范例来说明用"通过对象"创建基准平面的一般操作过程。

Step1. 打开文件 D:\ugnx12.8\work\ch02.02\datum_plane_09.prt。

Step2. 选择下拉菜单 插入(S) ➡ 基准/点(D) ➡ 基准平面(D)... 命令，系统弹出"基准平面"对话框。

Step3. 选择创建基准平面的方法。在 类型 区域的下拉列表中选择 通过对象 选项。

Step4. 定义参考对象。在绘图区选取模型上表面为参考平面；单击 < 确定 > 按钮，完成基准平面的创建，结果如图 2.2.14 所示。

10. 控制基准平面的显示大小

基准平面实际上是一个无穷大的平面，但在默认情况下，系统根据模型大小对其进行缩放显示。显示的基准平面的大小随零件尺寸而改变。除了即时生成的平面以外，其他所有基准平面的大小都可以调整，以适应零件、特征、曲面、边、轴或半径的尺寸。

改变基准平面大小的方法：在图形区双击基准平面，然后用鼠标指针拖动基准平面的 8 个控制点，如图 2.2.15 所示。

图 2.2.14　利用"通过对象"创建基准平面

图 2.2.15　改变基准平面的显示大小

2.3 基准轴的创建

同基准平面一样，基准轴也可以作为特征创建时的参照。基准轴对创建基准平面、同轴放置项目和圆周阵列等特征的创建都特别有用。

基准轴的产生可分为两种情况：一是基准轴作为一个单独的特征来创建；二是在创建草绘时系统会自动产生基准轴。

创建基准轴后，系统自动分配其名称。要选取一个基准轴，可选择基准轴线自身或在模型树中单击其名称。

1. 创建基准轴的一般过程

下面以一个范例来说明创建图 2.3.1 所示基准轴的一般操作过程。现在要创建一个基准轴，使其穿过图 2.3.1a 所示的两个顶点。

a）创建前　　　　　　　　　　　　　　　　　　b）创建后

图 2.3.1　创建基准轴的一般过程

Step1. 打开文件 D:\ugnx12.8\work\ch02.03\datum axis_01.prt。

Step2. 选择命令。选择下拉菜单 插入(S) ➡ 基准/点(D) ➡ ↑ 基准轴(A)... 命令，系统弹出图 2.3.2 所示的"基准轴"对话框。

Step3. 选择创建基准轴的方法。在 类型 区域的下拉列表中选择 两点 选项。

图 2.3.2　"基准轴"对话框

Step4. 定义参考对象。在绘图区选取图 2.3.1a 所示的长方体的两个顶点为参考点。创建的基准轴方向与选择点的先后顺序有关，可以通过单击"基准轴"对话框中的"反向"

按钮 ![img] 调整其方向。

Step5. 单击 < 确定 > 按钮，完成基准轴的创建，如图 2.3.1b 所示。

图 2.3.2 所示"基准轴"对话框 类型 区域的下拉列表中各选项的功能说明如下。

- 自动判断 （自动判断）：系统根据选择的对象自动判断约束，并创建一个基准轴。
- 交点 （交点）：通过定义一个交点和一条参考线来创建基准轴。
- 曲线/面轴 （曲线或面轴）：通过选取曲线或面的轴为参照来创建基准轴。
- 曲线上矢量 （曲线上矢量）：创建一个与所选择曲线具有垂直或相切关系且通过已知点的基准轴。
- XC 轴 （XC 基准轴）：通过选取 XC 基准轴为参照来创建基准轴。
- YC 轴 （YC 基准轴）：通过选取 YC 基准轴为参照来创建基准轴。
- ZC 轴 （ZC 基准轴）：通过选取 ZC 基准轴为参照来创建基准轴。
- 点和方向 （点和方向）：通过定义一个点和一个矢量方向来创建基准轴。通过曲线、边或曲面上的一点，可以创建一条平行于线性几何体或基准轴、面轴的基准轴，也可以创建一条垂直于一个曲面的基准轴。
- 两点 （两个点）：通过定义轴通过的两点来创建基准轴。第一点为基点，第二点定义了从第一点到第二点的方向。

2．创建基准轴的其他方法：点和方向

用"点和方向"创建基准轴是指通过定义一个点和矢量方向来创建基准轴，下面以图 2.3.3 所示的范例来说明用点和矢量方向创建基准轴的一般操作过程。

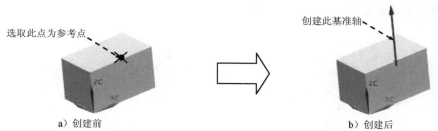

a）创建前　　　　　　　　　　　　b）创建后

图 2.3.3　用"点和方向"的方法创建基准轴

Step1. 打开文件 D:\ugnx12.8\work\ch02.03\datum_axis02.prt。

Step2. 选择下拉菜单 插入(S) → 基准/点(D) → ↑ 基准轴(A)... 命令，系统弹出"基准轴"对话框。

Step3. 选择创建基准轴的方法。在 类型 区域的下拉列表中选择 点和方向 选项。

Step4. 定义参考对象。在绘图区选取图 2.3.3a 所示的点为参考点，并在 方向 区域 * 指定矢量 (0) 右侧的下拉列表中选择 ZC↑ 选项。

Step5. 单击 < 确定 > 按钮，完成基准轴的创建，结果如图 2.3.3b 所示。

3. 创建基准轴的其他方法：曲线上矢量

用"曲线上矢量"可以创建一个在指定曲线与之有确定相对位置的基准轴，下面以图 2.3.4 所示的范例来说明用"曲线上矢量"创建基准轴的一般操作过程。

a）创建前　　　　　　　　　　　　　b）创建后

图 2.3.4　用"曲线上矢量"的方法创建基准轴

Step1. 打开文件 D:\ugnx12.8\work\ch02.03\datum_axis03.prt。

Step2. 选择下拉菜单 插入(S) ➡ 基准/点(D) ➡ ↑基准轴(A)... 命令，系统弹出"基准轴"对话框。

Step3. 选择创建基准轴的方法。在 类型 区域的下拉列表中选择 曲线上矢量 选项。

Step4. 定义参考对象。在绘图区选取图 2.3.4a 所示的曲线，在 曲线上的位置 区域的 位置 下拉列表中选择 弧长 选项，在 弧长 文本框中输入值 20，按 Enter 键确定；在 曲线上的方位 区域的 方位 下拉列表中选择 相切 选项；其他参数设置保持系统默认。

Step5. 单击"基准轴"对话框中的 <确定> 按钮，完成基准轴的创建，结果如图 2.3.4b 所示。

说明：曲线上的方位 的 方位 默认选项为 相切，选择其他方位可以得到不同的结果。图 2.3.5 显示的是同一条曲线上同一点在不同方位下产生的基准轴。注意：相切、法向和负法向三者之间是两两互相垂直的。

a）法向　　　　　　　　　　　　　　b）负法向

图 2.3.5　曲线上的方位

2.4　基准点的创建

基准点用来作为网格生成加载点，它在绘图中连接基准目标和注释，可用于创建坐标系及管道特征轨迹，也可以在基准点处放置轴、基准平面、孔和轴肩。

在系统默认情况下，UG NX 12.0 将一个基准点显示为加号（+），其名称显示为基准点（n），其中 n 是基准点的编号。要选取一个基准点，可选择基准点自身或其名称。

2.4.1　在曲线/边上创建基准点

当通过输入参数值在曲线或边上创建点时，所输入的参数值为从一个顶点开始沿曲线的长度值。下面以一个范例来说明用"曲线/边上的点"创建基准点的一般过程。如图 2.4.1 所示，需要在模型边线上创建一点，一般操作步骤如下。

Step1.　打开文件 D:\ugnx12.8\work\ch02.04\point_01.prt。

Step2.　选择命令。选择下拉菜单 插入(S) ➡ 基准/点(D) ➡ ✛ 点(P)... 命令，系统弹出图 2.4.2 所示的"点"对话框。

Step3.　选择创建基准点的方法。在 类型 区域的下拉列表中选择 曲线/边上的点 选项。

Step4.　定义参考对象。选取图 2.4.1a 所示的边，在 曲线上的位置 区域的 位置 下拉列表中选择 弧长百分比 选项，在 弧长百分比 文本框中输入值 40，按 Enter 键确定；单击 < 确定 > 按钮，完成基准点的创建，结果如图 2.4.1b 所示。

a）创建前　　　　　　　　　　　　　　　　　　　　b）创建后

图 2.4.1　在曲线/边上创建基准点

图 2.4.2　"点"对话框

图 2.4.2 所示"点"对话框 类型 区域的下拉列表中部分选项的功能说明如下。

- **⚡ 自动判断的点** （自动判断的点）：根据光标的位置，系统自动判断所选的点。它包括下面介绍的所有点的选择方式。

- **光标位置** （光标位置）：将光标移至图形区某位置并单击，系统则在单击的位置处创建一个点。如果创建点是在一个草图中进行，则创建的点位于当前草绘平面上。

- **现有点** （现有点）：通过选取已存在的点创建一个点。

- **端点** （端点）：通过选取已存在曲线（如线段、圆弧、二次曲线及其他曲线）的端点创建一个点。在选取端点时，选取曲线的位置对端点的选取有很大的影响，系统自动选取曲线上离选取曲线的位置最近的端点。

- **控制点** （控制点）：通过选取曲线的控制点创建一个点。控制点与曲线类型有关，可以是存在点，线段的中点或端点，开口圆弧的端点、中点或中心点，二次曲线的端点和样条曲线的定义点或控制点。

- **交点** （交点）：通过选取两条曲线的交点、一曲线和一曲面或一平面的交点创建一个点。在选取交点时，若两对象的交点多于一个，则系统会在靠近第二个对象的交点创建一个点；若两段曲线并未实际相交，则系统会选取两者延长线上的相交点；若选取的两段空间曲线并未实际相交，则系统会选取最靠近第一个对象处创建一个点或规定新点的位置。

- **圆弧中心/椭圆中心/球心** （圆弧中心/椭圆中心/球心）：通过选取圆、圆弧、椭圆或球的中心点创建一个点。

- **圆弧/椭圆上的角度** （圆弧/椭圆上的角度）：沿圆弧或椭圆的一个角度（与坐标轴XC 正向所成的角度）位置上创建一个点。

- **象限点** （象限点）：通过选取圆弧或椭圆弧的象限点即四分点创建一个点。创建的象限点是离光标最近的那个四分点。

- **曲线/边上的点** （曲线/边上的点）：通过选取曲线或物体的边缘创建一个点。

- **面上的点** （面上的点）：通过选取离光标最近的曲面或表面上的点创建一个点。

2.4.2 在端点上创建基准点

在端点上创建基准点是指在直线或曲线的末端创建点。下面以一个范例来说明在端点上创建基准点的一般过程。如图 2.4.3 所示，在模型顶点处创建一个点的一般操作步骤如下。

Step1. 打开文件 D:\ugnx12.8\work\ch02.04\point_02.prt。

Step2. 选择下拉菜单 插入(S) ➡ 基准/点(D) ➡ ＋ 点(P)... 命令，系统弹出"点"对话框。

Step3. 选择创建基准点的方法。在 类型 区域的下拉列表中选择 端点 选项。

Step4. 定义参考对象。选取图 2.4.3a 所示长方体的边，单击 < 确定 > 按钮，完成基准点的创建，结果如图 2.4.3b 所示。

图 2.4.3　在端点上创建基准点

2.4.3　过圆心点创建基准点

过圆心点创建基准点是指在一条弧、一个圆或一个椭圆图元的中心处创建点。下面以一个范例来说明过圆心点创建基准点的一般过程。如图 2.4.4 所示，在模型上表面的孔的圆心处创建一个点，一般操作步骤如下。

Step1. 打开文件 D:\ugnx12.8\work\ch02.04\point_03.prt。

Step2. 选择下拉菜单 插入(S) ➡ 基准/点(D) ➡ ＋ 点(P)... 命令，系统弹出"点"对话框。

Step3. 选择创建基准点的方法。在 类型 区域的下拉列表中选择 圆弧中心/椭圆中心/球心 选项。

Step4. 定义参考对象。选取图 2.4.4a 所示的圆边线，单击 < 确定 > 按钮，完成基准点的创建，结果如图 2.4.4b 所示。

图 2.4.4　过圆心点创建基准点

2.4.4　在草图环境中创建基准点

在草图环境下可以创建基准点。下面以一个范例来说明创建草图基准点的一般过程，如图 2.4.5 所示，在模型的表面上创建一个草图基准点，一般操作步骤如下。

Step1. 打开文件 D:\ugnx12.8\work\ch02.04\point_04.prt。

Step2. 选择下拉菜单 插入(S) ➡️ 在任务环境中绘制草图(V)... 命令，系统弹出"创建草图"对话框，选取图 2.4.5 所示的表面为草图平面，单击 确定 按钮。

Step3. 选择下拉菜单 插入(S) ➡️ 基准/点(D) ➡️ 十 点(P)... 命令，系统弹出"草图点"对话框，绘制图 2.4.6 所示的截面草图。

Step4. 完成基准点的创建，结果如图 2.4.5 所示。

图 2.4.5　创建草绘基准点　　　　　图 2.4.6　绘制截面草图

2.4.5　在曲面上创建基准点

在现有的曲面上可以创建基准点。下面以图 2.4.7 所示的范例来说明在曲面上创建基准点的一般操作过程。

Step1. 打开文件 D:\ugnx12.8\work\ch02.04\point_05.prt。

Step2. 选择下拉菜单 插入(S) ➡️ 基准/点(D) ➡️ 十 点(P)... 命令，系统弹出"点"对话框。

Step3. 选择创建基准点的方法。在 类型 区域的下拉列表中选择 面上的点 选项。

Step4. 定义参考对象。选取图 2.4.7a 所示的曲面，在 面上的位置 区域的 U 向参数 文本框中输入值 0.6，在 V 向参数 文本框中输入值 0.5；单击 < 确定 > 按钮，完成基准点的创建，结果如图 2.4.7b 所示。

a）创建前　　　　　　　　　b）创建后

图 2.4.7　在曲面上创建基准点

2.4.6　利用曲线与曲面相交创建基准点

在一条曲线和一个曲面的交点处可以创建基准点。曲线可以是零件边、曲面特征边、基准曲线、轴或输入的基准曲线；曲面可以是零件曲面、曲面特征或基准平面。如图 2.4.8 所示，现需要在曲面与模型边线的相交处创建一个点，其一般操作步骤如下。

Step1. 打开文件 D:\ugnx12.8\work\ch02.04\point_06.prt。

Step2. 选择下拉菜单 插入(S) ➡ 基准/点(D) ➡ ＋ 点(P)... 命令，系统弹出"点"对话框。

Step3. 选择创建基准点的方法。在 类型 区域的下拉列表中选择 交点 选项。

Step4. 定义参考对象。依次选取图 2.4.8a 所示的曲面和边线；单击 < 确定 > 按钮，完成基准点的创建，结果如图 2.4.8b 所示。

图 2.4.8　利用曲线与曲面相交创建基准点

2.4.7　通过给定坐标值创建基准点

现要在一个坐标系的偏距处创建基准点阵列，WCS 是一个坐标系，创建偏移该坐标系的三个点 1、2 和 3，如图 2.4.9 所示。它们相对该坐标系的坐标值为（8.0，8.0，0.0）、（15.0，8.0，0.0）和（15.0，12.0，0.0），一般操作步骤如下。

Step1. 打开文件 D:\ugnx12.8\work\ch02.04\point_07.prt。

Step2. 选择下拉菜单 插入(S) ➡ 基准/点(D) ➡ ＋ 点(P)... 命令，系统弹出"点"对话框。

Step3. 在 类型 区域的下拉列表中选择 光标位置 选项。在 X 、 Y 、 Z 文本框中对应输入三个点的坐标值分别为（8.0，8.0，0.0）、（15.0，8.0，0.0）和（15.0，12.0，0.0），并分别单击 应用 按钮确认。

Step4. 单击"点"对话框中的 < 确定 > 按钮，完成基准点的创建，结果如图 2.4.9 所示。

图 2.4.9　利用坐标值创建基准点

2.4.8　利用两条曲线相交创建基准点

利用两条曲线相交创建基准点的曲线可以是零件边缘、曲面特征边、基准曲线、轴或输入的基准曲线。如图 2.4.10 所示，需要在模型上部表面的曲线和模型边线的相交处创建一个基准点，其一般操作步骤如下。

Step1. 打开文件 D:\ugnx12.8\work\ch02.04\point_08.prt。

Step2. 选择下拉菜单 插入(S) ➡ 基准/点(D) ➡ ＋ 点(P)... 命令，系统弹出"点"对话框。

Step3. 选择创建基准点的方法。在 类型 区域的下拉列表中选择 交点 选项。

Step4. 定义参考对象。依次选取图 2.4.10a 所示的圆弧和边线，单击 < 确定 > 按钮，完成点的创建，结果如图 2.4.10b 所示。

图 2.4.10 创建基准点

2.4.9 创建点集

"创建点集"是指在现有的几何体上创建一系列的点，它可以是曲线上的点，也可以是曲面上的点。本小节将介绍一些常用点集的创建方法。

1. 曲线点

下面以图 2.4.11 所示的范例来说明创建"曲线点"点集的一般操作过程。

图 2.4.11 用"曲线点"创建点集

Step1. 打开文件 D:\ugnx12.8\work\ch02.04\point_09_01.prt。

Step2. 选择下拉菜单 插入(S) ➡ 基准/点(D) ➡ ⁺₊ 点集(S)... 命令，系统弹出图 2.4.12 所示的"点集"对话框。

Step3. 选择创建点集的类型。在 类型 区域的下拉列表中选择 曲线点 选项，在 子类型 区域的 曲线点产生方法 下拉列表中选择 等弧长 选项。

Step4. 设置参数。根据系统提示，在绘图区选取图 2.4.11a 所示的曲线，在 点数 文本框中输入值 4，其他参数采用系统默认设置。

Step5. 单击 < 确定 > 按钮，完成点集的创建，隐藏源曲线后的结果如图 2.4.11b 所示。

图 2.4.12　"点集"对话框

2．样条点

下面以图 2.4.13 所示的范例来说明用"样条点"创建点集的一般操作过程。

a）创建前　　　　　　　　　　　　　　　　　b）创建后
图 2.4.13　用"样条点"创建点集

Step1. 打开文件 D:\ugnx12.8\work\ch02.04\point_09_02.prt。

Step2. 选择下拉菜单 插入(S) ➡ 基准/点(D) ➡ 点集(S)... 命令，系统弹出"点集"对话框。

Step3. 选择创建点集的类型。在"点集"对话框的 类型 下拉列表中选择 样条点 选项；在 子类型 区域的 样条点类型 下拉列表中选择 极点 选项。

Step4. 选择样条。在绘图区选取图 2.4.13a 所示的曲线。

Step5. 单击"点集"对话框中的 < 确定 > 按钮，完成点集的创建，结果如图 2.4.13b 所示。

3．面的点

面的点是指在现有的面上创建点集。下面以图 2.4.14 所示的范例来说明用"面的点"

创建点集的一般操作过程。

a) 创建前　　　　　　　b) 创建后

图 2.4.14　用"面的点"创建点集

Step1. 打开文件 D:\ugnx12.8\work\ch02.04\point_09_03.prt。

Step2. 选择下拉菜单 插入(S) ➡ 基准/点(D) ➡ 点集(S)... 命令，系统弹出"点集"对话框。

Step3. 选择创建点集的类型。在"点集"对话框的 类型 下拉列表中选择 面的点 选项；在 子类型 区域的 面点产生方法 下拉列表中选择 阵列 选项。

Step4. 选择面。在绘图区选取图 2.4.14a 所示的曲面。

Step5. 设置参数。在 阵列定义 区域的 U 向 文本框中输入值 5，在 V 向 文本框中输入值 6，其他参数采用系统默认设置。

Step6. 单击 〈 确定 〉 按钮，完成点集的创建，结果如图 2.4.14b 所示。

2.5　基准坐标系的创建

坐标系是可以增加到零件和装配件中的参照特征，它可用于：

- 计算质量属性。
- 装配元件。
- 为"有限元分析（FEA）"放置约束。
- 为刀具轨迹提供制造操作参照。
- 用于定位其他特征的参照（坐标系、基准点、平面和轴线、输入的几何等）。

在 UG NX 12.0 系统中，可以使用以下三种形式的坐标系。

- 绝对坐标系（ACS）：系统默认的坐标系，其坐标原点不会变化，在新建文件时系统会自动生成绝对坐标系。
- 工作坐标系（WCS）：系统提供给用户的坐标系，用户可根据需要通过移动它的位置来设置自己的工作坐标系。
- 基准坐标系（CSYS）：该坐标系常用于模具设计和数控加工等操作。

2.5.1　使用三个点创建坐标系

根据所选的三个点来定义坐标系，X 轴是从第一点到第二点的矢量，Y 轴是第一点到第三点的矢量，原点是第一点。下面以图 2.5.1 所示的范例来说明用三点创建坐标系的一般过程。

a）创建前　　　　　　　　　　　　　　　b）创建后

图 2.5.1　使用三个点创建坐标系

Step1. 打开文件 D:\ugnx12.8\work\ch02.05\csys_create_01.prt。

Step2. 选择下拉菜单 插入(S) ➡ 基准/点(D) ➡ ⏚ 基准坐标系(C) 命令，系统弹出图 2.5.2 所示的"基准坐标系"对话框。

Step3. 在 类型 区域的下拉列表中选择 原点, X 点, Y 点 选项，在绘图区依次选取图 2.5.1a 所示的点 1、点 2 和点 3。

Step4. 单击"基准坐标系"对话框中的 < 确定 > 按钮，完成坐标系的创建，结果如图 2.5.1b 所示。

图 2.5.2　"基准坐标系"对话框

图 2.5.2 所示"基准坐标系"对话框 类型 区域的下拉列表中各选项的功能说明如下。

- 动态 （动态）：可以手动移动坐标系到任何想要的位置或方位，或创建一个关联、相对于选定坐标系动态偏置的坐标系。

- 自动判断 （自动判断）：创建一个与所选对象相关的坐标系，或通过 X、Y 和 Z 分量的增量来创建坐标系。实际所使用的方法是根据所选择的对象和选项来确定的。要选择当前的坐标系，可选择自动判断的方法。

- 原点, X 点, Y 点 （原点，X 点，Y 点）：根据选择的三个点或创建三个点来创建坐标系。要想指定三个点，可以使用点方法选项或使用相同功能的菜单打开"点"

对话框。X 轴是从第一点到第二点的矢量，Y 轴是从第一点到第三点的矢量，原点是第一点。

- [**X轴, Y轴, 原点**]（X 轴，Y 轴，原点）：根据所选择或定义的一点和两个矢量来创建坐标系。选择的两个矢量作为坐标系的 X 轴和 Y 轴，选择的点作为坐标系的原点。

- [**Z轴, X轴, 原点**]（Z 轴，X 轴，原点）：根据所选择或定义的一点和两个矢量来创建坐标系。选择的两个矢量作为坐标系的 Z 轴和 X 轴，选择的点作为坐标系的原点。

- [**Z轴, Y轴, 原点**]（Z 轴，Y 轴，原点）：根据所选择或定义的一点和两个矢量来创建坐标系。选择的两个矢量作为坐标系的 Z 轴和 Y 轴，选择的点作为坐标系的原点。

- [**平面, X轴, 点**]（平面，X 轴，点）：根据所选择的一个平面、X 轴和原点来创建坐标系，其中选择的平面为 Z 轴平面，选取的 X 轴方向即为坐标系中 X 轴方向，选取的原点为坐标系的原点。

- [**三平面**]（三平面）：根据所选择的三个平面来创建坐标系。X 轴是第一个"基准平面/平面"的法线，Y 轴是第二个"基准平面/平面"的法线，原点是这三个基准平面/面的交点。

- [**绝对坐标系**]（绝对坐标系）：指定模型空间坐标系作为坐标系。X 轴和 Y 轴是"绝对坐标系"的 X 轴和 Y 轴，原点为"绝对坐标系"的原点。

- [**当前视图的坐标系**]（当前视图的坐标系）：将当前视图的坐标系设置为坐标系。X 轴平行于视图底部，Y 轴平行于视图的侧面，原点为视图的原点（图形屏幕中间）。如果通过名称来选择，坐标系将不可见或在不可选择的层中。

- [**偏置坐标系**]（偏置坐标系）：选取现有的基准坐标系，通过输入偏置值和旋转角度来创建坐标系。

2.5.2　使用三个平面创建坐标系

用三个平面创建坐标系是指选择三个平面（模型的表面或基准平面），三个平面的交点即为坐标原点。选定的第一个平面的法向矢量定义一个轴的方向，第二个平面的法向矢量定义另一轴的大致方向，系统会自动按右手定则确定第三轴。

如图 2.5.3 所示，现需要在三个垂直平面（平面 1、平面 2 和平面 3）的交点上创建一个坐标系，一般操作步骤如下。

Step1. 打开文件 D:\ugnx12.8\work\ch02.05\csys_create_02.prt。

Step2. 选择下拉菜单 插入(S) ➡ 基准/点(D) ➡ [基准坐标系(C)] 命令，系统弹出"基准坐标系"对话框。

Step3. 在**类型**区域的下拉列表中选择 **三平面** 选项，在绘图区依次选取图 2.5.3a 所示的三个平面为基准坐标系的参考平面，其中 X 轴是平面 1 的法向矢量，Y 轴是平面 2 的法向矢量，原点为三个平面的交点。

Step4. 单击"基准坐标系"对话框中的 **< 确定 >** 按钮，完成坐标系的创建，结果如图 2.5.3b 所示。

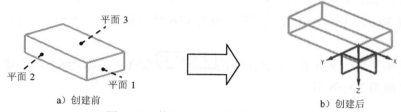

图 2.5.3 使用三个平面创建基准坐标系

2.5.3 使用两个相交的轴（边）创建坐标系

选取一点作为坐标系的原点，选取两条直线（或轴线）作为坐标系的 X 轴和 Y 轴，然后就可以定义坐标系的方向。如图 2.5.4 所示，需要通过模型的两条边线创建一个坐标系，一般操作步骤如下。

Step1. 打开文件 D:\ugnx12.8\work\ch02.05\csys_create_03.prt。

Step2. 选择下拉菜单 **插入(S)** ➡ **基准/点(D)** ➡ **基准坐标系(C)** 命令，系统弹出"基准坐标系"对话框。

Step3. 在**类型**区域的下拉列表中选择 **X 轴,Y 轴,原点** 选项，选取边 3 的中点为基准坐标系的原点，然后依次选取图 2.5.4a 所示的边 1 和边 2 为基准坐标系的 X 轴和 Y 轴。

Step4. 单击"基准坐标系"对话框中的 **< 确定 >** 按钮，完成坐标系的创建，结果如图 2.5.4b 所示。

图 2.5.4 使用两个相交的轴（边）创建基准坐标系

说明：X 轴与 Y 轴的方向可以通过单击"反向"按钮 来调整。

2.5.4 创建偏置坐标系

通过参照坐标系的偏移和旋转可以创建一个坐标系。如图 2.5.5 所示，需要通过参照坐标系创建一个偏距坐标系，一般操作步骤如下。

Step1. 打开文件 D:\ugnx12.8\work\ch02.05\offset_cycs.prt。

Step2. 选择下拉菜单 插入(S) ➞ 基准/点(D) ➞ 基准坐标系(C)... 命令，系统弹出"基准坐标系"对话框。

Step3. 定义创建坐标系的类型。在 类型 区域的下拉列表中选择 偏置坐标系 选项。

Step4. 定义参考坐标系和参数。在 参考 下拉列表中选择 选定坐标系 选项，在绘图区选取图 2.5.5a 所示的基准坐标系；在 坐标系偏置 区域中选取 ⊙ 先平移 选项，在 X 、 Y 、 Z 文本框中依次输入值 30.0、−15.0、12.0，在 设置 区域的 比例因子 文本框中输入值 1，其他参数采用系统默认设置。

Step5. 单击"基准坐标系"对话框中的 <确定> 按钮，完成坐标系的创建，隐藏源坐标系后的结果如图 2.5.5b 所示。

a）创建前   b）创建后

图 2.5.5 创建偏置坐标系

2.5.5 创建绝对坐标系

在绝对坐标系的原点处可以定义一个新的坐标系，X 轴和 Y 轴分别是绝对坐标系的 X 轴和 Y 轴，原点为绝对坐标系的原点。在 UG NX 12.0 中创建绝对坐标系时可以选择下拉菜单 插入(S) ➞ 基准/点(D) ➞ 基准坐标系(C)... 命令，在 类型 区域的下拉列表中选择 绝对坐标系 选项，然后单击 <确定> 按钮。

2.5.6 创建当前视图坐标系

在当前视图中可以创建一个新的坐标系：X 轴平行于视图底部，Y 轴平行于视图的侧面，原点为视图的原点，即图形屏幕的中间位置。当前视图的创建方法：选择下拉菜单 插入(S) ➞ 基准/点(D) ➞ 基准坐标系(C)... 命令，在 类型 区域的下拉列表中选择 当前视图的坐标系 选项，然后单击 <确定> 按钮。

学习拓展： 扫码学习更多视频讲解。

讲解内容： 主要包含产品设计基础，曲面设计的基本概念，常用的曲面设计方法及流程，曲面转实体的常用方法，典型曲面设计案例等。特别是对曲线与曲面的阶次、连续性及曲面分析这些背景知识进行了系统讲解。

第3章 曲线设计

本章提要 曲线是曲面的基础，是曲面造型设计中必须用到的元素，因此了解和掌握曲线的创建方法是学习构建曲面的基本技能。利用 UG 的曲线功能可以建立多种曲线，其中基本曲线包括点、点集、直线、圆、圆弧、倒圆角和倒斜角等，高级曲线包括样条线、二次曲线、螺旋线和规律曲线等。本章主要内容包括：

- 草图曲线
- 高级空间曲线
- 来自实体集的曲线
- 曲线编辑

- 基本空间曲线
- 派生曲线
- 曲线分析

3.1 草 图 曲 线

草图曲线可以由一个或多个草图段，以及一个或多个开放或封闭的环组成。如果将草图曲线用于其他特征，通常限定为开放或封闭环的单个曲线（它可以由许多段组成）。创建草图曲线需要进入草图环境，每个草图特征都是指定平面上的二维曲线和点的集合，可随意将约束应用到草图；草图特征是可重复使用的对象，可以在其他建模环境下通过草图特征创建新的特征。

草图曲线创建的复合曲线可以作为轨迹，如作为扫描轨迹。如图 3.1.1 所示，需要在模型的表面上创建一个草图样条曲线，一般操作步骤如下。

Step1. 打开文件 D:\ugnx12.8\work\ch03.01\curves_sketch.prt。

Step2. 进入草图环境。选择下拉菜单 插入(S) ➡ 在任务环境中绘制草图(V)... 命令。选取图 3.1.1 所示的模型表面作为草图平面，单击 确定 按钮，进入草图环境。

Step3. 绘制草图。选择下拉菜单 插入(S) ➡ 曲线(C) ▸ ➡ 艺术样条(I)... 命令，绘制图 3.1.2 所示的样条曲线。

图 3.1.1 绘制草图样条曲线

图 3.1.2 绘制样条草图

Step4. 选择下拉菜单 任务(K) ➡ 完成草图(K)命令，退出草图环境。

3.2 基本空间曲线

UG 软件中基本空间曲线的创建包括直线、圆弧、圆等规则曲线的创建，以及曲线的倒圆角等操作。

3.2.1 直线

下面通过介绍几种创建直线的方法来说明绘制空间直线的一般操作过程。

1. 直线（点-切线）

进入建模环境，选择下拉菜单 插入(S) ➡ 曲线(C) ➡ 直线(L)...命令，系统弹出图 3.2.1 所示的"直线"对话框。通过该对话框可以创建多种类型的直线，创建的直线类型取决于对直线两个端点的约束。

下面以图 3.2.2 所示的例子来说明通过"直线（点-切线）"创建直线的一般过程。

图 3.2.1 "直线"对话框

创建的直线

图 3.2.2 创建的直线

说明： 在不打开"直线"对话框的情况下，要迅速创建简单的关联或非关联的直线，可以选择下拉菜单 插入(S) ➡ 曲线(C) ➡ 直线和圆弧(A)下面相关的子命令。

Step1. 打开文件 D:\ugnx12.8\work\ch03.02\line01.prt。

Step2. 选择下拉菜单 插入(S) ➡ 曲线(C) ➡ 直线(L)...命令，系统弹出"直线"对话框。

Step3. 定义起点。在 起点区域 起点选项 的下拉列表中选择 点选项（或者在图形区的空白处右击，在系统弹出的图 3.2.3 所示的快捷菜单中选择 点命令），此时系统弹出图 3.2.4

所示的动态文本输入框，在 ^{XC}、^{YC}和 ^{ZC}文本框中分别输入值 10、30 和 0，按 Enter 键确认。

图 3.2.3　快捷菜单

图 3.2.4　动态文本输入框

说明：

● 第一次按键盘上的 F3 键，可以将动态文本输入框隐藏；第二次按，可将"直线"对话框隐藏；第三次按，则显示"直线"对话框和动态文本输入框。

● 在动态文本框中输入点坐标时需要按键盘上的 Tab 键切换，将坐标输入后按 Tab 键或 Enter 键确认。这里也可以通过"点"对话框输入点。

Step4. 定义终点。在图 3.2.5 所示的"直线"对话框 结束 区域的 终点选项 下拉列表中选择 相切 选项（或者在图形区的空白处右击，在弹出的快捷菜单中选择 相切 命令）；选取图 3.2.6 所示的曲线 1，单击对话框中的 < 确定 > 按钮（或者单击鼠标中键），完成直线的创建。

图 3.2.5　"直线"对话框　　　　　　　　图 3.2.6　选取曲线 1

2. 直线（点-点）

使用 直线(点-点)(P)... 命令绘制直线时，用户可以在系统弹出的动态输入框中输入起始点和终点相对于原点的坐标值来完成直线的创建。

下面以图 3.2.7 所示的例子来说明使用"直线（点-点）"命令创建直线的一般操作过程。

a）创建前　　　　　　　　　　　　b）创建后

图 3.2.7　直线的创建

Step1. 打开文件 D:\ugnx12.8\work\ch03.02\line02.prt。

Step2. 选择下拉菜单 插入(S) ➡ 曲线(C) ➡ 直线和圆弧(A) ➡ ／ 直线(点-点)(P) 命令，系统弹出图 3.2.8 所示的"直线（点-点）"对话框。

Step3. 在图形区选取图 3.2.9 所示的坐标原点为直线起点，选取与坐标原点相对应的矩形对角点为直线终点。

Step4. 单击鼠标中键，完成直线的创建。

图 3.2.8 "直线（点-点）"对话框   图 3.2.9 选取直线起点和终点

3. 直线（点-XYZ）

使用 ⎿ 直线(点-XYZ) 命令可绘制与 XC 轴、YC 轴、ZC 轴共线的直线，用户可以通过在系统弹出的动态输入框中输入直线起始点的坐标和直线的长度来确定直线。

下面以图 3.2.10 所示的例子来说明使用"直线（点-XYZ）"命令创建直线的一般操作过程。

a）创建前   b）创建的直线

图 3.2.10 直线的创建

Step1. 打开文件 D:\ugnx12.8\work\ch03.02\line03.prt。

Step2. 选择下拉菜单 插入(S) ➡ 曲线(C) ➡ 直线和圆弧(A) ➡ ⎿ 直线(点-XYZ) 命令，系统弹出图 3.2.11 所示的动态输入框（一）。

Step3. 在动态输入框（一）中输入直线的起始点坐标（0，0，0），按 Enter 键确定，系统弹出动态输入框（二）。

说明：此时拖动鼠标可以在 XC、YC 和 ZC 方向之间切换直线方向。

Step4. 移动鼠标将直线调整至图 3.2.12 所示的方向，在动态输入框（二）中输入值 20，按 Enter 键确定。

Step5. 单击鼠标中键，完成直线的创建。

图 3.2.11 动态输入框（一）   图 3.2.12 动态输入框（二）

4．直线（点—平行）

使用 直线(点-平行)(R)... 命令可以精确绘制一条与已有直线平行的平行线，下面通过图 3.2.13 所示的例子来说明使用"直线（点—平行）"命令创建直线的一般操作过程。

a）创建前   b）创建后

图 3.2.13 平行线的创建

Step1．打开文件 D:\ugnx12.8\work\ch03.02\line04.prt。

Step2．选择下拉菜单 插入(S) ➡ 曲线(C) ➡ 直线和圆弧(A) ➡ 直线(点-平行)(R)... 命令，系统弹出图 3.2.14 所示的动态输入框（一）。

Step3．在动态输入框（一）中输入直线起始点的坐标（0，0，20），按 Enter 键确定。

Step4．选取图 3.2.15 所示的直线，在动态输入框（二）中输入值 35，按 Enter 键确定；单击鼠标中键，完成直线的创建。

图 3.2.14 动态输入框（一）   图 3.2.15 动态输入框（二）

5．直线（点—垂直）

使用 直线(点-垂直)(U)... 命令可以绘制一条直线的垂线，下面通过创建图 3.2.16 所示的垂线来说明使用"直线（点—垂直）"命令创建直线的一般操作过程。

a）创建前   b）创建后

图 3.2.16 垂线的创建

Step1．打开文件 D:\ugnx12.8\work\ch03.02\line05.prt。

Step2．选择下拉菜单 插入(S) ➡ 曲线(C) ➡ 直线和圆弧(A) ➡ 直线(点-垂直)(U)...

命令，系统弹出图 3.2.17 所示的动态输入框（一）。

Step3. 在动态输入框（一）中输入直线起始点的坐标（10，0，10），按 Enter 键确定，系统弹出图 3.2.18 所示的动态输入框（二）。

Step4. 选择图 3.2.18 所示的直线，然后在动态输入框（二）中输入值 40，按 Enter 键确定；单击鼠标中键，完成直线的创建。

图 3.2.17　动态输入框（一）　　　　图 3.2.18　动态输入框（二）

3.2.2　圆弧/圆

1. 圆弧/圆

选择下拉菜单 插入(S) ➡ 曲线(C)▶ ➡ 🗋 圆弧/圆(C)... 命令，系统弹出"圆弧/圆"对话框。通过该对话框可以创建多种类型的圆弧或圆，创建的圆弧或圆的类型取决于在该对话框的下拉列表中选择的不同约束组合类型。

下面通过图 3.2.19 所示的例子来介绍使用"相切–相切–相切"方式创建圆的一般操作过程。

a）创建前　　　　　　　　　　　　　　　b）创建的切线圆

图 3.2.19　圆弧/圆的创建

Step1. 打开文件 D:\ugnx12.8\work\ch03.02\circul01.prt。

Step2. 选择下拉菜单 插入(S) ➡ 曲线(C)▶ ➡ 🗋 圆弧/圆(C)... 命令，系统弹出图 3.2.20 所示的"圆弧/圆"对话框（一）。

Step3. 定义圆弧类型。在 类型 区域的下拉列表中选择 三点画圆弧 选项。

Step4. 定义圆弧起点选项。在 起点 区域的 起点选项 下拉列表中选择 相切 选项（或者在图形区右击，在弹出的快捷菜单中选择 相切 命令），然后选取图 3.2.21 所示的曲线 1。

Step5. 定义端点选项。在 端点 区域的 终点选项 下拉列表中选择 相切 选项（或者在图形区右击，在弹出的快捷菜单中选择 相切 命令），然后选取图 3.2.22 所示的曲线 2。

Step6. 定义中点选项。在 中点 区域的 中点选项 下拉列表中选择 相切 选项（或者在图形区右击，在弹出的快捷菜单中选择相切命令），然后选取图 3.2.23 所示的曲线 3。

Step7. 定义限制属性。在限制区域选中 ☑整圆 复选框，然后在 设置 区域单击"备选解"按钮 ，切换至所需要的圆。

图 3.2.20　"圆弧/圆"对话框（一）

图 3.2.21　选取曲线 1

图 3.2.22　选取曲线 2

图 3.2.23　选取曲线 3

Step8. 单击对话框中的 〈 确定 〉 按钮，完成圆的创建。

说明： 在"圆弧/圆"对话框的 限制 区域中取消选中 ☐ 整圆 复选框，系统弹出的对话框如图 3.2.24 所示，此时可以对圆弧进行限制。

图 3.2.24 所示的"圆弧/圆"对话框（二）中部分选项及按钮的功能说明如下。

● 起始限制 区域：定义弧的起始位置。

● 终止限制 区域：定义弧的终止位置。

● ☑ 整圆（整圆）：该复选框被选中时，生成的曲线为一个整圆，如图 3.2.25b 所示。

● （补弧）：单击该按钮，图形区中的弧变为它的补弧，如图 3.2.25c 所示。

● （备选解）：有多种满足条件的曲线时，单击该按钮在几个备选解之间切换。

图 3.2.24　"圆弧/圆"对话框（二）

a）弧

b）整圆

c）补弧

图 3.2.25　几种圆弧/圆的比较

2．圆弧（点-点-点）

使用"圆弧（点-点-点）"命令绘制圆弧时，用户可以分别在系统弹出的动态输入框中输入三个点的坐标来完成圆弧的创建。下面通过创建图 3.2.26 所示的圆弧来说明使用"圆弧（点-点-点）"命令创建圆弧的一般操作过程。

a）创建前　　　　　　　　　b）创建的圆弧

图 3.2.26　圆弧的创建

Step1. 打开文件 D:\ugnx12.8\work\ch03.02\circul02.prt。

Step2. 选择下拉菜单插入(S) ➡ 曲线(C) ➡ 直线和圆弧(A) ➡ ⌒ 圆弧（点-点-点）(O). 命令，系统弹出图 3.2.27 所示的动态输入框（一）。

Step3. 在动态输入框（一）中输入直线起始点的坐标（0，0，0），按 Enter 键确定，系统弹出图 3.2.28 所示的动态输入框（二）。

Step4. 在动态输入框（二）中输入直线终点的坐标（0，0，20），按 Enter 键确定，系统弹出图 3.2.29 所示的动态输入框（三）。

Step5. 在动态输入框（三）中输入直线中间点的坐标（10，0，10），按 Enter 键确定。

Step6. 单击鼠标中键，完成圆弧的创建。

图 3.2.27 动态输入框（一）　　图 3.2.28 动态输入框（二）　　图 3.2.29 动态输入框（三）

3. 圆（点-点-相切）

使用"圆（点-点-相切）"命令可以精确绘制一条直线的相切圆。下面通过创建图 3.2.30 所示的相切圆来说明使用"圆（点-点-相切）"命令创建圆的一般操作过程。

a）创建前　　　　　　　　　　　　　　　　　b）创建的圆

图 3.2.30 相切圆的创建

Step1. 打开文件 D:\ugnx12.8\work\ch03.02\circul03.prt。

Step2. 选择下拉菜单 插入(S) ➡ 曲线(C) ➡ 直线和圆弧(A) ➡ 圆(点-点-相切)(L)... 命令，系统弹出图 3.2.31 所示的动态输入框（一）。

Step3. 在动态输入框（一）中输入起点的坐标（10，40，0），按 Enter 键确定，系统弹出图 3.2.32 所示的动态输入框（二）。

Step4. 在动态输入框（二）中输入终点的坐标（20，20，0），按 Enter 键确定。

Step5. 选取图 3.2.33 所示的直线，系统自动创建一个与该直线相切的圆；单击鼠标中键，完成相切圆的创建。

选取此直线

图 3.2.31 动态输入框（一）　　图 3.2.32 动态输入框（二）　　图 3.2.33 选取相切直线

说明：选取直线时，光标应靠近圆和直线相切的位置，否则 NX 系统会警告并提示重新选择。

3.2.3 曲线倒圆角

倒圆角命令可以用来编辑现有的圆角，系统会自动将指定的圆弧半径作为圆角的半径，用户也可以自定义圆角半径。在选择多个圆角对象时，应该按逆时针顺序选择各对象，以保证生成的圆角是要得到的圆角。下面将分别介绍几种圆角创建的一般操作过程。

1. 简单倒圆角

下面通过图 3.2.34 所示的范例来说明创建简单倒圆角的一般过程。

a）倒圆角前　　　　　　　　　　　　b）倒圆角后

图 3.2.34　简单倒圆角

Step1. 打开文件 D:\ugnx12.8\work\ch03.02\edit_arc01.prt。

Step2. 选择下拉菜单 插入(S) ➡ 曲线(C) ➡ 基本曲线(B)... 命令，系统弹出图 3.2.35 所示的"基本曲线"对话框。

　　说明：软件默认情况在下拉菜单中没有"基本曲线"命令，读者需要在下拉菜单中通过 工具(T) ➡ 定制(Z)... 命令进行设置。后面有几个命令需要同样设置，就不再赘述。

Step3. 在"基本曲线"对话框中单击"圆角"按钮 ⌐ ，系统弹出"曲线倒圆"对话框，如图 3.2.36 所示。

Step4. 选中"曲线倒圆"对话框中的"简单圆角"按钮 ⌐ ，在 半径 文本框中输入值 6，单击图 3.2.34a 所示的位置，完成倒圆角的创建，结果如图 3.2.34b 所示；单击 取消 按钮，退出操作。

图 3.2.35　"基本曲线"对话框

图 3.2.36　"曲线倒圆"对话框

　　说明：图 3.2.34a 所示光标圆半径内应该包括所需要选取的两条直线，且光标十字准线的焦点应该在两直线夹角的内部，只有光标处于这样的位置时单击才能生成图 3.2.34b 所示的圆角。

2．两条曲线的曲线圆角

下面通过图 3.2.37 所示的例子来说明创建曲线圆角的一般操作过程。

Step1. 打开文件 D:\ugnx12.8\work\ch03.02\edit_arc02.prt。

Step2. 选择下拉菜单 插入(S) ➡ 曲线(C) ➡ 基本曲线(B)... 命令，系统弹出"基本曲线"对话框。

a）倒圆角前　　　　　　　　图 3.2.37　曲线圆角　　　　　　　　b）倒圆角后

Step3. 在"基本曲线"对话框中单击"圆角"按钮，系统弹出"曲线倒圆"对话框。

Step4. 在"曲线倒圆"对话框中单击"2 曲线圆角"按钮，输入半径值 12，依次选取图 3.2.38 所示的曲线 1、曲线 2，单击图 3.2.38 所示的点 1 区域，完成倒圆角，结果如图 3.2.37b 所示；单击 取消 按钮，退出操作。

说明：

● 在选取曲线时，系统会弹出警告窗口，提示曲线的参数将被移除，此时应单击 是(Y) 按钮才能继续。

● 在 Step4 中，如果单击点的位置不同，生成的倒圆角位置也会不同，如图 3.2.39～图 3.2.41 所示。

图 3.2.38　点的不同位置　　　　　　　图 3.2.39　单击点 2 区域

图 3.2.40　单击点 3 区域　　　　　　　图 3.2.41　单击点 4 区域

3．三条曲线的曲线圆角

下面通过图 3.2.42 所示的例子来说明创建三条曲线的曲线圆角的一般操作过程。

图 3.2.42　三条曲线的曲线圆角

Step1. 打开文件 D:\ugnx12.8\work\ch03.02\edit_arc03.prt。

Step2. 选择下拉菜单 插入(S) ➡ 曲线(C) ➡ 基本曲线(B)... 命令，系统弹出"基本曲线"对话框。

Step3. 在"基本曲线"对话框中单击"圆角"按钮，系统弹出"曲线倒圆"对话框。

Step4. 在"曲线倒圆"对话框中单击"3 曲线圆角"按钮，依次选取图 3.2.42a 所示的曲线 1、曲线 2 和曲线 3，然后单击图 3.2.42b 所示的位置作为圆角中心的大概位置，完成倒圆角的创建，结果如图 3.2.42b 所示；单击 取消 按钮，退出操作。

说明：

- 在 Step4 中，如果依次选取图 3.2.42a 所示的曲线 3、曲线 2 和曲线 1，然后单击图 3.2.42c 所示的位置，则生成的倒圆角位置就会不同。
- 在倒圆角前，确定"修剪选项"的 ☑ 修剪第一条曲线 、 ☑ 删除第二条曲线 和 ☑ 修剪第三条曲线 三个复选框为选中状态。

3.2.4　倒斜角

倒斜角操作是在两个共面直线之间创建斜角，创建方法有两种：简单倒斜角和用户定义倒斜角。

1．简单倒斜角

下面通过图 3.2.43 所示的例子来说明创建简单倒斜角的一般操作过程。

图 3.2.43　简单倒斜角

Step1. 打开文件 D:\ugnx12.8\work\ch03.02\edit_line.prt。

Step2. 选择下拉菜单 插入(S) ➡ 曲线(C) ➡ 倒斜角(M)... 命令，系统弹出"倒斜角"对话框（一），如图 3.2.44 所示。

Step3. 在"倒斜角"对话框（一）中单击 按钮，系统弹出图 3.2.45 所示的"倒斜角"对话框（二），在 偏置 文本框中输入值 10，单击 确定 按钮。

图 3.2.44 "倒斜角"对话框（一）

图 3.2.45 "倒斜角"对话框（二）

Step4. 单击靠近矩形右上角的矩形内部一点，如图 3.2.46 所示的点 1 位置（点选时鼠标指针的圆形区域要包含矩形角），则系统自动生成倒斜角。此时系统弹出"倒斜角"对话框（三），如图 3.2.47 所示（此时单击 撤消 按钮将取消生成的倒斜角）。

Step5. 在图 3.2.47 所示的"倒斜角"对话框（三）中单击 取消 按钮，完成倒斜角的创建。

图 3.2.46 点的不同位置

图 3.2.47 "倒斜角"对话框（三）

注意：

● 在 Step4 中，如果单击矩形右上角周围点的位置不同，生成的倒角位置也会不同，如图 3.2.48~图 3.2.50 所示。

● 如果单击的点距离矩形角太远，则系统会弹出"错误"对话框。

图 3.2.48 单击点 2 区域　　图 3.2.49 单击点 3 区域　　图 3.2.50 单击点 4 区域

2. 用户定义倒斜角

下面通过图 3.2.51 所示的例子来说明创建用户定义倒斜角的一般操作过程。

a）倒斜角前　　　　　　　　　　　b）倒斜角后
图 3.2.51 用户定义倒斜角

Step1. 打开文件 D:\ugnx12.8\work\ch03.02\edit_line.prt。

Step2. 选择下拉菜单 插入(S) ➡ 曲线(C) ➡ 倒斜角(M)... 命令，系统弹出"倒斜角"

对话框。

Step3. 在"倒斜角"对话框中单击 按钮，系统弹出图 3.2.52 所示的"倒斜角"对话框（一）。

图 3.2.52　"倒斜角"对话框（一）

图 3.2.52 所示"倒斜角"对话框（一）中的按钮说明如下。

- 自动修剪：系统自动对直线进行修剪。
- 手工修剪：由用户指定修剪边。
- 不修剪：不修剪原始直线。

Step4. 在"倒斜角"对话框（一）中单击 自动修剪 按钮，系统弹出图 3.2.53 所示的"倒斜角"对话框（二）。

图 3.2.53　"倒斜角"对话框（二）

图 3.2.53 所示的"倒斜角"对话框（二）中各个选项的说明如下。

- 偏置 文本框：用于输入两曲线交点与倒斜角线起点之间的距离。
- 角度 文本框：用于输入第二条曲线与斜角之间的夹角。
- 偏置值：单击该按钮，选择斜角定义方式为两条直线上的偏置值。

Step5. 单击 偏置值 按钮，系统弹出图 3.2.54 所示的"倒斜角"对话框（三）。

图 3.2.54　"倒斜角"对话框（三）

图 3.2.54 所示的"倒斜角"对话框（三）中各个选项的说明如下。

- **偏置 1** 文本框：两曲线交点与第二条直线上倒斜角线起点之间的距离。
- **偏置 2** 文本框：两曲线交点与第一条直线上倒斜角线起点之间的距离。
- <kbd>偏置和角度</kbd>：单击该按钮选择斜角定义方式为第一条直线上的偏置值和第二条直线上的角度，即回到图 3.2.53 所示的对话框。

Step6. 定义偏置值。在"倒斜角"对话框（三）中的 **偏置 1** 和 **偏置 2** 文本框中分别输入值 10 和 15，单击 <kbd>确定</kbd> 按钮。

Step7. 选择图 3.2.55 所示的直线 1 和直线 2，在矩形右上角内部单击图 3.2.55 所示的点 1 位置，则系统生成图 3.2.51b 所示的斜角。

说明：在 Step7 中，如果单击矩形右上角周围点的位置不同，生成的倒角形状也会不同，如图 3.2.56～图 3.2.58 所示。

图 3.2.55　选择直线和位置　　图 3.2.56　点 2 位置　　图 3.2.57　点 3 位置　　图 3.2.58　点 4 位置

Step8. 在"倒斜角"对话框中单击 <kbd>取消</kbd> 按钮，完成倒斜角的创建。

3.3　高级空间曲线

高级空间曲线在曲面建模中的使用非常频繁，创建曲线质量的好坏对于生成的曲面质量有很大的影响。高级空间曲线主要包括样条曲线、二次曲线、规律曲线、螺旋线和文本曲线等。

3.3.1　样条曲线

样条曲线的创建方法有四种：根据极点、通过点、拟合和垂直于平面。下面将对"根据极点""通过点"两种方法进行说明，另外两种方法请读者自行练习。

1．根据极点

根据极点是指样条曲线不通过极点，其形状由极点形成的多边形控制。下面通过创建图 3.3.1 所示的样条曲线来说明通过"根据极点"方式创建样条曲线的一般操作过程。

图 3.3.1　"根据极点"方式创建样条曲线

Step1. 新建一个模型文件，文件名为 spline.prt。

Step2. 选择命令。选择下拉菜单插入(S) ➡ 曲线(C)▶ ➡ 艺术样条(D)...命令，系统弹出图 3.3.2 所示的"艺术样条"对话框。

Step3. 定义曲线类型。在类型区域的下拉列表中选择 根据极点选项。

Step4. 定义极点。单击极点位置区域的"点构造器"按钮 ，系统弹出"点"对话框；在"点"对话框输出坐标区域的 X 、 Y 和 Z 文本框中分别输入值 0、0 和 0，单击 确定 按钮，完成第一极点坐标的指定。

Step5. 参照 Step4 创建其余极点。依次输入值 10、-20、0；30、20、0；40、0、0，单击 确定 按钮。

Step6. 定义曲线次数。在"艺术样条"对话框参数化区域的次数文本框中输入值 3。

Step7. 单击 < 确定 > 按钮，完成样条曲线的创建。

图 3.3.2 "艺术样条"对话框

2. 通过点

样条曲线还可以通过使用文档中点的坐标数据来创建。下面通过创建图 3.3.3 所示的样条曲线来说明利用"通过点"方式创建样条曲线的一般操作过程。

Step1. 新建一个模型文件，文件名为 spline1.prt。

图 3.3.3 "通过点"方式创建样条

Step2. 选择命令。选择下拉菜单 插入(S) ➡ 曲线(C)▶ ➡ ✦ 艺术样条(D)... 命令，系统弹出图 3.3.2 所示的"艺术样条"对话框。

Step3. 定义曲线类型。在对话框的 类型 下拉列表中选择 通过点 选项。

Step4. 定义极点。单击 点位置 区域的"点构造器"按钮 ✛ ，系统弹出"点"对话框；在"点"对话框 输出坐标 区域的 X 、 Y 、 Z 文本框中分别输入值 0、0、0，单击 确定 按钮，完成第一极点坐标的指定。

Step5. 参照 Step4 创建其余极点。依次输入值 10、10、0；20、0、0；40、0、0，单击 确定 按钮。

Step6. 单击 < 确定 > 按钮，完成样条曲线的创建。

3.3.2 二次曲线

在某些情况下，单方向上的二次曲线比样条更有用。UG NX 12.0 可以创建四种类型的二次曲线：圆弧/圆、椭圆、抛物线和双曲线。下面分别介绍创建椭圆、抛物线和双曲线的一般操作过程。

1. 椭圆

下面通过创建图 3.3.4 所示的椭圆来说明创建椭圆的一般操作过程。

Step1. 新建三维模型文件，文件名为 circle1.prt。

Step2. 选择命令。选择下拉菜单 插入(S) ➡ 曲线(C)▶ ➡ ⊙ 椭圆(E)... 命令，系统弹出"点"对话框。

Step3. 定义椭圆中心。在"点"对话框的 X 、 Y 、 Z 文本框中分别输入值 0、0、0，单击 确定 按钮。

Step4. 设置椭圆参数。在系统弹出的"椭圆"对话框中输入图 3.3.5 所示的参数值。

图 3.3.4 椭圆

图 3.3.5 "椭圆"对话框

Step5. 单击 确定 按钮，完成椭圆的创建，系统重新弹出"椭圆"对话框。

Step6. 在"椭圆"对话框中单击 取消 按钮。

2. 抛物线

下面通过创建图 3.3.6 所示的抛物线来说明创建抛物线的一般操作过程。

Step1. 新建三维模型文件，文件名为 circle2.prt。

Step2. 选择下拉菜单 插入(S) ➡ 曲线(C) ➡ ⟨ 抛物线(O)... 命令，系统弹出"点"对话框；在"点"对话框的 X 、 Y 、 Z 文本框中分别输入值 0、0、0，单击 确定 按钮。

Step3. 设置抛物线参数。在系统弹出的"抛物线"对话框中输入图 3.3.7 所示的参数。

图 3.3.6　抛物线　　　　　　　　　　　图 3.3.7　"抛物线"对话框

Step4. 单击 确定 按钮，完成抛物线的创建，系统重新弹出"点"对话框。

Step5. 在"点"对话框中单击 取消 按钮。

3. 双曲线

下面通过创建图 3.3.8 所示的双曲线来说明创建双曲线的一般操作过程。

Step1. 新建三维模型文件，文件名为 circle3.prt。

Step2. 选择下拉菜单 插入(S) ➡ 曲线(C) ➡ ⟨ 双曲线(H)... 命令，系统弹出"点"对话框；在"点"对话框的 X 、 Y 、 Z 文本框中分别输入值 0、0、0，单击 确定 按钮。

Step3. 设置双曲线参数。在系统弹出的"双曲线"对话框中输入图 3.3.9 所示的参数。

Step4. 单击 确定 按钮，完成双曲线的创建，系统重新弹出"点"对话框。

Step5. 在"点"对话框中单击 取消 按钮。

图 3.3.8　双曲线　　　　　　　　　　　图 3.3.9　"双曲线"对话框

3.3.3 规律曲线

选择下拉菜单 插入(S) ➡️ 曲线(C)▶ ➡️ XYZ 规律曲线(W)... 命令，在系统弹出的图 3.3.10 所示的"规律曲线"对话框（一）中选择不同的选项，可以创建多种规律曲线。

图 3.3.10 "规律曲线"对话框（一）

图 3.3.10 所示的"规律曲线"对话框（一）中"规律类型"下拉列表的各个选项说明如下。

- 恒定（恒定）：允许给整个规律函数定义一个常数值。系统提示只输入一个规律值（即该常数）。
- 线性（线性）：用于定义一个从起点到终点的线性变化率。
- 三次（三次）：用于定义一个从起点到终点的三次变化率。
- 沿脊线的线性（沿脊线的线性）：使用沿着脊线的两个或多个点来定义线性规律函数。在选择脊线曲线后，可以沿着这条曲线指定多个点。系统会提示在每个点处输入一个值。
- 沿脊线的三次（沿脊线的三次）：使用沿着脊线的两个或多个点来定义一个三次规律函数。在选择脊线曲线后，可以沿着该脊线指定多个点。系统会提示在每个点处输入一个值。
- 根据方程（根据方程）：使用一个现有表达式及"参数表达式变量"来定义一个规律。
- 根据规律曲线（根据规律曲线）：允许选择一条由光顺连接的曲线组成的线串来定义一个规律函数。

下面通过介绍"线性""沿着脊线的三次""根据方程"三种方式来说明创建规律曲线

的一般操作过程。

1. 线性

下面通过创建图 3.3.11 所示的直线来说明"线性"方式创建规律曲线的一般操作过程。

图 3.3.11 "线性"方式创建规律曲线

Step1. 新建三维模型文件，文件名为 line.prt。

Step2. 选择下拉菜单 插入(S) ➙ 曲线(C) ➙ 规律曲线(W)... 命令，系统弹出"规律曲线"对话框。

Step3. 选择方式。在 X 规律 区域的 规律类型 下拉列表中选择 线性 选项。

Step4. 设置参数。在"规律曲线"对话框（二）中输入图 3.3.12 所示的参数值，完成 X 规律定义。

Step5. 重复 Step3 和 Step4 步骤两次，分别完成 Y 和 Z 规律的定义（图 3.3.12），单击 〈 确定 〉 按钮，完成曲线的创建。

图 3.3.12 "规律曲线"对话框（二）

2. 沿着脊线的三次

下面通过创建图 3.3.13 所示的曲线来说明"沿着脊线的三次"方式创建规律曲线的一

般操作过程。

Step1. 打开文件 D:\ugnx12.8\work\ch03.03\lines.prt。

Step2. 选择下拉菜单 插入(S) ➡ 曲线(C)▶ ➡ XYZ▶ 规律曲线(W)... 命令，系统弹出"规律曲线"对话框。

Step3. 在 X 规律 区域的 规律类型 下拉列表中选择 沿脊线的三次 选项；激活 ✳ 选择脊线 (0) 区域，选取图 3.3.14 所示的直线作为脊线；单击"点对话框"按钮 ⊕，系统弹出"点"对话框。

Step4. 选择直线的上端点为第一点，单击 确定 按钮，系统返回"规律曲线"对话框，在 沿脊线的值 区域的 点 1 文本框中输入值 5；单击 ⊕ 按钮，选取直线中点为第二点，单击 确定 按钮，在 沿脊线的值 区域的 点 2 文本框中输入值 1；再次单击 ⊕ 按钮，选取直线下端点为第三点，单击 确定 按钮，在 沿脊线的值 区域的 点 3 文本框中输入值 10，完成 X 规律定义，结果如图 3.3.15 所示。

图 3.3.13　"沿着脊线的三次"方式创建规律曲线

图 3.3.14　选择脊线

图 3.3.15　"规律曲线"对话框（三）

Step5. 重复 Step3 和 Step4 步骤两次，两次输入的参数分别为 10、1、5 和 10、5、1，完成 Y 规律和 Z 规律的定义。

Step6. 在"规律曲线"对话框中单击 ＜确定＞ 按钮，完成曲线的创建。

3. 根据方程

下面通过创建图 3.3.16 所示的抛物线来说明"根据方程"方式创建规律曲线的一般操作过程。

Step1. 新建一个模型文件，文件名为 curve.prt。

Step2. 选择下拉菜单 工具(T) ➡ ═ 表达式(X)... 命令，系统弹出图 3.3.17 所示的"表达式"对话框。在对话框中单击"导入表达式"按钮 P1=P2= ，在系统弹出的"导入表达式文件"对话框中打开文件 D:\ugnx12.8\work\ch03.03\fol.exp；单击"表达式"对话框中的 确定 按钮，完成导入。

图 3.3.16 "根据方程"方式创建规律曲线

说明：表达式也可以在"表达式"对话框的名称和公式文本框中输入，输入的表达式应为参数方程形式，参数分别为用户定义的参数。输入的时候，要注意所有的参数必须全部定义，否则会提示出错。

图 3.3.17 "表达式"对话框

Step3. 选择下拉菜单 插入(S) ➡ 曲线(C) ➡ XYZ= 规律曲线(W)... 命令，系统弹出"规律曲线"对话框。

Step4. 在 X 规律 区域的 规律类型 下拉列表中选择 根据方程 选项，在 参数 文本框中输入 t，在 函数 文本框中输入 xt，完成 X 规律定义。

Step5. 重复 Step4 步骤两次，两次输入的参数分别为 t、yt 和 t、zt，完成 Y 规律和 Z 规律的定义，结果如图 3.3.18 所示。

说明：本例创建的曲线是过原点的抛物线，如果要在特定位置创建，则需要在图形区选择特定位置作为曲线的交点。

Step6. 在图 3.3.18 所示的"规律曲线"对话框（四）中单击 〈 确定 〉 按钮，完成曲线的创建。

图 3.3.18　"规律曲线"对话框（四）

3.3.4　螺旋线

在建模或者造型过程中，螺旋线也经常被用到。UG NX 12.0 通过定义螺旋线方位、起始角度、直径或半径、螺距、长度、旋转方向等参数来生成螺旋线。生成螺旋线的方式有两种：一种是沿矢量方式，另外一种是沿脊线方式。下面具体介绍这两种螺旋线的创建方法。

1. 沿矢量螺旋线

下面以图 3.3.19 所示的螺旋线为例来介绍沿矢量螺旋线的创建方法。

图 3.3.19　螺旋线

Step1. 新建一个模型文件，文件名为 helix.prt。

Step2. 选择命令。选择下拉菜单 插入(S) ➔ 曲线(C) ➔ 螺旋(X)... 命令，系统弹出"螺旋"对话框。

Step3. 定义类型和方位。在"螺旋"对话框 类型 区域的下拉列表中选择 沿矢量 选项，单击 方位 区域的"坐标系对话框"按钮 ，系统弹出图 3.3.20 所示的"坐标系"对话框；在"坐标系"对话框的 类型 下拉列表中选择 绝对坐标系 选项，单击对话框中的 确定 按钮，系统返回到"螺旋"对话框（一）。

Step4. 定义螺旋线参数。

（1）定义大小。在图 3.3.21 所示"螺旋"对话框（一）的 大小 区域中选中 ● 直径 单选项，在 规律类型 下拉列表中选择 恒定 选项，然后输入直径值为 20。

图 3.3.20　"坐标系"对话框　　　图 3.3.21　"螺旋"对话框（一）

（2）定义螺距。在"螺旋"对话框 螺距 区域的 规律类型 下拉列表中选择 恒定 选项，然后输入螺距值 5。

（3）定义长度。在"螺旋"对话框 长度 区域的 方法 下拉列表中选择 限制 选项，在 起始限制 文本框中输入值 0，在 终止限制 文本框中输入值 30。

（4）定义旋转方向。在"螺旋"对话框 设置 区域的 旋转方向 下拉列表中选择 右手 选项。

Step5. 单击对话框中的 < 确定 > 按钮，完成螺旋线的创建。

图 3.3.21 所示的"螺旋"对话框（一）中的部分选项说明如下。

- 类型 下拉列表：用于定义生成螺旋线的类型。
  - ☑ 沿矢量：选中该选项，根据选择的矢量方向来创建螺旋线。
  - ☑ 沿脊线：选中该选项，根据选择的脊线来创建螺旋线。
- 大小 区域：用于定义螺旋线的截面大小，有 ⊙直径 和 ⊙半径 两种定义方式。
- 螺距 区域：用于定义螺旋线的螺距值。
- 长度 区域：用于定义螺旋线的长度参数。
  - ☑ 限制：选中该选项，使用起始值来限定螺旋线的长度。
  - ☑ 圈数：选中该选项，使用圈数来定义螺旋线的长度。

2．沿脊线螺旋线

下面以图 3.3.22 所示的螺旋线为例来介绍沿脊线螺旋线的创建方法。

Step1．打开文件 D:\ugnx12.8\work\ch03.03\helix_02.prt。

Step2．选择命令。选择下拉菜单 插入(S) ➞ 曲线(C) ➞ 螺旋(X)... 命令，系统弹出"螺旋"对话框。

Step3．定义类型。在"螺旋"对话框 类型 区域的下拉列表中选择 沿脊线 选项，选取图 3.3.22a 所示的曲线为脊线。

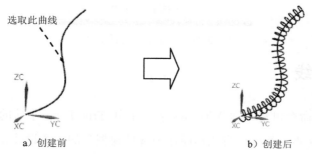

a）创建前   b）创建后

图 3.3.22 沿脊线螺旋线

Step4．定义螺旋线参数。

（1）定义大小。在图 3.3.23 所示的"螺旋"对话框（二）的 大小 区域中选中 ⊙直径 单选项，在 规律类型 下拉列表中选择 恒定 选项，然后输入直径值 10。

（2）定义螺距。在"螺旋"对话框 螺距 区域的 规律类型 下拉列表中选择 恒定 选项，然后输入螺距值 5。

（3）定义长度。在"螺旋"对话框 长度 区域的 方法 下拉列表中选择 圈数 选项，输入圈数值 25。

（4）定义旋转方向。在"螺旋"对话框 设置 区域的 旋转方向 下拉列表中选择 右手 选项。

Step5．单击对话框中的 < 确定 > 按钮，完成螺旋线的创建。

图 3.3.23　"螺旋"对话框（二）

3.3.5　文本曲线

使用 A 文本 (T)... 命令可将本地 Windows 字体库中 True Type 字体的"文本"生成 NX 曲线。无论何时需要文本，都可以将此功能作为部件模型中的一个设计元素使用。在"文本"对话框中，允许用户选择 Windows 字体库中的任何字体，指定字符属性（粗体、斜体、类型、字母）；在"文本"对话框中输入文本字符串，并立即在 NX 部件模型内将字符串转换为几何体。文本将跟踪所选 True Type 字体的形状，并使用线条和样条生成文本字符串的字符外形，在平面、曲线或曲面上放置生成的几何体。

下面通过创建图 3.3.24 所示的文本曲线来说明创建文本曲线的一般操作过程。

图 3.3.24　文本曲线

Step1. 打开文件 D:\ugnx12.8\work\ch03.03\text_line.prt。

Step2. 选择下拉菜单 插入(S) ➡ 曲线(C)▶ ➡ A 文本(T)... 命令，系统弹出图 3.3.25 所示的"文本"对话框（一）。在 文本属性 文本框中输入"HELLO"并设置其属性。

Step3. 在 类型 区域的下拉列表中选择 曲线上 选项。

Step4. 选择图 3.3.26 所示的样条曲线作为引导线。

图 3.3.25　"文本"对话框（一）

图 3.3.26　文本曲线放置路径

Step5. 在图 3.3.27 所示"文本"对话框 竖直方向 区域的 定位方法 下拉列表中选择 自然 选项。

Step6. 在"文本"对话框 文本框 区域的 锚点位置 下拉列表中选择 左 选项，并在其下的 参数百分比 文本框中输入值 3。

Step7. 在"文本"对话框中单击 〈 确定 〉 按钮，完成文本曲线的创建。

说明： 如果曲线长度不够放置文本，可对文本的尺寸进行相应的调整。

图 3.3.27 所示的"文本"对话框（二）中的部分按钮说明如下。

● 类型 区域：该区域包括 平面副 选项、 曲线上 选项和 面上 选项，用于定义放置文本的类型。

　☑ 平面副：用于在平面上创建文本。

　☑ 曲线上：用于沿曲线创建文本。

　☑ 面上：用于在一个或多个相连面上创建文本。

● 文本放置曲线 区域：该区域中的按钮会因在 类型 区域中选择按钮的不同而变化。例如在 类型 区域选择 曲线上 选项，则在 文本放置曲线 区域中出现 ∫ 按钮。

　☑ ∫（截面）：该按钮用于选取放置文字的曲线。

● ☑ 使用字距调整：该复选框用于增大或者减小字符间的间距。如果使用中的字体内置有字距调整的数据，才有可能使用字距调整，但并不是所有的字体都有字距调整的数据。

- 创建边框曲线：该复选框在选中 ![平面副] 选项时可用，用于在文本四周添加边框。
- ☑ 连结曲线 选项：选中该选项可以连接所有曲线形成一个环形的样条，因而可大大减少每个文本特征的曲线输出数目。

图 3.3.27　"文本"对话框（二）

3.4　派生曲线

派生曲线是指通过现有的曲线，用镜像、偏置、投影和桥接等方式生成新的曲线。在 UG NX 12.0 中，主要是通过在 插入(S) 下拉菜单的 派生曲线(U) 子菜单中选择相应的命令来进行操作。下面对镜像、偏置、在面上偏置和投影等方法进行介绍。

3.4.1　镜像

曲线的镜像复制是将源曲线相对于一个平面或基准平面（称为镜像中心平面）进行镜像，从而得到源曲线的一个副本。下面介绍创建图 3.4.1 所示的镜像曲线的一般操作过程。

Step1. 打开文件 D:\ugnx12.8\work\ch03.04\mirror_curves.prt。

Step2. 选择下拉菜单 插入(S) ➡ 派生曲线(U) ➡ 镜像(M)... 命令（或在 曲线 功能选项卡 派生曲线 区域中单击 镜像曲线 按钮），此时系统弹出"镜像曲线"对话框，如图 3.4.2 所示。

a) 镜像前　　　　　　　　　　　　　　　　b) 镜像后

图 3.4.1　镜像曲线

图 3.4.2　"镜像曲线"对话框

　　Step3. 定义镜像曲线。在图形区选取图 3.4.1a 所示的曲线，然后单击中键确认。

　　Step4. 选取镜像平面。在"镜像曲线"对话框的 平面 下拉列表中选择 现有平面 选项，然后在图形区中选取 ZX 平面为镜像平面。

　　Step5. 单击 确定 按钮（或单击中键）完成镜像曲线的创建。

3.4.2　偏置

　　偏置曲线是通过移动选中的基本曲线来创建的。使用下拉菜单 插入(S) ➡️ 派生曲线(U) ➡️ 偏置(O)... 命令可以偏置由直线、圆弧、二次曲线、样条及边线组成的线串。曲线可以在选中曲线所定义的平面内被偏置，也可以使用 拔模 方法偏置到一个平行平面上，或者沿着使用 3D 轴向 方法时指定的矢量进行偏置。下面将对距离和拔模两种偏置方法分别进行介绍。

1．距离方式

　　创建图 3.4.3 所示的通过"距离"方式偏置曲线的一般操作过程如下。

　　Step1. 打开文件 D:\ugnx12.8\work\ch03.04\offset_curve.prt。

　　Step2. 选择下拉菜单 插入(S) ➡️ 派生曲线(U) ➡️ 偏置(O)... 命令（或在 曲线 功能

选项卡 派生曲线 区域中单击 偏置曲线 按钮），系统弹出图 3.4.4 所示的"偏置曲线"对话框。

选取这三条
线段

a) 特征曲线

偏置曲线

b) 偏置曲线

图 3.4.3　偏置曲线的创建

图 3.4.4　"偏置曲线"对话框

Step3. 定义偏置类型和源曲线。在 偏置类型 区域的下拉列表中选择 距离 选项，选取图
3.4.3a 所示的三条线段。

Step4. 定义偏置距离。在 偏置 区域的 距离 文本框输入值 5，并单击"反向"按钮 改变
偏置的方向。

Step5. 定义修剪方式。在 设置 区域的 修剪 下拉列表中选择 无 选项，如图 3.4.4 所示。

Step6. 在"偏置曲线"对话框中单击 确定 按钮，完成偏置曲线的创建。

图 3.4.4 所示"偏置曲线"对话框中的 偏置类型 和 修剪 （在 设置 区域）下拉列表说明如下。

● 偏置类型 下拉列表：用于设置偏置曲线的方式，它包括 距离 、 拔模 、 规律控制

和 3D 轴向 四种方式。

- ☑ 距离：该方式按给定的偏置距离来偏置曲线。选择该方式后，偏置区域的 距离 文本框被激活，在 距离 和 副本数 文本框中分别输入偏置距离和产生偏置曲线的数量，并设定好其他参数，即可偏置所选曲线。

- ☑ 拔模：选择该方式后，偏置区域的 高度 和 角度 文本框被激活。拔模高度为源曲线所在平面和偏置后所在平面间的距离；拔模角度是偏置方向与源曲线所在平面的法向的夹角。

- ☑ 规律控制：按规律控制偏置距离来偏置曲线。

- ☑ 3D 轴向：按照三维空间内指定的矢量方向和偏置距离来偏置曲线。用户按照生成矢量的方法选择需要的矢量方向，然后输入需要偏置的距离，就可以生成相应的偏置曲线。

- ● 修剪下拉列表：用于设置偏置曲线的修剪方式，它包括 无、相切延伸 和 圆角 三种方式，在不同修剪方式下偏置后的曲线如图 3.4.5 所示。

- ☑ 无：选择该方式，则偏置后的曲线既不延长相交也不彼此修剪或倒圆角。

- ☑ 相切延伸：选择该方式，则偏置曲线将延长相交或彼此修剪。

- ☑ 圆角：选择该方式后，若偏置曲线的各组成曲线彼此不相连接，则系统以半径值为偏置距离的圆弧，将各组成曲线彼此相邻的端点两两相连；若偏置曲线的各组成曲线彼此相交，则系统在其交点处修剪多余部分。

a）无　　　　　　b）相切延伸　　　　　　c）圆角

图 3.4.5　修剪方式示意图

2．拔模方式

创建图 3.4.6 所示的通过"拔模"方式偏置曲线的一般操作过程如下。

Step1. 打开文件 D:\ugnx12.8\work\ch03.04\offset_curve.prt。

Step2. 选择下拉菜单 插入(S) ➡ 派生曲线(U) ➡ 偏置(O)... 命令，或在 曲线 功能选项卡 派生曲线 区域中单击 偏置曲线 按钮，系统弹出"偏置曲线"对话框。

选取这三条线段　　　　　　　　　　　　　　　　偏置曲线

a）特征曲线　　　　　　　　　　　　　　b）偏置曲线

图 3.4.6　偏置曲线的创建

Step3. 定义偏置类型和源曲线。在 偏置类型 区域的下拉列表中选择 拔模 选项，选取图 3.4.6a 所示的三条线段。

Step4. 定义偏置方向。调整偏置方向，使其偏置后如图 3.4.6b 所示。

Step5. 定义参数。在 高度 和 角度 文本框中分别输入值-20 和 30。

说明：如果在 高度 和 角度 文本框中分别输入值 20 和 30，结果如图 3.4.7 所示。

图 3.4.7　偏置曲线

Step6. 定义修剪方式。在 设置 区域的 修剪 下拉列表中选择 相切延伸 选项，其他参数采用系统默认设置。

Step7. 在"偏置曲线"对话框中单击 确定 按钮，完成偏置曲线的创建。

3.4.3　在面上偏置曲线

在面上偏置... 命令可以在一个或多个面上根据相连的边或曲面上的曲线创建偏置曲线，偏置曲线距源曲线或曲面边缘有一定的距离。下面介绍创建图 3.4.8 所示的在面上偏置曲线的一般操作过程。

a) 偏置前　　　　　　　　　　　　　　　　　　b) 偏置后

图 3.4.8　创建在面上偏置曲线

Step1. 打开文件 D:\ugnx12.8\work\ch03.04\offset_surface.prt。

Step2. 选择下拉菜单 插入(S) ➡ 派生曲线(U) ➡ 在面上偏置(F)... 命令（或在 曲线 功能选项卡 派生曲线 区域中单击 在面上偏置曲线 按钮），此时系统弹出"在面上偏置曲线"对话框，如图 3.4.9 所示。

Step3. 定义偏置类型。在对话框的 类型 下拉列表中选择 恒定 选项。

Step4. 选取偏置曲线。在图形区的模型上依次选取图 3.4.8a 所示的 4 条边线为要偏置的曲线。

Step5. 定义偏置距离。在对话框的 截面线1:偏置1 文本框中输入偏置距离值为 15。

Step6. 定义偏置面。单击对话框 面或平面 区域中的"面或平面"按钮，然后选取图

3.4.8a 所示的曲面为偏置面。

Step7. 单击"在面上偏置曲线"对话框中的 < 确定 > 按钮，完成在面上偏置曲线的创建。

说明：按 F3 键可以显示系统弹出的 截面线1:偏置1 动态输入文本框，再按一次则隐藏，再次按则显示。

图 3.4.9 所示的"在面上偏置曲线"对话框中部分选项的功能说明如下。

● 修剪和延伸偏置曲线 区域：此区域用于修剪和延伸偏置曲线，包括☑ 在截面内修剪至彼此 、☑ 在截面内延伸至彼此 、☑ 修剪至面的边 、☑ 延伸至面的边 和☑ 移除偏置曲线内的自相交 五个复选框。

☑ ☑ 在截面内修剪至彼此 ：将偏置的曲线在截面内相互之间进行修剪。

☑ ☑ 在截面内延伸至彼此 ：对偏置的曲线在截面内进行延伸。

☑ ☑ 修剪至面的边 ：将偏置曲线裁剪到曲面边。

☑ ☑ 延伸至面的边 ：将偏置曲线延伸到曲面边。

☑ ☑ 移除偏置曲线内的自相交 ：将偏置曲线中出现自相交的部分移除。

图 3.4.9 "在面上偏置曲线"对话框

3.4.4 投影

投影用于将曲线、边缘和点映射到曲面、平面和基准平面等上。投影曲线在孔或面边缘处都要进行修剪，投影之后可以自动合并输出的曲线。下面介绍创建图 3.4.10 所示的投影曲线的一般操作过程。

Step1. 打开文件 D:\ugnx12.8\work\ch03.04\project.prt。

Step2. 选择下拉菜单 插入(S) ➡ 派生曲线(U) ➡ 投影(P)... 命令（或在 曲线 功能选

项卡 派生曲线 区域中单击 投影曲线 按钮），此时系统弹出图 3.4.11 所示的"投影曲线"对话框。

选取该曲面
选取曲线

a）投影前   b）投影后

图 3.4.10   创建投影曲线

图 3.4.11   "投影曲线"对话框

Step3. 在图形区选取图 3.4.10a 所示的曲线，单击中键确认。

Step4. 定义投影面。在对话框 投影方向 区域的 方向 下拉列表中选择 沿面的法向 选项，然后选取图 3.4.10a 所示的曲面作为投影曲面。

Step5. 在对话框中单击 < 确定 > 按钮（或者单击中键），完成投影曲线的创建。

图 3.4.11 所示的"投影曲线"对话框 投影方向 区域的 方向 下拉列表中各选项的说明如下。

- 沿面的法向：此方式是沿所选投影面的法向投影面投射曲线。
- 朝向点：此方式用于从原定义曲线朝着一个点向选取的投影面投射曲线。
- 朝向直线：此方式用于从原定义曲线朝着一条直线向选取的投影面投射曲线。
- 沿矢量：此方式用于沿设定的矢量方向选取的投影面投射曲线。
- 与矢量成角度：此方式用于沿与设定矢量方向成一角度的方向，向选取的投影面投射曲线。

3.4.5　组合投影

组合投影可以用来组合两个现有曲线的投影来创建一条新的曲线，两条曲线的投影必须相交。在创建过程中，可以指定新曲线是否与输入曲线关联，以及对输入曲线作保留、隐藏等处理方式。创建图 3.4.12 所示的组合投影曲线的一般操作过程如下。

Step1. 打开文件 D:\ugnx12.8\work\ch03.04\project_1.prt。

Step2. 选择下拉菜单 插入(S) ➡ 派生曲线(U) ➡ 组合投影(C)... 命令，系统弹出图 3.4.13 所示的"组合投影"对话框。

Step3. 选取图 3.4.12a 所示的曲线 1 作为第一曲线串，单击鼠标中键确认。

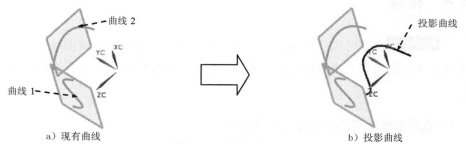

图 3.4.12 组合投影

Step4. 选取图 3.4.12a 所示的曲线 2 作为第二曲线串。

Step5. 定义投影矢量。在"组合投影"对话框 投影方向 1 和 投影方向 2 区域的 方向 下拉列表中都选择 垂直于曲线平面 选项。

Step6. 在"组合投影"对话框中单击 确定 按钮，完成组合投影曲线的创建。

图 3.4.13 "组合投影"对话框

图 3.4.13 所示"组合投影"对话框中部分选项的说明如下。

● 输入曲线 下拉列表：用于设置在组合投影创建完成后对输入曲线的处理方式。

☑ 保留：创建完成后保留输入曲线。

☑ 隐藏：创建完成后隐藏输入曲线。

3.4.6 桥接

桥接(B)... 命令可以创建位于两曲线上用户定义点之间的连接曲线。输入曲线可以是片体或实体的边缘。生成的桥接曲线可以在两曲线确定的面上，或者在自行选择的约束曲面上。

1．在两曲线确定的面上生成桥接曲线

创建图 3.4.14 所示的在两曲线确定的面上生成桥接曲线的一般操作过程如下。

Step1. 打开文件 D:\ugnx12.8\work\ch03.04\bridge_curve.prt。

a）桥接前　　　　　　　　　　　　　　　b）桥接后

图 3.4.14　创建桥接曲线

Step2. 选择下拉菜单插入(S) ➡ 派生曲线(U) ➡ 桥接(B)...命令，系统弹出"桥接曲线"对话框，如图 3.4.15 所示。

Step3. 定义桥接曲线。在图形区依次选取图 3.4.14a 所示的曲线 1 为起始对象、曲线 2 为终止对象。

说明：通过在形状控制区域的起点、终点文本框中输入数值或拖动下方的滑块可以调整桥接曲线端点的位置，图形区中显示的桥接曲线也会随之改变。

Step4. 设置参数。在"桥接曲线"对话框形状控制区域的方法下拉列表中选择相切幅值选项，在开始文本框中输入值 1.5，在结束文本框中输入值 1，其他参数采用系统默认设置值。

Step5. 单击 <确定> 按钮，完成桥接曲线的创建。

图 3.4.15 所示"桥接曲线"对话框中"形状控制"区域的部分选项的说明如下。

● 相切幅值：用于通过改变与第一条曲线和第二条曲线端点的相切情况来更改桥接曲线的形状。

☑ 开始：用户通过使用滑块推拉第一条曲线的一个或两个端点，或在文本框中键入数值来调整桥接曲线。滑块范围表示相切的百分比。初始值在 0.0 ~ 3.0 变化。如果在开始的文本框中输入大于 3.0 的数值，则几何体将进行相应的调整，并且相应的滑块将增大范围以包含这个较大的数值。

☑ 　**结束**：用户通过使用滑块推拉第二条曲线的一个或两个端点，或在文本框中键入数值来调整桥接曲线。滑块范围表示相切的百分比。初始值在 0.0～3.0 变化。如果在**结束**文本框中输入大于 3.0 的数值，则几何体将进行相应的调整，并且相应的滑块将增大范围以包含这个较大的数值。

图 3.4.15　"桥接曲线"对话框

● 　**深度和歪斜度**：通过改变从峰值点测量的深度和扭曲来更改桥接曲线的形状。启用桥接深度和桥接歪斜滑块数据输入文本框，两个滑块的初始范围是 0.0～100.0。在数据输入文本框中输入初始范围外的数据后，再移动滑块，将会在初始范围内重新设置桥接曲线的形状。

☑ 　**歪斜度**：该滑块控制最大曲率的位置。滑块的值是沿着桥接从曲线 1 到曲线 2 之间的距离的百分比。

☑ 　**深度**：该滑块用于控制曲线曲率影响桥接的程度。在选中两条曲线后，可以通过移动滑块来更改此深度。滑块的值为曲率影响程度的百分比。

● 　**二次曲线**：用于通过改变二次曲线的饱满程度来更改桥接曲线的形状。将启用 Rho 值及滑块数据输入文本框（此时"桥接曲线"对话框的"形状控制"区域如图 3.4.16 所示）。

☑ **Rho**: 表示从曲线端点到顶点的距离比值。Rho 值的范围是 0.01 ～ 0.99。二次曲线形状控制只能和"相切"（**方向**区域 ⊙**相切**单选项）连续方法同时使用。小的 Rho 值会生成很平的二次曲线，而大的 Rho 值（接近 1）会生成很尖的二次曲线。

图 3.4.16 "形状控制"区域

2．在自选约束曲面上生成桥接曲线

创建图 3.4.17 所示的在自选约束曲面上生成桥接曲线的一般操作过程如下。

Step1. 打开文件 D:\ugnx12.8\work\ch03.04\bridge_curve_1.prt。

Step2. 选择下拉菜单插入(S) ➡ **派生曲线(U)** ➡ **桥接(B)...** 命令，系统弹出"桥接曲线"对话框。

Step3. 在图形区依次选取图 3.4.17a 所示的曲线 1 为起始对象、曲线 2 为终止对象，在"桥接曲线"对话框的**约束面**区域中单击**选择面 (0)**右侧的 按钮，选取图 3.4.17a 所示的曲面 1 为约束面，其他参数采用系统默认设置。

说明： 选取曲线 1 和曲线 2 时，应靠近需要桥接的一端来选取。

Step4. 单击"桥接曲线"对话框中的 **<确定>** 按钮，完成桥接曲线的创建。

a）曲线和曲面　　　　　　　　　b）生成的桥接曲线

图 3.4.17 面上桥接

3.5 来自实体集的曲线

来自实体集的曲线主要是从已有模型提取出来的曲线，主要类型包括相交曲线、截面线和抽取曲线等。

3.5.1 相交曲线

利用 相交 (I) 命令可以创建两组对象之间的相交曲线。相交曲线可以是关联的或不关联的，关联的相交曲线会根据其定义对象的更改而更新。用户可以选择多个对象来创建相交曲线。下面以图 3.5.1 所示的范例来介绍创建相交曲线的一般操作过程。

a）两组对象 b）创建的相交曲线

图 3.5.1 相交曲线的创建

Step1. 打开文件 D:\ugnx12.8\work\ch03.05\inter_curve.prt。

Step2. 选择下拉菜单 插入(S) ➡ 派生曲线(U) ➡ 相交 (I) 命令，系统弹出图 3.5.2 所示的"相交曲线"对话框。

Step3. 定义相交曲面。在图形区选取图 3.5.1a 所示的曲面 1，单击鼠标中键确认，然后选取曲面 2，其他参数均采用系统默认设置。

Step4. 单击"相交曲线"对话框中的 〈 确定 〉 按钮，完成相交曲线的创建。

图 3.5.2 "相交曲线"对话框

图 3.5.2 所示"相交曲线"对话框中各选项的说明如下。

- 第一组：用于选取要求相交的第一组对象，所选的对象可以是曲面也可以是平面。

☑   选择面 (0) ：在 按钮激活的状态下，选取一曲面作为相交曲线的第一组对象。

☑   指定平面 ：选取一平面作为相交曲线的第一组对象。

☑   ☑ 保持选定 ：保持选定的对象在相交完成之后继续使用。

● 第二组 ：用于选取要求相交的第二组对象，所选的对象可以是曲面也可以是平面。

3.5.2 截面曲线

使用 截面(N)... 命令可以在指定平面与体、面、平面和（或）曲线之间创建相关联或非关联的相交曲线。平面与曲线相交可以创建一个或多个点。下面以图 3.5.3 所示的例子来介绍创建截面曲线的一般操作过程。

a）圆锥和剖切平面   b）截面曲线

图 3.5.3 创建截面曲线

Step1. 打开文件 D:\ugnx12.8\work\ch03.05\plane_curve.prt。

Step2. 选择下拉菜单 插入(S) ➡ 派生曲线(U) ➡ 截面(N)... 命令，系统弹出图 3.5.4 所示的"截面曲线"对话框。

图 3.5.4 "截面曲线"对话框

Step3. 在图 3.5.5 所示的"选择条"工具条的"类型过滤器"下拉列表中选择 实体 选项，在图形区选取图 3.5.3a 所示的圆锥体，单击鼠标中键确认。

图 3.5.5 设置过滤器

Step4. 选取图 3.5.3a 所示的剖切平面，其他参数均采用系统默认设置。

Step5. 单击"截面曲线"对话框中的 确定 按钮，完成截面曲线的创建。

图 3.5.4 所示"截面曲线"对话框中部分选项的说明如下。

* **类型** 区域：包括 **选定的平面** 选项、**平行平面** 选项、**径向平面** 选项和 **垂直于曲线的平面** 选项，用于设置创建截面曲线的方法。
  * ☑ **选定的平面** 选项：可以通过选定的单个平面或基准平面来创建截面曲线。
  * ☑ **平行平面** 选项：使用该方法可以通过指定平行平面集的基本平面、步长值和起始及终止距离来创建截面曲线。
  * ☑ **径向平面** 选项：使用该方法可以指定定义基本平面所需的矢量和点、步长值以及径向平面集的起始角和终止角。
  * ☑ **垂直于曲线的平面** 选项：该方法允许用户通过指定多个垂直于曲线或边缘的剖切平面来创建截面曲线。
* **要剖切的对象** 区域：在该区域中出现的"要剖切的对象" ✛ 按钮用于选择将要剖切的对象。
* **剖切平面** 区域：该区域中的按钮会因在 **类型** 区域中选择的选项不同而变化。例如，在 **类型** 区域中选中 **选定的平面** 选项，则在 **剖切平面** 区域中出现"平面"按钮 ▢、**✳ 指定平面** 下拉列表和"平面对话框"按钮 ▣。
  * ☑ ▢ 按钮：用于选择将要剖切的平面。
  * ☑ **✳ 指定平面** 下拉列表：用于选择剖切平面。用户可以选择现有的平面或者基准平面，指定基于 XC-YC、XC-ZC 或 YC-ZC 平面的临时平面。
  * ☑ ▣ 按钮：用于创建一个新的基准平面。
* **设置** 区域：包括 ☑ **关联** 与 ☑ **高级曲线拟合** 复选框和 **连结曲线** 下拉列表，用于设置曲线的性质。
  * ☑ ☑ **关联** 复选框：如果选中该选项，则创建的剖面曲线与其定义对象和平面相关联。
  * ☑ **连结曲线** 下拉列表：在编辑过程中，利用该区域允许用户更改原先用于创建剖面曲线的连接曲线方式。
  * ☑ **三次** 选项：使用阶次为 3 的样条，更改原先用于创建剖面曲线的曲线拟合方式。
  * ☑ **五次** 选项：使用阶次为 5 的样条，更改原先用于创建剖面曲线的曲线拟合方式。

3.5.3 抽取曲线

使用 命令，可以通过一个或多个现有体的边或面创建直线、圆弧、二次曲线和样条曲线，而体不发生变化。大多数抽取曲线是非关联的，但也可以选择创建相关的等斜度曲线或阴影轮廓曲线。选择下拉菜单插入(S) ➡ 派生曲线(U) ➡ 抽取(E)...命令，系统弹出"抽取曲线"对话框，如图 3.5.6 所示。

图 3.5.6　"抽取曲线"对话框

图 3.5.6 所示"抽取曲线"对话框中按钮的说明如下。

- 边曲线 ：从指定边抽取曲线。
- 轮廓曲线 ：利用轮廓线创建曲线。
- 完全在工作视图中 ：利用工作视图中体的所有可视边（包括轮廓线）创建曲线。
- 阴影轮廓 ：在工作视图中创建仅显示体轮廓的曲线。
- 精确轮廓 ：在工作视图中创建显示体轮廓的曲线。

下面以图 3.5.7 所示的例子来介绍利用"边缘曲线"创建抽取曲线的一般操作过程。

a）拉伸特征体　　　　　　　　　　　b）创建的抽取曲线

图 3.5.7　抽取曲线的创建

Step1. 打开文件 D:\ugnx12.8\work\ch03.05\solid_curve.prt。

Step2. 选择下拉菜单插入(S) ➡ 派生曲线(U) ➡ 抽取(E)...命令，系统弹出"抽取曲线"对话框。

Step3. 单击 边曲线 按钮，系统弹出图 3.5.8 所示的"单边曲线"对话框。

Step4. 在"单边曲线"对话框中单击 实体上所有的 按钮，系统弹出图 3.5.9 所示的"实体中的所有边"对话框，选取图 3.5.7a 所示的拉伸特征。

Step5. 单击 确定 按钮，系统返回"单边曲线"对话框。

Step6. 单击"单边曲线"对话框中的 确定 按钮，完成抽取曲线的创建。系统重新弹出"抽取曲线"对话框，单击 取消 按钮。

图 3.5.8　"单边曲线"对话框　　　　图 3.5.9　"实体中的所有边"对话框

图 3.5.8 所示"单边曲线"对话框中各按钮的说明如下。

- 面上所有的 ：所选表面的所有边。
- 实体上所有的 ：所选实体的所有边。
- 所有名为 ：所有命名相似的曲线。
- 边成链 ：所选链的起始边与结束边按某一方向连接而成的曲线。

3.6　曲　线　分　析

曲线是曲面的根基，因而也可以说是产品的根基。曲线质量的高低直接影响到曲面质量的好坏，进而影响整个产品的质量。所以在曲线设计完成后，对曲线的分析和把握就显得非常重要，即工程设计中常用到的曲线特性分析。在 UG NX 12.0 中，对曲线的分析有以下几种类型。

- 显示极点：显示样条曲线的极点。
- 曲率梳分析：显示样条曲线的曲率梳。
- 峰值分析：显示样条曲线的峰值点。
- 拐点分析：显示样条曲线的拐点。
- 图表分析：将曲线的曲率显示在 Excel 软件的图表窗口中，当用户编辑曲线时 Excel 中的曲率图将自动更新。
- 输出列表：将曲线的曲率显示在信息输出列表中。

在分析曲线前先认识几个有关连续性（此连续性同样适用在曲面中，此处是借助曲率梳图讲解）的概念，分别是点连续（G0 连续）、相切连续（G1 连续）和曲率连续（G2 连续)。下面结合曲线的曲率梳图来说明曲线的连续性。

- G0 连续：指两曲线的端点位置相同，也就是说两曲线之间只是简单的相接，称为"位置连续"，如图 3.6.1 所示。
- G1 连续：指在两曲线端点相接的基础上，相接部分的斜率相同，也就是平常说的相切，称为"相切连续"，如图 3.6.2 所示。
- G2 连续：两曲线相接点的曲率相同，具有相同的曲率方向，称为"曲率连续"，如图 3.6.3 所示。

| 图 3.6.1 位置连续 | 图 3.6.2 相切连续 | 图 3.6.3 曲率连续 |

这几种曲线连续方式可以通俗地解释为：G0 是指曲线之间简单的相接；G1 是指曲线之间不但要相接，而且在相接处还要相切；G2 是指曲线在相接处连曲线弯曲的变化趋势也要相同。

3.6.1 显示极点

用户可以通过选择下拉菜单 分析(L) ➡ 形状(H) ➡ 显示极点(P) 命令来显示极点，并且极点会随着曲线的变化而更新。下面以图 3.6.4 所示的曲线为例来说明显示极点的一般操作过程。

Step1. 打开文件 D:\ugnx12.8\work\ch03.06\showpl.prt。

Step2. 选取图 3.6.4 所示的曲线。

Step3. 选择下拉菜单 分析(L) ➡ 形状(H) ➡ 显示极点(P) 命令，使显示极点处于开启状态，显示图 3.6.5 所示的样条曲线极点。

| 图 3.6.4 选取曲线 | 图 3.6.5 显示样条曲线的极点 |

说明：如果想要取消极点显示，可以选中要取消极点显示的样条曲线，再选择下拉菜单 分析(L) ➡ 形状(H) ➡ 显示极点(P) 命令，使显示极点处于关闭状态，即取消了曲线的极点显示。

3.6.2 曲率梳分析

曲率梳是指用梳状图形的方式来显示样条曲线上各点的曲率变化情况。显示曲线的曲率梳后，能方便地检测曲率的不连续性、突变和拐点，在多数情况下这些是不希望存在的。显示曲率梳后，对曲线进行编辑时可以很直观地调整曲线的曲率，直到得出满意的结果为止。下面以图 3.6.6 所示的曲线为例来说明显示样条曲线曲率梳的一般操作过程。

Step1. 打开文件 D:\ugnx12.8\work\ch03.06\combs.prt。

Step2. 选取图 3.6.6 所示的曲线。

Step3. 选择下拉菜单 分析(L) ➡ 曲线(C)▶ ➡ 显示曲率梳(C) 命令，在绘图区显示图 3.6.7 所示的曲率梳。

说明：在选中此曲线时，再次选择下拉菜单 分析(L) ➡ 曲线(C)▶ ➡ 显示曲率梳(C) 命令，则绘图区中不再显示曲率梳。

Step4. 选择下拉菜单 分析(L) ➡ 曲线(C)▶ ➡ 曲线分析(U). 命令，系统弹出图 3.6.8 所示的"曲线分析"对话框。

Step5. 在"曲线分析"对话框的 针比例 、 针数 、 起点百分比 和 终点百分比 文本框中分别输入值 500、20、20 和 80，如图 3.6.8 所示。

Step6. 单击 确定 按钮，完成曲率梳分析，结果如图 3.6.9 所示。

图 3.6.6　选取曲线

图 3.6.7　显示曲率梳

图 3.6.8　"曲线分析"对话框

图 3.6.9　显示曲率梳

图 3.6.8 所示"曲线分析"对话框中部分选项及按钮的说明如下。

- 针比例：在 针比例 后的文本框中输入比例系数或直接拖动后面的滑动条，就可以改变曲率梳的高度。如果选中对话框中的 ☑ 建议比例因子 复选框，则曲率将达到最适合的大小。

- 针数：在 针数 后的文本框中输入数值或拖动滑动条，将改变曲率梳的数量。

- 起点百分比：在 起点百分比 后的文本框中输入数值，将改变曲率梳开始的百分比位置。

- 终点百分比：在 终点百分比 后的文本框中输入数值，将改变曲率梳结束的百分比位置。

- 投影：用以指定曲率梳投影所在的平面。
  - ☑ ⊙ 无：不使用投影平面。
  - ☑ ⊙ 曲线平面：系统根据样条曲线的形状计算一个投影平面。
  - ☑ ⊙ 矢量：指定投影平面的法向矢量，确定曲率梳的投影平面。
  - ☑ ⊙ 视图：系统使用当前视图平面作为投影平面。
  - ☑ ⊙ WCS：使用坐标系来定义投影方向。

3.6.3　峰值分析

峰值点是指曲线的曲率值达到局部最大值的那一点，在 UG NX 12.0 中可以通过选择下拉菜单 分析(L) ➡ 曲线(C)▶ ➡ ⌐ 显示峰值(E) 命令来显示峰值点。下面以图 3.6.10 所示的曲线为例来说明显示样条曲线峰值点的一般操作过程。

Step1. 打开文件 D:\ugnx12.8\work\ch03.06\peaks.prt。

Step2. 选取图 3.6.10 所示的曲线。

Step3. 选择下拉菜单 分析(L) ➡ 曲线(C)▶ ➡ ⌐ 显示峰值点(E) 命令，在绘图区显示图 3.6.11 所示的峰值点。

图 3.6.10　选取曲线　　　　　　　图 3.6.11　显示峰值点

Step4. 选择下拉菜单 分析(L) ➡ 曲线(C)▶ ➡ 曲线分析(U) 命令，系统弹出图 3.6.12 所示的"曲线分析"对话框。

Step5. 在"曲线分析"对话框中单击 确定 按钮，完成峰值分析，如图 3.6.13 所示。

说明：在"曲线分析"对话框中单击 创建峰值点 右侧的 ⌐ 按钮后，可以在所显示的峰值点位置创建一个几何点。

图 3.6.12　"曲线分析"对话框

图 3.6.13　峰值分析

3.6.4　拐点分析

拐点是指曲线的曲率梳从曲线的一侧转到曲线的另一侧时的转折点。在 UG NX 12.0 中可以通过选择下拉菜单 命令来显示拐点。下面以图 3.6.14 所示的曲线为例来说明显示样条曲线拐点的一般操作过程。

Step1. 打开文件 D:\ugnx12.8\work\ch03.06\inflection.prt。

Step2. 选取图 3.6.14 所示的曲线。

Step3. 选择下拉菜单 分析(L) ➡ 曲线(C)▶ ➡ 显示拐点(I) 命令，在绘图区显示图 3.6.15 所示的拐点。

图 3.6.14　选取曲线

图 3.6.15　显示拐点

Step4. 选择下拉菜单 分析(L) ➡ 曲线(C)▶ ➡ 曲线分析(U) 命令，系统弹出图 3.6.16 所示的"曲线分析"对话框。

图 3.6.16　"曲线分析"对话框

Step5. 在"曲线分析"对话框中单击 确定 按钮，完成拐点分析。

说明：在"曲线分析"对话框中，单击 创建拐点 右侧的 ~ 按钮后，可以在所显示的拐点位置创建一个几何点。

3.6.5　输出列表

在 UG NX 12.0 中，可以通过选择下拉菜单 分析(L) ➡ 曲线(C) ▸ ➡ 🏠分析信息(L) 命令将曲线的曲率显示在输出列表中。如果输出列表中显示的力矩值为 0 并且投影平面为无时，则表示曲线为平面曲线。下面以图 3.6.17 所示的曲线为例来说明输出分析的一般操作过程。

Step1. 打开文件 D:\ugnx12.8\work\ch03.06\output.prt。

Step2. 选取图 3.6.17 所示的曲线 1 和曲线 2。

Step3. 选择下拉菜单 分析(L) ➡ 曲线(C) ▸ ➡ 🏠分析信息(L) 命令，系统弹出图 3.6.18 所示的"信息"窗口，可以查看该曲线的相关信息。

图 3.6.17　选取曲线　　　　　　　　　　图 3.6.18　"信息"窗口

3.7　曲　线　编　辑

为了得到光顺的曲线，在实际的曲面设计中，还需要进行曲线的各种编辑操作。本节将重点介绍在 UG NX 12.0 中，如何使用处理后的曲线完成曲面的设计。对曲线的编辑有以下几种类型。

- 修剪曲线：对要编辑的曲线进行修剪。
- 修剪角：对要编辑的角进行修剪。
- 分割：对要编辑的对象进行等量分割。
- 圆角：对现有的圆角进行编辑。
- 拉长：编辑几何对象，平移或者编辑长度。
- 曲线长度：定义曲线的总长度或者递增长度。

3.7.1 修剪曲线

修剪 (T)... 命令用于修剪或延伸曲线，可以选择直线、圆弧及样条曲线等作为要修剪的对象，选择点、曲线、边缘线、面作为修剪边界。下面介绍图 3.7.1 所示的修剪曲线的一般操作过程。

a) 修剪前　　　　　　　　　　　　　　　　　　b) 修剪后

图 3.7.1　修剪曲线

Step1. 打开文件 D:\ugnx12.8\work\ch03.07\trim_curves.prt。

Step2. 选择下拉菜单 **编辑 (E)** ➡ **曲线 (V) ▶** ➡ **修剪 (T)...** 命令（或在 **曲线** 功能选项卡 **编辑曲线** 区域中单击 **修剪曲线** 按钮），此时系统弹出"修剪曲线"对话框。

Step3. 设置对话框选项。在对话框中取消选中 **设置** 区域的 **□ 关联** 复选框，并在 **曲线延伸** 下拉列表中选择 **无** 选项；其他均采用系统默认设置。

Step4. 定义修剪对象。在图形区选取图 3.7.2a 所示的曲线 1 作为要修剪的曲线。

注意：选取曲线 1 时，要选取图 3.7.2a 所示箭头指向的位置。

Step5. 定义边界对象。选取图 3.7.2a 所示的曲线 2 作为边界对象 1；选取曲线 3 作为边界对象 2。单击中键确认，结果如图 3.7.1b 所示。

a) 修剪前　　　　　　　　　　　　　　　　　　b) 修剪后

图 3.7.2　修剪曲线 1

说明：在选取要修剪的曲线时，选取曲线的位置不同，修剪的结果也会不同。若选取曲线 1 的点 2 位置（图 3.7.2a），则修剪后的曲线如图 3.7.2b 所示。

3.7.2 修剪角

在 UG NX 12.0 中，可以通过选择下拉菜单 **编辑 (E)** ➡ **曲线 (V) ▶** ➡ **修剪拐角 (C)...** 命令修剪角。下面以图 3.7.3 所示的修剪角为例来说明操作的一般过程。

a) 修剪前　　　　　　　　　　　　b) 修剪后

图 3.7.3　修剪角

Step1. 打开文件 D:\ugnx12.8\work\ch03.07\trimcorner.prt。

Step2. 选择下拉菜单 命令，系统弹出图 3.7.4 所示的"修剪拐角"对话框（一）。

Step3. 在图 3.7.5 所示的点 1 区域单击，完成修剪角的创建，结果如图 3.7.3b 所示，关闭"修剪拐角"对话框（一）。

图 3.7.4 "修剪拐角"对话框（一）

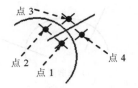

图 3.7.5 点的不同位置

注意：

● 在 Step3 中，如果单击角周围的点位置不同时，修剪的角位置也会不同，结果如图 3.7.6 ~ 图 3.7.8 所示。

图 3.7.6 单击点 2 区域   图 3.7.7 单击点 3 区域   图 3.7.8 单击点 4 区域

● 在修剪角过程中，光标圈内必须包括两个对象。如果光标圈内只有一个对象，系统就会弹出图 3.7.9 所示的"修剪拐角"对话框（二）。

图 3.7.9 "修剪拐角"对话框（二）

3.7.3 分割

在 UG NX 12.0 中，可以通过选择下拉菜单 编辑(E) ➡ 曲线(V) ➡ ʃ 分割(D)... 命令分割曲线。每一段分割后的曲线的线形与原曲线相同，并且分割后的曲线与原曲线处于同一层。分割曲线的方法有五种：等分段、按边界对象、弧长段数、在结点处以及在拐角上。下面将对"等分段""按边界对象"两种方法进行说明，另外三种请读者自行练习。

1．等分段

下面以图 3.7.10 所示的等分曲线为例来说明操作的一般过程。

a）分割前　　　　　　　　　　　　　　　　b）分割后

图 3.7.10　分割曲线

Step1. 打开文件 D:\ugnx12.8\work\ch03.07\devideA.prt。

Step2. 选择下拉菜单 编辑(E) ➡ 曲线(V)▶ ➡ ƒ 分割(D)... 命令，系统弹出图 3.7.11 所示的"分割曲线"对话框。

Step3. 在 类型 区域的下拉列表中选择 等分段 选项，在 段数 区域的 段长度 下拉列表中选择 等参数 选项，并在 段数 文本框中输入值 4。

Step4. 选择图 3.7.10 所示的椭圆为分割曲线。

Step5. 在"分割曲线"对话框中单击 确定 按钮，完成分割曲线的创建。

图 3.7.11　"分割曲线"对话框

图 3.7.11 所示"分割曲线"对话框中部分选项的说明如下。

- 类型 区域的下拉列表：包括 等分段 选项、 按边界对象 选项、 弧长段数 选项、 在结点处 选项和 在拐角上 选项。

  ☑ 等分段：用于等量分割曲线。

  ☑ 按边界对象：用于按照选取的边界对象修剪曲线，边界对象可以是点、曲线、平面或者曲面。

  ☑ 弧长段数：用于通过指定分割曲线的长度分割曲线。

注意：当定义的圆弧长度大于或者等于要分割曲线的总长时，将不能分割曲线。

  ☑ 在结点处：用于使用样条曲线的结点分割曲线。

  ☑ 在拐角上：用于使用曲线的拐角作为分割点分割曲线。

- 段数 区域的 段长度 下拉列表：包括 等参数 选项和 等弧长 选项。

  ☑ 等参数：用于使用参数点分割曲线。

  ☑ 等弧长：用于使用相等的圆弧分割曲线。

说明：用"等参数"分割样条曲线不一定相等，因为样条曲线的参数点与等弧长分割点不重合，而直线的等参数分割点和等弧长分割点相重合。

2．按边界对象

下面以图 3.7.12 所示的按边界对象分割曲线为例来说明操作的一般过程。

a）分割前　　　　　　　　　　b）分割后　　　　　　　　c）指定分割点

图 3.7.12　按边界对象分割曲线

Step1．打开文件 D:\ugnx12.8\work\ch03.07\devideB.prt。

Step2．选择下拉菜单 编辑(E) ➡ 曲线(V) ➡ ∫ 分割(D)... 命令，系统弹出"分割曲线"对话框。

Step3．在图 3.7.13 所示的"分割曲线"对话框（一）类型区域的下拉列表中选择 按边界对象 选项。

Step4．选取图 3.7.12a 所示的曲线 1 为分割曲线，选取曲线 2 为边界对象，在图 3.7.12c 所示的位置单击以确定分割点位置。

说明：选取曲线 1 后，系统弹出图 3.7.14 所示的"分割曲线"对话框（二）。单击"分割曲线"对话框（二）中的 确定(Q) 按钮，系统弹出图 3.7.15 所示的"分割曲线"对话框（三），单击 是(Y) 按钮，继续分割曲线。

Step5．在"分割曲线"对话框中单击 确定 按钮，完成分割曲线的创建，结果如图 3.7.12b 所示。

图 3.7.13　"分割曲线"对话框（一）

图 3.7.14　"分割曲线"对话框（二）

图 3.7.15　"分割曲线"对话框（三）

说明:

● 选取的边界对象和要分割的曲线可以不相交,系统会自动将边界对象延伸。如果延伸后不存在交点,单击 确定 按钮后系统会弹出图 3.7.16 所示的"分割曲线"对话框(四),此时将不能使用此边界对象来分割曲线。

图 3.7.16 "分割曲线"对话框(四)

● 如果边界对象延伸后与要分割的曲线存在交点,系统会指出大致的相交点位置。如果存在的交点有多个,则可以通过指定大致交点位置来选择某个交点,即选择边界对象后单击 * 指定相交 右侧的 ✛ 按钮,在图 3.7.12c 所示的位置单击,完成后的结果如图 3.7.12c 所示。

● 草图曲线不支持分割。

3.7.4 圆角

在 UG NX 12.0 中,可以通过选择下拉菜单 编辑(E) ➜ 曲线(V) ➜ 圆角(F)... 命令编辑现有的圆角。下面以图 3.7.17 所示的编辑圆角为例来说明操作的一般过程。

图 3.7.17 编辑圆角

Step1. 打开文件 D:\ugnx12.8\work\ch03.07\edit_arc.prt。

Step2. 选择下拉菜单 编辑(E) ➜ 曲线(V) ➜ 圆角(F)... 命令,系统弹出图 3.7.18 所示的"编辑圆角"对话框(一)。

Step3. 在"编辑圆角"对话框(一)中单击 不修剪 按钮,系统弹出图 3.7.19 所示的"编辑圆角"对话框(二)。

图 3.7.18 "编辑圆角"对话框(一)

图 3.7.19 "编辑圆角"对话框(二)

图 3.7.18 所示"编辑圆角"对话框（一）中的按钮说明如下。

- ［自动修剪］：系统自动对直线进行修剪。
- ［手工修剪］：由用户指定修剪边。
- ［不修剪］：不修剪原始直线。

Step4. 依次选取图 3.7.17a 所示的直线 1、曲线 1 和直线 2，系统弹出图 3.7.20 所示的"编辑圆角"对话框（三）。

Step5. 在"编辑圆角"对话框（三）的半径文本框中输入值 50，在默认半径区域选择 ⊙ 圆角单选项，单击 ［确定］ 按钮完成圆角的编辑，系统弹出图 3.7.21 所示的"编辑圆角"对话框（四）；单击 ［取消］ 按钮，关闭对话框。

图 3.7.20 "编辑圆角"对话框（三）

图 3.7.21 "编辑圆角"对话框（四）

3.7.5 拉长

在 UG NX 12.0 中，可以通过选择下拉菜单 编辑(E) ➡ 曲线(V) ➡ 📄 拉长(S)... 命令编辑几何对象，拉伸功能不支持草图、组件、实体、面和边线。

1. 移动

下面以图 3.7.22 所示的移动几何对象为例来说明操作的一般过程。

Step1. 打开文件 D:\ugnx12.8\work\ch03.07\stretch.prt。

Step2. 选择下拉菜单 编辑(E) ➡ 曲线(V) ➡ 📄 拉长(S)... 命令，系统弹出图 3.7.23 所示的"拉长曲线"对话框。

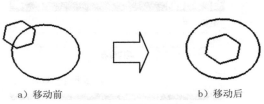

a）移动前   b）移动后

图 3.7.22 移动几何对象

图 3.7.23 "拉长曲线"对话框

Step3. 选择图 3.7.22a 所示的圆弧为编辑对象,在"拉长曲线"对话框的 XC 增量 文本框中输入值-100,在 YC 增量 文本框中输入值 0,在 ZC 增量 文本框中输入值 0。

Step4. 在"拉长曲线"对话框中单击 确定 按钮,完成曲线移动的编辑。

2. 拉长

下面以图 3.7.24 所示的拉长直线为例来说明操作的一般过程。

a) 拉长前　　　　　　　　　b) 拉长后

图 3.7.24　直线的拉长

Step1. 打开文件 D:\ugnx12.8\work\ch03.07\stretchL.prt。

Step2. 选择下拉菜单 编辑(E) ➡ 曲线(V)▸ ➡ 拉长(S)...命令,系统弹出图 3.7.23 所示的"拉长曲线"对话框。

Step3. 在直线靠近右端区域单击,在"拉长曲线"对话框的 XC 增量 文本框中输入值 60,在 YC 增量 文本框中输入值 0,在 ZC 增量 文本框中输入值 0。

Step4. 在"拉长曲线"对话框中单击 确定 按钮,完成拉长直线的创建。

3.7.6　曲线长度的编辑

在 UG NX 12.0 中,可以通过选择下拉菜单 编辑(E) ➡ 曲线(V)▸ ➡ 长度(L)...命令对曲线的长度进行编辑,并且可以预览曲线长度的变化,当然可以根据需要定义曲线是否关联。

下面以图 3.7.25 所示的编辑曲线长度为例来说明操作的一般过程。

a) 编辑前　　　　　　　　　b) 编辑后

图 3.7.25　编辑曲线长度

Step1. 打开文件 D:\ugnx12.8\work\ch03.07\curve1.prt。

Step2. 选择下拉菜单 编辑(E) ➡ 曲线(V)▸ ➡ 长度(L)...命令,系统弹出图 3.7.26 所示的"曲线长度"对话框。

Step3. 选取图 3.7.25a 所示的样条曲线为编辑曲线。

Step4. 在 延伸 区域的 长度 下拉列表中选择 增量 选项,在 侧 下拉列表中选择 对称 选项,在 方法 下拉列表中选择 自然 选项,在 极限 区域的 开始 文本框中输入值 50,在 设置 区域选中 ☑ 关联 复选框,其他参数采用系统默认设置。

Step5. 在"曲线长度"对话框中单击 确定 按钮，完成编辑曲线长度的操作。

图 3.7.26 "曲线长度"对话框

图 3.7.26 所示"曲线长度"对话框中部分选项的说明如下。

- 长度下拉列表（延伸区域）：包括增量选项和总数选项。
  - ☑ 增量：用于伸长或者缩短用户自定义的曲线长度。
  - ☑ 总数：用于通过定义曲线的总长度编辑曲线。
- 侧下拉列表（延伸区域）：包括起点和终点选项和对称选项。
  - ☑ 起点和终点：用于定义曲线的起点和终点为延伸端。
  - ☑ 对称：用于定义曲线的两个端点为延伸端，且延伸长度相同。
- 方法下拉列表（延伸区域）：包括自然选项、线性选项和圆形选项。
  - ☑ 自然：沿样条曲线端点的自然路径方向进行样条曲线的延伸，延伸后的样条曲线不一定与边界对象相交。
  - ☑ 线性：沿样条曲线端点的切线方向进行直线延伸。
  - ☑ 圆形：圆形曲线延伸样条曲线。
- ☑ 关联（设置区域）：用于设置创建完成后曲线的关联性。

学习拓展：扫码学习更多视频讲解。

讲解内容：文本曲线精讲。本部分主要对"文本曲线"做了详细的讲解，并对其中的各个参数选项及应用做了说明。

第4章　简单曲面的创建

本章提要　　简单曲面的创建及相应的编辑，可使设计过程变得清晰而简单。有时候简单曲面的创建能解决比较棘手的设计问题。本章将介绍一些简单曲面的创建，主要内容包括：

- 曲面网格显示
- 创建拉伸曲面和旋转曲面
- 曲面的抽取
- 创建有界平面
- 曲面的偏置

4.1　曲面网格显示

网格线主要用于自由形状特征的显示。网格线仅仅是显示特征，对特征没有影响。下面以图 4.1.1 所示的模型为例来说明曲面网格显示的一般操作过程。

a）选取曲面

b）网格显示

图 4.1.1　曲面网格显示

Step1. 打开文件 D:\ugnx12.8\work\ch04.01\static_wireframe.prt。

Step2. 调整视图显示。在图形区的空白区域右击，在弹出的快捷菜单中选择 渲染样式(D)▶ ➡ 静态线框(H) 命令，图形区中的模型变成线框状态。

说明：模型在"着色"状态下是不显示网格线的，网格线只在"静态线框""面分析""局部着色"三种状态下显示。

Step3. 选择命令。选择下拉菜单 编辑(E) ➡ 对象显示(J)... 命令，系统弹出"类选择"对话框。

Step4. 选取网格显示的对象。在图 4.1.2 所示"上边框条"工具条的"类型过滤器"下拉列表中选择 面 选项，然后选取图 4.1.1a 所示的面，单击"类选择"对话框中的 确定 按钮，系统弹出"编辑对象显示"对话框。

Step5. 定义参数。在"编辑对象显示"对话框中设置图 4.1.3 所示的参数，其他参数采用系统默认设置。

Step6. 单击"编辑对象显示"对话框中的 确定 按钮，完成曲面网格显示的设置，如图 4.1.1b 所示。

图 4.1.2 "上边框条"工具条   图 4.1.3 "编辑对象显示"对话框

4.2 创建拉伸和旋转曲面

拉伸曲面和旋转曲面的创建方法与相应实体特征的创建方法基本相同。

4.2.1 创建拉伸曲面

拉伸曲面是将截面草图沿着草图平面的垂直方向拉伸而成的曲面。下面介绍创建图 4.2.1 所示的拉伸曲面特征的过程。

a）特征截面   b）拉伸曲面

图 4.2.1 拉伸曲面

Step1. 打开文件 D:\ugnx12.8\work\ch04.02\extrude_surf.prt。

Step2. 选择下拉菜单 插入(S) ➡ 设计特征(E)▶ ➡ 拉伸(E)... 命令，此时系统弹出图 4.2.2 所示的"拉伸"对话框。

Step3. 定义拉伸截面。在图形区选取图 4.2.1a 所示的曲线串为特征截面。

Step4. 确定拉伸起始值和结束值。在 限制 区域的 开始 下拉列表中选择 值 选项，在 距离 文本框中输入值 0，在 结束 下拉列表中选择 值 选项，在 距离 文本框中输入值 5，按 Enter 键确定。

Step5. 定义拉伸特征的体类型。在 设置 区域的 体类型 下拉列表中选择 片体 选项，其他采用默认设置。

Step6. 单击"拉伸"对话框中的 < 确定 > 按钮（或者单击中键），完成拉伸曲面的创建。

图 4.2.2 "拉伸"对话框

4.2.2 创建旋转曲面

创建图 4.2.3 所示的旋转曲面特征的一般操作过程如下。

选取此曲线

a）特征截面

b）旋转曲面

图 4.2.3 创建旋转曲面

Step1. 打开文件 D:\ugnx12.8\work\ch04.02\rotate_surf.prt。

Step2. 选择下拉菜单 插入(S) ➡ 设计特征(E) ➡ 旋转(R)... 命令，系统弹出"旋转"对话框。

Step3. 定义旋转截面。选取图 4.2.3a 所示的曲线为特征截面。

Step4. 定义旋转轴。选择 YC 轴作为旋转轴，定义坐标原点为旋转点。

Step5. 定义旋转特征的体类型。在"旋转"对话框 设置 区域的 体类型 下拉列表中选择 片体 选项，如图 4.2.4 所示。

Step6. 单击"旋转"对话框中的 < 确定 > 按钮，完成旋转曲面的创建。

图 4.2.4 "旋转"对话框

4.3 创建有界平面

使用 有界平面(P)... 命令可以创建平整曲面，利用拉伸也可以创建曲面，但拉伸创建的是有深度参数的二维或三维曲面，而有界平面创建的是没有深度参数的二维曲面。下面以图 4.3.1 所示的模型为例来说明创建有界平面的一般操作过程。

a）有界平面   b）相同的特征截面   c）拉伸曲面

图 4.3.1 有界平面与拉伸曲面的比较

Step1. 打开文件 D:\ugnx12.8\work\ch04.03\ambit_surf.prt。

Step2. 选择命令。选择下拉菜单 插入(S) ➡ 曲面(R)▶ ➡ 有界平面(B)... 命令，系统弹出图 4.3.2 所示的"有界平面"对话框。

Step3. 选取图 4.3.1b 所示的曲线串。

Step4. 单击 < 确定 > 按钮，完成有界平面的创建，如图 4.3.1c 所示。

图 4.3.2　"有界平面"对话框

4.4　曲面的偏置

曲面的偏置用于创建一个或多个现有面的偏置曲面，或者是偏移现有曲面。下面分别对创建偏置曲面和偏移曲面进行介绍。

4.4.1　创建偏置曲面

创建偏置曲面是以已有曲面为源对象，创建（偏置）新的与源对象形状相似的曲面。下面介绍创建图 4.4.1 所示的偏置曲面的一般过程。

a）偏置前

b）偏置后

图 4.4.1　偏置曲面的创建

Step1. 打开文件 D:\ugnx12.8\work\ch04.04\offset_surface.prt。

Step2. 选择下拉菜单 插入(S) ➡ 偏置/缩放(O) ➡ 偏置曲面(O)...命令（或在 主页 功能选项卡 曲面 区域 更多 下拉选项中单击 偏置曲面 按钮），此时系统弹出图 4.4.2 所示的"偏置曲面"对话框。

Step3. 在图形区选取图 4.4.3 所示的 5 个面，同时图形区中出现曲面的偏置方向，如图 4.4.3 所示。此时"偏置曲面"对话框中的"反向"按钮 被激活。

Step4. 定义偏置方向。接受系统默认的方向。

Step5. 定义偏置的距离。在 偏置 1 文本框中输入偏置距离值 2，按 Enter 键确定，然后在"偏置曲面"对话框中单击 < 确定 > 按钮，完成偏置曲面的创建，如图 4.4.1b 所示。

图 4.4.2 "偏置曲面"对话框   图 4.4.3 选取 5 个面

4.4.2 创建偏置面

下面介绍图 4.4.4 所示的创建偏置面的一般操作过程。

Step1. 打开文件 D:\ugnx12.8\work\ch04.04\offset_surf.prt。

Step2. 选择下拉菜单 插入(S) ➡ 偏置/缩放(O) ➡ 偏置面(F)... 命令，系统弹出图 4.4.5 所示的"偏置面"对话框。

a）偏置前   b）偏置后

图 4.4.4 偏置面   图 4.4.5 "偏置面"对话框

Step3. 在图形区选择图 4.4.4a 所示的曲面，然后在"偏置面"对话框的 偏置 文本框中输入值 2，按 Enter 键确定，单击 < 确定 > 按钮或者单击中键，完成曲面的偏置操作，如图 4.4.4b 所示。

注意：单击对话框中的"反向"按钮 ↗，可改变偏置的方向。

4.5 曲面的抽取

曲面的抽取即从实体或片体中提取出已有的曲面，其实就是复制曲面的过程。抽取独立曲面时，只需单击此面即可；抽取区域曲面时，是通过定义种子曲面和边界曲面来创建片体，创建的片体是从种子面开始向四周延伸到边界曲面的所有曲面构成的片体（其中包括种子曲面，但不包括边界曲面），这种方法在加工中定义切削区域时特别重要。

4.5.1 抽取独立曲面

1. 抽取选定的曲面

下面以图 4.5.1 所示的模型为例来说明创建抽取曲面的一般操作过程（图 4.5.1b 中实体模型已隐藏）。

a）抽取前　　　　　　　　　　　　　　b）抽取后

图 4.5.1　抽取选定曲面

Step1. 打开文件 D:\ugnx12.8\work\ch04.05\extracted_region01.prt。

Step2. 选择下拉菜单 插入(S) ➡ 关联复制(A) ➡ 抽取几何特征(E)... 命令，系统弹出"抽取几何特征"对话框。

Step3. 定义抽取类型。在 类型 区域的下拉列表中选择 面 选项，在 面 区域的 面选项 下拉列表中选择 单个面 选项。

Step4. 选取图 4.5.2 所示的面为抽取参照面，在 设置 区域中选中 ☑ 隐藏原先的 复选框，其他参数采用系统默认设置，如图 4.5.3 所示。

Step5. 单击 < 确定 > 按钮，完成曲面的抽取，如图 4.5.1b 所示。

选取此面

图 4.5.2　选取曲面

图 4.5.3　"抽取几何特征"对话框（一）

图 4.5.3 所示"抽取几何特征"对话框（一）中部分选项的说明如下。

- 面：用于从实体模型中抽取曲面特征。

- 面区域：用于从实体模型中抽取一组曲面，这组曲面和种子面相关联，且被边界面所制约。

- 体：用于生成与整个所选特征相关联的实体。

- 单个面：用于从模型中选取单个曲面。

- 面与相邻面：用于从模型中选取与选中曲面相邻的多个曲面。

- 体的面：用于从模型中选取实体的整个曲面。

- 面链：用于按指定的链规则从模型中选取曲面。

- 固定于当前时间戳记：用于改变特征编辑过程中是否影响在此之前发生的特征抽取。

- 隐藏原先的：用于在生成抽取特征的时候是否隐藏原来的实体。

- 不带孔抽取：用于表示是否删除选择曲面中的孔特征。

- 使用父对象的显示属性：用于控制抽取特征的显示属性。

- 与原先相同：用于对从模型中抽取的曲面特征保留原来的曲面类型。

- 三次多项式：用于将模型的选中面抽取为三次多项式自由曲面类型。

- 一般 B 曲面：用于将模型的选中面抽取为一般的自由曲面类型。

2．抽取相邻曲面

下面以图 4.5.4 所示的模型为例来说明创建抽取相邻曲面的一般操作过程（图 4.5.4b 中的实体模型已隐藏）。

a）抽取前　　　　　　　　　b）抽取后

图 4.5.4　抽取相邻曲面

Step1. 打开文件 D:\ugnx12.8\work\ch04.05\extracted_region01.prt。

Step2. 选择下拉菜单 插入(S) ➞ 关联复制(A) ➞ 抽取几何特征(E)... 命令，系统弹出图 4.5.5 所示的"抽取几何特征"对话框（二）。

Step3. 定义抽取类型。在 类型 区域的下拉列表中选择 面 选项。

Step4. 在"抽取几何特征"对话框的 面选项 下拉列表中选择 面与相邻面 选项；选取图 4.5.6 所示的曲面，此时曲面和与它相邻的面均被选中，如图 4.5.7 所示；选中 隐藏原先的 复选框，其他参数采用系统默认设置。

Step5. 单击 确定 按钮，完成曲面的抽取，如图 4.5.4b 所示。

图 4.5.5　"抽取几何特征"对话框（二）

图 4.5.6　选取曲面

图 4.5.7　选中的曲面

4.5.2　抽取区域曲面

下面以图 4.5.8 所示的模型为例来说明创建抽取区域曲面的一般操作过程（图 4.5.8b 中的实体模型已隐藏）。

a）抽取前　　　　　　　　　　　　　　　　b）抽取后

图 4.5.8　抽取区域曲面

Step1. 打开文件 D:\ugnx12.8\work\ch04.05\extracted_region.prt。

Step2. 选择下拉菜单 插入(S) ➡ 关联复制(A) ➡ 抽取几何特征(E)... 命令，此时系统弹出"抽取几何特征"对话框，如图 4.5.9 所示。

Step3. 设置选取面的方式。在"抽取几何特征"对话框 类型 区域的下拉列表中选择 面区域 选项，如图 4.5.9 所示。

Step4. 选取需要抽取的面。在图形区选取图 4.5.10 所示的种子曲面和图 4.5.11 所示的边界曲面。

图 4.5.9　"抽取几何特征"对话框（三）

图 4.5.10　选取种子曲面

图 4.5.11　选取边界曲面

Step5. 隐藏源曲面或实体。在"抽取几何特征"对话框的 设置 区域中选中 ☑ 隐藏原先的 复选框，如图 4.5.9 所示，其他采用系统默认的设置。

Step6. 单击 < 确定 > 按钮，完成对区域特征的抽取，如图 4.5.8b 所示。

图 4.5.9 所示的"抽取几何特征"对话框（三）中主要选项的功能说明如下。

- ☑ 遍历内部边 复选框：用于控制所选区域的内部结构的组成面是否属于选择区域。
- ☑ 使用相切边角度 复选框：用于控制相切边的角度。
- ☑ 关联 复选框：用于控制所选区域操作后还可以进行编辑。
- ☑ 固定于当前时间戳记 复选框：在改变特征编辑过程中，是否影响在此之前的特征抽取。
- ☑ 隐藏原先的 复选框：用于在生成抽取特征的时候，是否隐藏原来的实体。
- ☑ 不带孔抽取 复选框：用于表示是否删除选择区域中的内部结构。
- ☑ 使用父部件的显示属性 复选框：选中该复选框，则父特征显示该抽取特征，子特征也显示；父特征隐藏该抽取特征，子特征也隐藏。

学习拓展： 扫码学习更多视频讲解。

讲解内容： 主要包含二维草图的绘制方法、思路与技巧，常用的建模命令（拉伸、回转、特征编辑等），典型零件设计案例讲解等知识。内容安排循序渐进，清晰易懂，讲解非常详细，对每个操作都做了深入的介绍和清楚的演示。

第 **5** 章　自由曲面的创建

本章提要　　自由曲面的创建是 UG 建模模块的重要组成部分。随着制造技术的发展，很多产品都需要采用自由曲面来完成复杂形状的构建。UG 中更是提供了强大的曲面特征建模，及相应的编辑和操作功能。本章主要内容包括：

- 网格曲面
- 桥接曲面
- 截面体扫掠曲面
- 弯边曲面
- 曲面分析

- 扫掠曲面
- 艺术曲面
- N 边曲面
- 渐消曲面的构建

5.1　网格曲面

5.1.1　直纹面

直纹面可以理解为通过一系列直线连接两组线串而形成的一张曲面。在创建直纹面时只能使用两组线串，这两组线串可以是封闭的，也可以是不封闭的。下面介绍创建图 5.1.1 所示的直纹面的过程。

说明：若下拉菜单中没有此命令，可通过 工具(T) ➡ □ 定制(Z)... 命令进行设置。

Step1. 打开文件 D:\ugnx12.8\work\ch05.01\ruled.prt。

Step2. 选择下拉菜单 插入(S) ➡ 网格曲面(M)▶ ➡ ◁ 直纹(R)... 命令（或在 主页 功能选项卡 曲面 ▼ 区域 更多 ▼ 下拉选项中单击 ◁ 直纹 按钮），此时系统弹出图 5.1.2 所示的"直纹"对话框。

Step3. 定义截面线串 1。在图形区中选择图 5.1.1a 所示的截面线串 1，然后单击中键确认。

Step4. 定义截面线串 2。在图形区中选择图 5.1.1a 所示的截面线串 2，然后单击中键确认。

注意：在选取截面线串时，要在线串的同一侧选取，否则就不能达到所需要的结果。

Step5. 设置对话框的选项。在"直纹"对话框的 对齐 区域中取消选中 □ 保留形状 复选框。

Step6. 在"直纹"对话框中单击 〈 确定 〉 按钮（或单击中键），完成直纹面的创建。

说明：若选中 对齐 区域中的 ☑ 保留形状 复选框，则 对齐 下拉列表中的部分选项将不可用。

图 5.1.2 所示的"直纹"对话框 对齐 下拉列表中各选项的说明如下。

- 参数 ：沿定义曲线将等参数曲线要通过的点以相等的参数间隔隔开。

- **弧长**: 两组截面线串和等参数曲线根据等弧长方式建立连接点。

a) 曲线串

b) 创建的直纹面

图 5.1.1 直纹面的创建

图 5.1.2 "直纹"对话框

- **根据点**: 将不同形状截面线串间的点对齐。
- **距离**: 在指定矢量上将点沿每条曲线以等距离隔开。
- **角度**: 在每个截面线上，绕着一个规定的轴等角度间隔生成。这样，所有等参数曲线都位于含有该轴线的平面中。
- **脊线**: 把点放在选择的曲线和正交于输入曲线的平面的交点上。
- **可扩展**: 可定义起始与终止填料曲面类型。

5.1.2 通过曲线组

通过曲线组选项，用同一方向上的一组曲线轮廓线也可以创建曲面。曲线轮廓线称为截面线串，截面线串可由单个对象或多个对象组成，每个对象都可以是曲线、实体边等。下面介绍创建图 5.1.3 所示"通过曲线组"曲面的过程。

a) 截面特征

b) 创建的曲面

图 5.1.3 创建"通过曲线组"曲面

Step1. 打开文件 D:\ugnx12.8\work\ch05.01\through_curves.prt。

Step2. 选择下拉菜单 插入(S) ➡ 网格曲面(M) ➡ 通过曲线组(T)... 命令（或在 曲面 下拉选项中单击 通过曲线组 按钮），系统弹出图 5.1.4 所示的"通过曲线组"对话框。

Step3. 在"上边框条"工具条的"曲线规则"下拉列表中选择 相连曲线 选项。

Step4. 定义截面线串。在工作区中依次选择图 5.1.5 所示的曲线串 1、曲线串 2 和曲线串 3，并分别单击中键确认。

注意： 选取截面线串后，图形区显示的箭头矢量应该处于截面线串的同侧（图 5.1.5 所示），否则生成的片体将被扭曲。后面介绍的通过曲线网格创建曲面也有类似的问题。

图 5.1.4 "通过曲线组"对话框

a）曲线串 1   b）曲线串 2   c）曲线串 3

图 5.1.5 选取的曲线串

Step5. 设置对话框的选项。在"通过曲线组"对话框 设置 区域 放样 选项卡的 次数 文本框中将阶次值调整到 2，其他均采用默认设置。

Step6. 单击 < 确定 > 按钮，完成"通过曲线组"曲面的创建。

图 5.1.4 所示的"通过曲线组"对话框中的部分选项说明如下。

- **连续性** 区域: 该区域的下拉列表用于对通过曲线生成的曲面的起始端和终止端定义约束条件。
  - ☑ **G0（位置）**: 生成的曲面与指定面点连续，无约束。
  - ☑ **G1（相切）**: 生成的曲面与指定面相切连续。
  - ☑ **G2（曲率）**: 生成的曲面与指定面曲率连续。
- **次数** 文本框: 该文本框用于设置生成曲面的 V 向阶次。
- 当选取了截面线串后，在 **列表** 区域中选择一组截面线串，则"通过曲线组"对话框中的一些按钮被激活，如图 5.1.6 所示。
- **对齐** 下拉列表: 该下拉列表中的选项与"直纹面"命令中的相似，除了包括参数、圆弧长、根据点、距离、角度和脊线六种对齐方法外，还有一个"根据段"选项，其具体使用方法介绍如下。
  - ☑ **根据段**: 根据包含段数最多的截面曲线，按照每一段曲面的长度比例划分其余的截面曲线，并建立连接对应点。
- **补片类型** 下拉列表: 包括 **单侧**、**多个** 和 **匹配线串** 三个选项。
- **构造** 下拉列表: 包括 **法向**、**样条点** 和 **简单** 三个选项。
  - ☑ **法向**: 使用标准方法构造曲面，该方法比其他方法建立的曲面有更多的补片数。
  - ☑ **样条点**: 利用输入曲线的定义点和该点的斜率值来构造曲面。要求每条线串都要使用单根 B 样条曲线，并且有相同的定义点，该方法可以减少补片数，简化曲面。
  - ☑ **简单**: 用最少的补片数构造尽可能简单的曲面。

图 5.1.6 "通过曲线组"对话框的激活按钮

图 5.1.6 所示的"通过曲线组"对话框中的部分激活按钮说明如下。

- **✕**（移除）: 单击该按钮，选中的截面线串被删除。
- **⇧**（向上移动）: 单击该按钮，选中的截面线串移至上一个截面线串的上级。

- ⬇ （向下移动）：单击该按钮，选中的截面线串移至下一个截面线串的下级。

5.1.3　通过曲线网格

使用"通过曲线网格"命令可以沿着不同方向的两组线串创建曲面：一组同方向的线串定义为主曲线；另外一组和主线串不在同一平面的线串定义为交叉线串，定义的主曲线与交叉线串必须在设定的公差范围内相交。这种创建曲面的方法定义了两个方向的控制曲线，可以很好地控制曲面的形状，因此它也是最常用的创建曲面的方法之一。

1. 通过曲线网格创建曲面的一般过程

下面以图 5.1.7 为例，说明利用"通过曲线网格"功能创建曲面的一般过程。

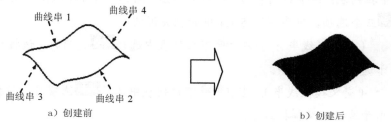

a）创建前　　　　　　　　　　　　　b）创建后

图 5.1.7　创建"通过曲线网格"曲面

Step1. 打开文件 D:\ugnx12.8\work\ch05.01\through curves_mesh.prt。

Step2. 选择下拉菜单 插入(S) ➡ 网格曲面(M)▶ ➡ 🔲 通过曲线网格(M)... 命令（或在 曲面▼ 下拉选项中单击 🔲 按钮），此时系统弹出图 5.1.8 所示的"通过曲线网格"对话框。

图 5.1.8　"通过曲线网格"对话框

Step3. 定义主线串。在工作区中依次选择图 5.1.7a 所示的曲线串 1 和曲线串 2 为主线串，并分别单击中键确认。

Step4. 定义交叉线串。单击中键完成主线串的选取，在图形区选取图 5.1.7a 所示的曲线串 3 和曲线串 4 为交叉线串，分别单击中键确认。

Step5. 单击 < 确定 > 按钮，完成"通过曲线网格"曲面的创建。

图 5.1.8 所示"通过曲线网格"对话框部分选项的说明如下。

- 着重 下拉列表：用于控制系统在生成曲面的时候更强调主线串还是交叉线串，或者两者有同样效果。
  - ☑ 两者皆是：系统在生成曲面的时候主线串和交叉线串有同样效果。
  - ☑ 主线串：系统在生成曲面的时候更强调主线串。
  - ☑ 交叉线串：系统在生成曲面的时候交叉线串更有影响。
- 构造 下拉列表：该下拉列表与"通过曲线组"对话框中的相似，也分为 法向、样条点 和 简单 三个选项，可参照图 5.1.4 中的相关说明。
  - ☑ ✕ （主模板线串）：当在 构造 下拉列表中选择 简单 选项时，该按钮被激活，用于选择主模板线串。
  - ☑ ✕ （交叉模板线串）：当在 构造 下拉列表中选择 简单 选项时，该按钮被激活，用于选择交叉模板线串。
- 重新构建 下拉列表：重新定义主线串或交叉线串的阶次。
  - ☑ 无：关闭重建。
  - ☑ 阶次和公差：手动输入值调整截面的阶次。
  - ☑ 自动拟合：尝试重建无分段的曲面，直至达到最高次数为止。

2. 通过曲线网格创建曲面的练习

本练习将介绍"通过曲线网格"创建曲面的方法，以及创建图 5.1.9 所示的手机盖曲面的详细操作过程。

Stage1. 创建曲线

Step1. 新建一个零件三维模型，将其命名为 cellphone_cover。

Step2. 创建图 5.1.10 所示的曲线 1_1 和曲线 1_2。选择下拉菜单 插入(S) → 🔲 在任务环境中绘制草图(V)... 命令；设置 XY 平面为草图平面，接受系统默认的方向。单击"创建草图"对话框中的 确定 按钮，进入草图环境；绘制图 5.1.11 所示的曲线。退出草图环境，选择下拉菜单 插入(S) → 派生曲线(U) → 📭 镜像(M)... 命令，此时系统弹出"镜像曲线"对话框，选取曲线 1_1，单击中键确认。在"镜像曲线"对话框的 平面 下拉列表中选择 现有平面 选项，选取 ZX 平面为镜像平面；单击 确定 按钮（或单击中键），生成基准曲线 1_2。

图 5.1.9　手机盖曲面

图 5.1.10　创建曲线 1(建模环境)

图 5.1.11　草图环境

Step3. 创建图 5.1.12 所示的曲线 2。选择下拉菜单 插入(S) ➡ 在任务环境中绘制草图(V)... 命令；设置 YZ 平面为草图平面，接受系统默认的方向。单击"创建草图"对话框中的 确定 按钮，进入草图环境；绘制图 5.1.13 所示的曲线串（单击"端点"按钮 ，可捕捉曲线的端点）；退出草图环境。

图 5.1.12　创建曲线 2（建模环境）

图 5.1.13　草图环境

Step4. 创建图 5.1.14 所示的曲线 3。选择下拉菜单 插入(S) ➡ 基准/点(D) ➡ 基准平面(D)...命令，此时系统弹出"基准平面"对话框。在"基准平面"对话框的 类型 区域的下拉列表中选择 点和方向 选项。选取图 5.1.15 所示的镜像曲线 1_2 的端点，在"基准平面"对话框 法向 区域的 下拉列表中选择 XC 选项，定义为基准平面 1 的方向。单击"基准平面"对话框中的 < 确定 > 按钮（或者单击中键），生成基准平面。选择下拉菜单 插入(S) ➡ 在任务环境中绘制草图(V)...命令；选取基准平面 1 为草图平面，在"创建草图"对话框中单击 确定 按钮，进入草图环境；绘制图 5.1.16 所示的曲线串；退出草图环境。

图 5.1.14　创建曲线 3（建模环境）

图 5.1.15　创建基准平面 1

图 5.1.16　草图环境

Step5. 创建图 5.1.17 所示的曲线 4。选择下拉菜单 插入(S) ➡ 在任务环境中绘制草图(V)... 命令；设置 XY 平面为草图平面，接受系统默认的方向。单击"创建草图"对话框中的 确定 按钮，进入草图环境；绘制图 5.1.18 所示的曲线；退出草图环境。

图 5.1.17　创建曲线 4（建模环境）　　　　图 5.1.18　草图（草图环境）

Stage2．创建曲面 1

如图 5.1.19 所示，该手机盖零件模型包括两个曲面，创建曲面 1 的操作步骤如下。

Step1．选择下拉菜单 插入(S) ➡ 网格曲面(M)▶ ➡ 通过曲线网格(M)...命令，此时系统弹出"通过曲线网格"对话框。

Step2．选取曲线 2 和曲线 3 为主曲线，分别单击中键确认，确认"上边框条"中的 ┼ 按钮被按下，再次单击中键后，选取曲线 1_1 和曲线 1_2 为交叉线串，然后分别单击中键确认，如图 5.1.20 所示。

Step3．在"通过曲线网格"对话框中均采用默认的设置，单击"通过曲线网格"对话框中的 < 确定 > 按钮（或者单击中键），生成曲面 1。

图 5.1.19　创建曲面　　　　　　　图 5.1.20　特征线串

Stage3．创建曲面 2

Step1．选择下拉菜单 插入(S) ➡ 网格曲面(M)▶ ➡ 通过曲线网格(M)...命令，此时系统弹出"通过曲线网格"对话框。

Step2．选取曲线 3 和曲线 4_3 为主曲线，分别单击中键确认，再次单击中键后选取基准曲线 4_1 和基准曲线 4_2 为交叉线串，然后分别单击中键确认，如图 5.1.21 所示。

Step3．在"通过曲线网格"对话框 连续性 区域的 第一主线串 下拉列表中选择 G1（相切）选项，选取图 5.1.22 所示的曲面 1 为约束面，然后单击"通过曲线网格"对话框中的 < 确定 > 按钮（或单击中键），生成曲面 2。

图 5.1.21　选取曲线串　　　　　　图 5.1.22　选取约束面

5.2　扫掠曲面

5.2.1　普通扫掠

扫掠曲面就是用规定的方式沿一条（或多条）空间路径（引导线串）移动轮廓线（截面线串）而生成的曲面。

截面线串可以由单个或多个对象组成，每个对象可以是曲线、边缘或实体面，每组截面线串内对象的数量可以不同。截面线串的数量可以是 1～150 之间的任意数值。

引导线串在扫掠过程中控制着扫掠体的方向和比例。在创建扫掠体时，必须提供一条、两条或三条引导线串。提供一条引导线不能完全控制截面大小和方向变化的趋势，需要进一步指定截面变化的方法；提供两条引导线时，可以确定截面线沿引导线扫掠的方向趋势，但是尺寸可以改变，还需要设置截面比例变化；提供三条引导线时，完全确定了截面线被扫掠时的方位和尺寸变化，无须另外指定方向和比例就可以直接生成曲面。

下面将介绍创建扫掠曲面的一般操作过程。

1. 选取一组引导线的方式进行扫掠

下面通过创建图 5.2.1 所示的曲面，来说明用选取一组引导线方式进行扫掠的一般操作过程。

截面线串 1　　　　　引导线串 1

a）曲线串　　　　　　　　　b）扫描曲面

图 5.2.1　选取一组引导线扫描

Step1. 打开文件 D:\ugnx12.8\work\ch05.02\swept.prt。

Step2. 选择下拉菜单 插入(S) ➡ 扫掠(W)▶ ➡ 扫掠(S)… 命令（或在 主页 功能选项卡 特征 区域 更多 ▼ 下拉选项中单击 扫掠 按钮），系统弹出图 5.2.2 所示的"扫掠"对话框。

Step3. 定义截面线串和引导线串。选取图 5.2.3 所示的曲线为截面线串 1，单击中键完成截面线串 1 的选择；再次单击中键后，选取图 5.2.4 所示的曲线为引导线串 1，单击中键完成引导线串 1 的选择。

Step4. 定义截面位置。在 截面选项 区域的 截面位置 下拉列表中选择 沿引导线任何位置 选项，在 对齐 下拉列表中选择 参数 选项。

Step5. 定义截面约束条件。在 定位方法 区域的 方向 下拉列表中选择 固定 选项。

Step6. 定义缩放方法。在 缩放方法 区域的 缩放 下拉列表中选择 恒定 选项，在 比例因子 文本框中选用默认值 1.00。

Step7. 在"扫掠"对话框中单击 < 确定 > 按钮，完成扫掠曲面的创建。

图 5.2.2 "扫掠"对话框

图 5.2.3 选取截面线串 1

图 5.2.4 选取引导线串 1

图 5.2.2 所示"扫掠"对话框部分选项的说明如下。

- 截面位置 下拉列表：包括 沿引导线任何位置 和 引导线末端 两个选项，用于定义截面的位置。
  - ☑ 沿引导线任何位置 选项：截面位置可以在引导线的任意位置。
  - ☑ 引导线末端 选项：截面位置位于引导线末端。
- 对齐 下拉列表：用来设置扫掠时定义曲线间的对齐方式，包括 参数 、弧长 和 根据点 三种。
  - ☑ 参数 选项：沿定义曲线将等参数曲线所通过的点以相等的参数间隔隔开。
  - ☑ 弧长 选项：沿定义曲线将等参数曲线要通过的点以相等的弧长间隔隔开。
- 定位方法 下拉列表：在扫掠时，截面线的方向无法唯一确定，所以需要通过添加约束来确定。该对话框中的按钮主要用于对扫掠曲面方向进行控制。
  - ☑ 固定 选项：在截面线串沿着引导线串移动时保持固定的方向，并且结果是简单平行的或平移的扫掠。
  - ☑ 面的法向 选项：局部坐标系的第二个轴与一个或多个沿着引导线串每一点指定公有基面的法向向量一致，这样约束截面线串保持和基面的固定联系。

☑ 矢量方向选项：局部坐标系的第二个轴和用户在整个引导线串上指定的矢量一致。

☑ 另一曲线选项：通过连接引导线串上相应的点和另一条曲线来获得局部坐标系的第二个轴（就好像在它们之间建立了一个直纹片体）。

☑ 一个点选项：与另一条曲线相似，不同之处在于第二个轴的获取是通过引导线串和点之间的三面直纹片体的等价对象实现的。

☑ 角度规律选项：让用户使用规律子函数定义一个规律来控制方向。旋转角度规律的方向控制具有一个最大值（限制），为 100 圈（转），36000°。

☑ 强制方向选项：在沿引导线串扫掠截面线串时用户使用一个矢量固定截面的方向。

● 缩放方法下拉列表：在"扫掠"对话框中，用户可以利用此功能定义一种扫掠曲面的比例缩放方式。

☑ 恒定选项：在扫掠过程中，使用恒定的比例对截面线串进行放大或缩小。

☑ 倒圆功能选项：定义引导线串的起点和终点的比例因子，并且在指定的起始和终止比例因子之间允许线性或三次比例。

☑ 另一曲线选项：使用比例线串与引导线串之间的距离为比例参考值，但是此处在任意给定点的比例是以引导线串和其他的曲线或实边之间的直纹线长度为基础的。

☑ 一个点选项：使用选择点与引导线串之间的距离为比例参考值，选择此种形式的比例控制的同时，还可以（在构造三面扫掠时）使用同一点作为方向的控制。

☑ 面积规律选项：用户使用规律函数定义截面线串的面积来控制截面线比例缩放，截面线串必须是封闭的。

☑ 周长规律选项：用户使用规律函数定义截面线串的周长来控制截面线比例缩放。

2. 选取两组引导线的方式进行扫掠

下面通过创建图 5.2.5 所示的曲面，来说明用选取两组引导线的方式进行扫掠的一般操作过程。

图 5.2.5 根据两组引导线扫掠

Step1. 打开文件 D:\ugnx12.8\work\ch05.02\swept.prt。

Step2. 选择下拉菜单 插入(S) ➡ 扫掠(W)▶ ➡ 扫掠(S)⋯ 命令，系统弹出图 5.2.6 所示的"扫掠"对话框。

Step3. 定义截面线串和引导线串。选择图 5.2.7 所示的曲线为截面线串 1，单击中键完成截面线串 1 的选择；再次单击中键后，依次选取图 5.2.8 所示的两条曲线为引导线串 1 和引导线串 2，并分别单击中键确认，完成引导线串的选择。

Step4. 定义截面位置。在 截面选项 区域的 截面位置 下拉列表中选择 沿引导线任何位置 选项，在 对齐 下拉列表中选择 参数 选项。

Step5. 定义缩放方法。在 缩放方法 区域的 缩放 下拉列表中选择 均匀 选项。

Step6. 在"扫掠"对话框中单击 < 确定 > 按钮，完成扫掠曲面的创建。

图 5.2.6　"扫掠"对话框

图 5.2.7　选取截面线串 1

图 5.2.8　选取引导线串

图 5.2.6 所示"扫掠"对话框部分选项的说明如下。

如果选择两条引导线进行扫掠，则截面线沿着引导线扫掠的方式已经确定，但是截面线尺寸在扫掠过程中是变化的，用户可以选择缩放方式。

☑　均匀选项：截面线串沿着引导线串的各个方向进行缩放。

☑　横向选项：只有截面线串的两端沿着引导线串缩放。

3．选取三组引导线的方式进行扫掠

下面通过创建图 5.2.9 所示的曲面来说明用选取三组引导线的方式进行扫掠的一般操作过程。

a）曲线串

b）扫掠的曲面

图 5.2.9　根据三组引导线方式扫掠

Step1. 打开文件 D:\ugnx12.8\work\ch05.02\swept.prt。

Step2. 选择下拉菜单插入(S) ➡ 扫掠(W)▶ ➡ 扫掠(S)… 命令，系统弹出图 5.2.10 所示的"扫掠"对话框。

图 5.2.10　"扫掠"对话框

Step3. 定义截面线串和引导线串。依次选取图 5.2.11 所示的两条曲线为截面线串 1 和截面线串 2，并分别单击中键确认，完成截面线串的选择；再次单击中键，依次选取图 5.2.12 所示的三条曲线为引导线串 1、引导线串 2 和引导线串 3，并分别单击中键确认，完成引导线串的选择。

图 5.2.11　选取截面线串　　　　　　　图 5.2.12　选取引导线串

注意： 在选择截面线串时一定要保证两个截面的方向对应，否则不能生成正确的曲面。

Step4. 定义截面变化形式。在截面选项区域的插值下拉列表中选择线性选项，其他参数采用系统默认设置。

Step5. 在"扫掠"对话框中单击 <确定> 按钮，完成扫掠曲面的创建。

4．扫掠脊线的作用

下面通过创建图 5.2.13 所示的曲面来说明扫掠过程中脊线的作用。

Step1. 打开文件 D:\ugnx12.8\work\ch05.02\swept.prt。

a）曲线串　　　　　　图 5.2.13　脊线在扫掠中的作用　　　　b）扫描曲面

Step2. 选择下拉菜单 插入(S) ➡ 扫掠(W)▶ ➡ 扫掠(S)… 命令，系统弹出图 5.2.14 所示的"扫掠"对话框。

图 5.2.14　"扫掠"对话框

Step3. 定义截面线串。选取图 5.2.15 所示的曲线为截面线串 1，单击中键确认，完成截面线串的选择。

Step4. 定义引导线串。再次单击中键后，依次选取图 5.2.16 所示的两条曲线为引导线串 1 和引导线串 2，并分别单击中键确认，完成引导线串的选择。

Step5. 定义脊线串。在 脊线 区域中单击 按钮，然后选取图 5.2.17 所示的曲线为脊曲线，并单击中键确认。

图 5.2.15　选取截面线串 1　　　　图 5.2.16　选取引导线串　　　　图 5.2.17　选取脊线

说明： 在扫掠过程中使用脊线是为了更好地控制截面线串的方向。

Step6. 在 截面选项 区域中选中 ☑ 保留形状 复选框，其他参数采用系统默认设置。

Step7. 在"扫掠"对话框中单击 ＜确定＞ 按钮，完成扫掠曲面的创建。

5.2.2　沿引导线扫掠

"沿引导线扫掠"命令是通过沿着引导线串移动截面线串来创建曲面（当截面线串封闭时，生成的则为实体）。其中引导线串可以由一个或一系列曲线、边或面的边缘线构成；截面线串可以由开放的或封闭的边界草图、曲线、边缘或面构成。下面通过创建图 5.2.18 所示的曲面来说明沿引导线扫掠的一般操作过程。

Step1. 打开文件 D:\ugnx12.8\work\ch05.02\sweep.prt。

a）曲线串　　　　　　　　　　　　　　　　b）扫掠曲面

图 5.2.18　沿引导线扫掠

Step2. 选择下拉菜单 插入(S) ➡ 扫掠(W)▶ ➡ 沿引导线扫掠(G)... 命令，系统弹出图 5.2.19 所示的"沿引导线扫掠"对话框。

Step3. 选取图 5.2.20 所示的曲线为截面线串 1，单击中键确认。

Step4. 选取图 5.2.21 所示的螺旋线为引导线串 1。

Step5. 在"沿引导线扫掠"对话框中单击 ＜确定＞ 按钮，完成扫掠曲面的创建。

图 5.2.19　"沿引导线扫掠"对话框

选取该曲线为截面线串 1　　　放大图

图 5.2.20　选取截面线串 1

选取该曲线为引导线串 1

图 5.2.21　选取引导线串 1

5.2.3 样式扫掠

使用"样式扫掠"命令可以根据一组曲线快速制定精确、光顺的自由曲面，最多可以选取两组引导线串和两组截面线串。定义样式扫掠的方式是一个或两个截面沿指定的引导线串移动，也可以使用接触曲线或脊曲线来定义曲面的方位。动态编辑工具可以帮助用户浏览设计，实时更改设计，这样用户就可以体会所生成曲面的美学效果或工程意义。下面通过创建图 5.2.22 所示的曲面来说明创建样式扫掠的一般操作过程。

Step1. 打开文件 D:\ugnx12.8\work\ch05.02\styled_swept.prt。

Step2. 选择下拉菜单 插入(S) ➡ 扫掠(W)▶ ➡ 样式扫掠(Y)... 命令，系统弹出图 5.2.23 所示的"样式扫掠"对话框。

a）曲线串

b）扫描的曲面

图 5.2.22 样式扫掠创建曲面   图 5.2.23 "样式扫掠"对话框

图 5.2.23 所示"样式扫掠"对话框中部分选项的说明如下。

● 固定线串 下拉列表：包含 引导 、 截面 和 引导线和截面 三个选项，用于指定扫掠与引导线串、截面线串或两者保持接触。如果用户选择引导线与截面，则中心点定位和旋转形状控制将不可用。

● 截面方向 下拉列表：包含 平移 、 保持角度 、 设为垂直 和 用户定义 四个选项。

  ☑ 平移：通过在沿引导线串平移截面的同时保持截面的全局方向来创建扫掠。注意，当用户选择此方向时将没有参考选项。

  ☑ 保持角度：当沿引导线串扫掠截面时使截面保持它们与参考之间的初始角度。

  ☑ 设为垂直：将截面置于在沿引导曲线的每个点上都垂直于参考的平面中。

  ☑ 用户定义：使用定位算法自动定位扫掠，其中截面垂直于引导线串。方位是通过引导线串的起点和终点连线的本地相切法向来定义的。

● 形状控制 区域：包含 枢轴点位置 、 旋转 、 缩放 和 部分扫掠 四个选项。

  ☑ 枢轴点位置（枢轴点位置）：手柄允许用户沿着 X、Y、Z 轴移动样式扫掠。

  ☑ 旋转（旋转）：从指定的点开始将曲面旋转指定的角度。

  ☑ 缩放（缩放）：手柄允许用户调整样式扫掠的大小。

  ☑ 部分扫掠（部分扫掠）：手柄允许用户调整扫掠样式边的外部限制。

Step3. 设置对话框选项。在"样式扫掠"对话框的 固定线串 下拉列表中选择 引导 选项，在 形状控制 区域的 方法 下拉列表中选择 枢轴点位置 选项。

Step4. 定义截面线串。在图形区选择图 5.2.24 所示的曲线 1 为截面线串，单击中键确认。

Step5. 定义引导线串。再次单击中键之后，选取图 5.2.24 所示的曲线 2 为引导线串 1，单击中键确认。

Step6. 单击图 5.2.25 所示的基点，沿引导线和截面线分别拖动基点，结果如图 5.2.26 所示。

图 5.2.24　选取参照曲线

图 5.2.25　显示基点

Step7. 在"样式扫掠"对话框中单击 〈 确定 〉 按钮，完成样式扫掠曲面的创建，如图 5.2.27 所示。

图 5.2.26　拖动基点

图 5.2.27　样式扫掠

5.2.4　变化的扫掠

使用 命令可以沿着路径创建有变化的扫掠主截面线的实体或曲面。用户可从单个主横截面在一个特征中创建多个体。

主横截面是使用草图生成器中路径上的草图选项创建的草图。为草图选择的路径定义草图在路径上的原点。用户可使用草图生成器的相交命令添加可选导轨，以便在主横截面沿路径扫掠时用作其引导线，导轨可为曲线或边缘。

用户可定义路径上草图的部分或全部几何体，以便用作扫掠的主横截面。在扫掠过程中，主横截面不能保持恒定，它可能随路径位置函数和草图内部约束而更改其几何形状。

只要参与操作的导轨没有明显偏离，扫掠就将跟随整个路径。如果导轨偏离过多，则系统能通过导轨和路径之间的最后一个可用的交点确定路径长度，系统可根据需要延伸导轨。下面通过创建图 5.2.28 所示的曲面来说明创建变化的扫掠的一般步骤。

a）曲线串　　　　　　　　　　　　　　　　　b）扫描曲面

图 5.2.28　创建变化的扫掠曲面

Step1. 打开文件 D:\ugnx12.8\work\ch05.02\variational_sweep.prt。

Step2. 选择下拉菜单 插入(S) ➡ 扫掠(W)▶ ➡ 变化扫掠(V)... 命令，系统弹出图 5.2.29 所示的"变化扫掠"对话框。

图 5.2.29　"变化扫掠"对话框

图 5.2.29 所示"变化扫掠"对话框中部分按钮的说明如下。

- ：定义新草图截面为扫掠截面。
- ：选择存在的曲线为扫掠截面。

Step3. 选择绘制截面命令。在"变化扫掠"对话框中单击 按钮。

Step4. 定义路径。选取图 5.2.30 所示曲线上的一点，在"变化扫掠"对话框 平面位置 区域的 位置 下拉列表中选择 弧长 选项，在 弧长 文本框中输入值 0，单击 确定 按钮，进入草图平面。

Step5. 创建图 5.2.31 所示的曲线 1 与草图平面的交点 1。选择下拉菜单 插入(S) ➡ 来自曲线集的曲线(F) ▶ ➡ ↗ 交点(N)... 命令，选取图 5.2.31 所示的曲线 1 为要相交的曲线，单击 < 确定 > 按钮。

Step6. 绘制截面线串。绘制图 5.2.32 所示的截面线串，两个端点分别在原点和交点 1 上。

| 图 5.2.30　输入参数 | 图 5.2.31　创建交点 1 | 图 5.2.32　绘制截面线串 |

Step7. 单击 完成 按钮，完成草图定义。

Step8. 单击 < 确定 > 按钮，完成扫掠曲面的创建。

5.2.5　管道

使用 管(T)... 命令可以通过沿着一个或多个曲线对象扫掠用户指定的圆形截面来创建实体。系统允许用户定义截面的外径值和内径值。用户可以使用此选项来创建线捆、电气线路、管、电缆或管路应用。创建图 5.2.33 所示的管道的一般操作过程如下。

图 5.2.33　创建管道

Step1. 打开文件 D:\ugnx12.8\work\ch05.02\tube.prt。

Step2. 选择下拉菜单 插入(S) ➡ 扫掠(W)▶ ➡ 管(T)... 命令，系统弹出图 5.2.34 所示的"管"对话框。

Step3. 定义引导线。选择图 5.2.33a 所示的曲线为引导线。

Step4. 设置内外直径的大小。在"管"对话框 横截面 区域的 外径 文本框中输入值 8，在 内径文本框中输入值 5。

图 5.2.34　"管"对话框

Step5. 单击 确定 按钮，完成管道的创建。

5.3　桥　接　曲　面

使用 桥接(B)... 命令可以在两个曲面间建立一张过渡曲面，且可以在桥接和定义面之间指定相切连续性或曲率连续性，还可以选择侧面或线串（至多两个，任意组合）或拖动选项来控制桥接片体的形状。

下面通过创建图 5.3.1 所示的桥接曲面来说明拖动控制桥接操作的一般过程。

a）曲面组　　　　　　　　　　　　　　　　　　　b）桥接的曲面

图 5.3.1　拖动控制方式创建桥接曲面

Step1. 打开文件 D:\ugnx12.8\work\ch05.03\bridge_surface01.prt。

Step2. 选择下拉菜单 插入(S) ➡ 细节特征(L)▶ ➡ 桥接(B)... 命令，系统弹出图 5.3.2 所示的"桥接曲面"对话框。

图 5.3.2　"桥接曲面"对话框

Step3. 定义桥接边。选取图 5.3.3 所示的两条曲面边线为桥接边，结果如图 5.3.4 所示。

Step4. 单击 < 确定 > 按钮，完成桥接曲面的创建。

图 5.3.3　选取主面　　　　　　　　　图 5.3.4　定义桥接边

5.4　艺　术　曲　面

UG NX 12.0 允许用户使用预设置的曲面构造方法快速、简捷地创建艺术曲面。创建艺术曲面之后，通过添加或删除截面线串和引导线串可以重新构造曲面。该工具还提供了连续性控制和方向控制选项。

5.4.1　艺术曲面构建方法

艺术曲面在 UG 中的曲面构建，尤其是高质量曲面的构建中起着非常重要的作用，在设计有较高要求的产品外观时是十分实用的。下面以选择不同条数的截面线或引导线的方式来讲解艺术曲面的创建过程。

方法一：利用一条截面线串和一条引导线串进行创建艺术曲面 1，如图 5.4.1 所示。

a）曲线串　　　　　　　　　　　　　　b）创建的曲面

图 5.4.1　艺术曲面 1

方法一的创建过程如下。

Step1. 打开文件 D:\ugnx12.8\work\ch05.04\stidio_surface.prt。

Step2. 选择下拉菜单 插入(S) ➡ 网格曲面(M)▶ ➡ 艺术曲面(U)... 命令，系统弹出图 5.4.2 所示的"艺术曲面"对话框（一）。

Step3. 定义截面线。选取图 5.4.3 所示的曲线 1 为截面线，此时曲线 1 上出现图 5.4.3 所示的方向箭头，单击鼠标中键确认。

Step4. 定义引导线。再次单击中键后，在"上边框条"工具栏的"曲线规则"下拉列表中选择 单条曲线 选项，然后选取图 5.4.3 所示的曲线 2 为引导线。此时曲线 2 上出现图 5.4.3

所示的方向箭头。曲面形状预览如图 5.4.4 所示。

图 5.4.2 "艺术曲面"对话框(一)

图 5.4.3 选择曲线

图 5.4.4 曲面预览

Step5. 单击 < 确定 > 按钮,完成艺术曲面的创建。

方法二: 利用一条截面线串和两条引导线串进行创建艺术曲面 2,如图 5.4.5 所示。

a)选取曲线串

b)创建艺术曲面

图 5.4.5 艺术曲面 2

方法三: 利用两条截面线串和两条引导线串进行创建艺术曲面 3,如图 5.4.6 所示。

a)选取曲线串

图 5.4.6 艺术曲面 3

b)创建艺术曲面

方法四: 利用两条截面线串进行创建艺术曲面 4,如图 5.4.7 所示。

a)选取曲线串

图 5.4.7 艺术曲面 4

b)创建艺术曲面

方法五：利用多条截面线串和引导线串进行创建艺术曲面 5，如图 5.4.8 所示。

a）选取曲线串

图 5.4.8 艺术曲面 5

b）创建艺术曲面

方法五的创建过程如下。

Step1. 打开文件 D:\ugnx12.8\work\ch05.04\stidio_surface_nn.prt。

Step2. 选择下拉菜单 插入(S) ➡ 网格曲面(M)▶ ➡ 艺术曲面(U)... 命令，系统弹出图 5.4.9 所示的"艺术曲面"对话框（二）。

图 5.4.9 "艺术曲面"对话框（二）

图 5.4.9 所示"艺术曲面"对话框（二）中部分选项的说明如下。

● 连续性 区域: 用于对所生成曲面的起始端和终止端定义约束条件。

☑ ✓ 全部应用 ：截面和引导线连续方式相同。

第一截面 、 最后截面 、 第一条引导线 和 最后一条引导线 的连续方式分为以下三种。

☑ G0（位置）：点连续，无约束。

☑ G1（相切）：生成的曲面与指定面相切连续。

☑ G2（曲率）：生成的曲面与指定面曲率连续。

Step3. 定义截面线串。在图形区选择图 5.4.10 所示的曲线 1 为截面线 1，此时曲线 1 上出现图 5.4.10 所示的方向箭头，单击鼠标中键确认；选取图 5.4.10 所示的曲线 2 为截面线 2，此时曲线 2 上出现图 5.4.10 所示的方向箭头，单击鼠标中键确认；选取图 5.4.10 所示的曲线 3 为截面线 3，此时曲线 3 上出现图 5.4.10 所示的方向箭头，单击鼠标中键确认。

Step4. 定义引导线串。在 引导（交叉）曲线 区域中单击 选择曲线 (0) 右侧的 按钮，在"上边框条"工具栏的"曲线规则"下拉列表中选择 单条曲线 选项，在图形区选取图 5.4.11 所示的曲线 4 为引导线 1，此时曲线 4 上出现图 5.4.11 所示的方向箭头，单击鼠标中键确认；选取图 5.4.11 所示的曲线 5 为引导线 2，此时曲线 5 上出现图 5.4.11 所示的方向箭头，单击鼠标中键确认；选取图 5.4.11 所示的曲线 6 为引导线 3，此时曲线 6 上出现图 5.4.11 所示的方向箭头，单击鼠标中键确认。此时曲面的形状由这几条曲线完全控制。

注意： 在选择截面线组时要保证各自曲线的方向一致，否则不能生成正确的曲面。

Step5. 在"艺术曲面"对话框中单击 ＜ 确定 ＞ 按钮，完成艺术曲面的创建。

图 5.4.10　选取截面线串

图 5.4.11　选取引导线串

5.4.2　艺术曲面应用范例

本例通过综合使用以上各种方法来创建艺术曲面，并进行加厚处理，如图 5.4.12 所示。下面介绍具体操作过程。

a）草图曲线

图 5.4.12　创建曲面

b）创建的曲面

Stage1. 创建曲线

Step1. 新建一个三维模型文件，命名为 mouse_cover。

Step2. 创建图 5.4.13 所示的曲线 1。

（1）选择下拉菜单 插入(S) ➡ 在任务环境中绘制草图(V)... 命令。

（2）选取 XY 基准平面为草图平面，接受系统默认的方向，单击 确定 按钮进入草图环境。

（3）绘制图 5.4.14 所示的截面草图。

（4）单击 完成 按钮，退出草图环境。

Step3. 创建图 5.4.15 所示的曲线 2。

（1）选择下拉菜单 插入(S) ➡ 派生曲线(U) ➡ 镜像(M) 命令，系统弹出"镜像曲线"对话框。

图 5.4.13　创建曲线 1

图 5.4.14　绘制截面草图

图 5.4.15　创建曲线 2

（2）定义镜像曲线。选择 Step2 中所绘制的曲线 1 为要镜像的曲线。

（3）定义镜像平面。选取 YZ 基准平面为镜像平面，其他参数采用系统默认设置。

（4）单击 确定 按钮，完成曲线 2 的创建。

Step4. 创建图 5.4.16 所示的曲线 3。

（1）选择下拉菜单 插入(S) ➡ 基准/点(D) ➡ 基准平面(D)... 命令，系统弹出"基准平面"对话框。

（2）在"基准平面"对话框 类型 区域的下拉列表中选择 点和方向 选项，选取曲线 2 的端点，在 法向 区域 指定矢量 右侧的下拉列表中选择 YC 选项；单击 < 确定 > 按钮，完成图 5.4.17 所示基准平面 1 的创建。

（3）选择下拉菜单 插入(S) ➡ 在任务环境中绘制草图(V)... 命令。

（4）选取基准平面 1 为草图平面，接受系统默认的方向；单击 确定 按钮进入草图环境。

（5）绘制图 5.4.18 所示的截面草图。

（6）单击 完成 按钮，退出草图环境。

图 5.4.16　创建曲线 3

图 5.4.17　基准平面 1

图 5.4.18　绘制截面草图

Step5. 创建图 5.4.19 所示的曲线 4。

（1）选择下拉菜单 插入(S) ➡ 【在任务环境中绘制草图(V)...】命令。

（2）设置 XY 基准平面为草图平面，接受系统默认的方向，单击 确定 按钮进入草图环境。

（3）绘制图 5.4.19 所示的截面草图。

（4）单击 按钮，退出草图环境。

Step6. 创建图 5.4.20 所示的曲线 5。

（1）选择下拉菜单 插入(S) ➡ 【在任务环境中绘制草图(V)...】命令。

（2）选择 XZ 基准平面为草图平面，单击 确定 按钮进入草图环境。

（3）绘制图 5.4.21 所示的曲线。

图 5.4.19 创建曲线 4　　图 5.4.20 创建曲线 5（建模环境）　　图 5.4.21 绘制曲线 5 （草图环境）

（4）单击 按钮，退出草图环境。

Stage2. 创建图 5.4.22 所示的艺术曲面 1

Step1. 选择下拉菜单 插入(S) ➡ 【网格曲面(M)▶】 ➡ 【艺术曲面(U)...】命令，系统弹出"艺术曲面"对话框。

Step2. 在"上边框条"工具栏的"曲线规则"下拉列表中选择 单条曲线 选项，然后在图形区选取图 5.4.23 所示的曲线 1 为截面线，此时曲线 1 上出现图 5.4.23 所示的方向箭头，单击鼠标中键确认。

Step3. 再次单击中键后，选取图 5.4.23 所示的曲线 2 为引导线，此时曲线 2 上出现图 5.4.23 所示的方向箭头，曲面形状预览如图 5.4.24 所示。

Step4. 单击 < 确定 > 按钮，完成艺术曲面 1 的创建。

图 5.4.22 创建艺术曲面 1　　图 5.4.23 选择参照曲线　　图 5.4.24 曲面形状预览

Stage3. 创建图 5.4.25 所示的艺术曲面 2

Step1. 选择下拉菜单 插入(S) ➡ 【网格曲面(M)▶】 ➡ 【艺术曲面(U)...】命令，系统弹出"艺术曲面"对话框。

Step2. 在图形区选取图 5.4.26 所示的曲线 1 为截面线 1，此时曲线 1 上出现图 5.4.26 所示的方向箭头，单击鼠标中键确认；选取图 5.4.26 所示的曲线 2 为截面线 2，此时曲线 2 上出现图 5.4.26 所示的方向箭头；单击鼠标中键确认。

Step3. 在"艺术曲面"对话框中单击 引导（交叉）曲线 区域 选择曲线 (0) 右侧的 按钮。选取图 5.4.26 所示的曲线 3 为引导线 1，此时曲线 3 上出现图 5.4.26 所示的方向箭头，单击鼠标中键确认；选取图 5.4.26 所示的曲线 4 为引导线 2，此时曲线 4 上出现图 5.4.26 所示的方向箭头，单击鼠标中键确认。

Step4. 在 连续性 区域的 第一截面 下拉列表中选择 G1（相切）选项，选取艺术曲面 1 为约束面。

注意：选择约束面时所选的面一定要和截面线串相对应，否则最后不能生成正确的曲面。

Step5. 单击 < 确定 > 按钮，完成艺术曲面 2 的创建，结果如图 5.4.27 所示。

图 5.4.25　艺术曲面 2

图 5.4.26　选取曲线参照

图 5.4.27　创建艺术曲面 2

Stage4. 创建图 5.4.28 所示的艺术曲面 3

Step1. 选择下拉菜单 插入 (S) → 网格曲面 (M) → 艺术曲面 (U)... 命令，系统弹出"艺术曲面"对话框。

Step2. 在图形区选取图 5.4.29 所示的曲线 1，此时曲线 1 上出现图 5.4.29 所示的方向箭头，单击鼠标中键确认。

Step3. 在图形区选取图 5.4.29 所示的曲线 2，此时曲线 2 上出现图 5.4.29 所示的方向箭头，单击鼠标中键确认。

Step4. 在"艺术曲面"对话框 连续性 区域的 第一截面 下拉列表中选择 G1（相切）选项，选取艺术曲面 2 为相切约束面。

Step5. 单击 < 确定 > 按钮，完成艺术曲面 3 的创建，结果如图 5.4.30 所示。

图 5.4.28　艺术曲面 3

图 5.4.29　选取截面曲线

图 5.4.30　创建艺术曲面 3

Stage5. 缝合曲面

Step1. 选择下拉菜单 插入 (S) → 组合 (B) → 缝合 (W)... 命令，系统弹出"缝合"

对话框。

Step2. 选取图 5.4.31 所示的目标体和工具体，其他参数采用系统默认设置。

Step3. 在 "缝合" 对话框中单击 确定 按钮，完成曲面的缝合操作。

Stage6. 去除收敛点，如图 5.4.32 所示

说明：三组截面线串相交于一点，则该点称为收敛点。如果曲面存在收敛点，则无法直接加厚，所以在加厚之前必须通过修剪、补片和缝合等操作去除收敛点。

Step1. 选择下拉菜单 插入(S) ➡ 设计特征(E)▶ ➡ 🔲 拉伸(E)... 命令，系统弹出 "拉伸" 对话框。

Step2. 单击 "绘制截面" 按钮 🔢，系统弹出 "创建草图" 对话框。

① 定义草图平面。选取 XY 基准平面为草图平面，单击 确定 按钮。

② 进入草图环境，绘制图 5.4.33 所示的截面草图（收敛点需要包含在绘制的矩形内）。

图 5.4.31　选取缝合曲面　　　图 5.4.32　去除收敛点　　　图 5.4.33　绘制截面草图

③ 单击 🏁 按钮，退出草图环境。

Step3. 定义拉伸参数。在 "拉伸" 对话框 限制 区域的 开始 下拉列表中选择 🔽 值 选项，并在其下的 距离 文本框中输入值 0；在 限制 区域的 结束 下拉列表中选择 🔽 值 选项，并在其下的 距离 文本框中输入值 50；在 布尔 区域的下拉列表中选择 🔽 减去 选项，采用系统默认求差对象。

Step4. 在 "拉伸" 对话框中单击 < 确定 > 按钮，完成曲面切除。

Stage7. 修补曲面，如图 5.4.34 所示

Step1. 选择下拉菜单 插入(S) ➡ 网格曲面(M)▶ ➡ 🔷 艺术曲面(U)... 命令，系统弹出 "艺术曲面" 对话框。

Step2. 定义截面线。在图形区选取图 5.4.35 所示的曲线 1 为截面线 1，单击鼠标中键确认；选取图 5.4.35 所示的曲线 2 为截面线 2，单击鼠标中键确认。此时曲线 1 和曲线 2 上出现图 5.4.35 所示的方向箭头。

Step3. 定义引导线。单击 引导(交叉)曲线 区域 选择曲线 (0) 右侧的 🔲 按钮，在图形区选取图 5.4.35 所示的曲线 3 为引导线 1，单击鼠标中键确认；选取图 5.4.35 所示的曲线 4 为引导线 2，单击鼠标中键确认，此时曲线 3 和曲线 4 上出现图 5.4.35 所示的方向箭头。

图 5.4.34 修补曲面

图 5.4.35 选取参照曲线

注意：选取曲线 4 时，必须首先在图 5.4.36 所示的"上边框条"工具栏中单击"在相交处停止"按钮 ，使该功能生效，否则不能准确选择曲线 4。

图 5.4.36 "在相交处停止"按钮

Step4. 定义连续性。在 连续性 区域的 第一截面 下拉列表中选择 G1（相切）选项，在 最后截面 下拉列表中选择 G1（相切）选项，在 第一条引导线 下拉列表中选择 G1（相切）选项，这三处约束相切均采用系统默认的相切约束面。

Step5. 单击 ＜ 确定 ＞ 按钮，完成一侧的修补曲面 1。

Step6. 选择下拉菜单 插入(S) ➡ 关联复制(A) ➡ 镜像特征(M)...命令，系统弹出"镜像特征"对话框。

Step7. 定义镜像对象。选取修补曲面 1 为要镜像的对象。

Step8. 定义镜像平面。选取 YZ 基准平面为镜像平面。

Step9. 单击 确定 按钮，完成另一侧的修补曲面 2。

Stage8. 缝合曲面

Step1. 选择下拉菜单 插入(S) ➡ 组合(B) ▶ ➡ 缝合(W)...命令，系统弹出"缝合"对话框。

Step2. 定义目标体和刀具体。选取图 5.4.37a 所示的曲面 1 为目标体，选取修补曲面 1 和修补曲面 2 为刀具体，其他参数采用系统默认设置。

Step3. 单击 确定 按钮，完成缝合曲面的创建。

a）曲面缝合前　　　　　　　　　　　　　　b）曲面缝合后

图 5.4.37 曲面缝合

Stage9. 片体加厚

Step1. 选择下拉菜单 插入(S) ➡ 偏置/缩放(O) ▶ ➡ 加厚(T)...命令，系统弹出"加厚"

对话框。

Step2. 选择 Stage8 中创建的缝合曲面为加厚对象，在"加厚"对话框 厚度 区域的 偏置 1 的文本框中输入值-1，其他参数采用系统默认设置。

Step3. 单击 < 确定 > 按钮，完成片体加厚。

5.5　截面扫掠曲面

截面扫掠曲面是扫掠曲面的一种，本软件中的翻译为"截面曲面"。该功能通过设置线性曲线、二次曲线、三次曲线和圆的参数来定义扫掠的截面，同时可以设置引导线、截面斜率控制曲线、肩曲线、脊线来控制曲面的形状。

选择下拉菜单 插入(S) ➡ 扫掠(W)▶ ➡ 截面(E)... 命令，系统弹出图 5.5.1 所示的"截面曲面"对话框，在其中可以创建截面扫掠曲面。

图 5.5.1　"截面曲面"对话框

图 5.5.1 所示"截面曲面"对话框中"类型"区域下拉列表中部分选项的说明如下。

根据截面的定义类型和控制方法的不同，创建截面扫掠曲面的方法有以下几种。

- ●　**二次**截面类型：片体的截面是二次曲线。
  - ☑　**肩线**（肩线）：使用起始引导线、终止引导线、肩曲线及起始和终止处的两个斜率来创建二次截面曲面。
  - ☑　**Rho**（Rho）：使用起始引导线、终止引导线、截面的 Rho 值及起始和终止处的两个斜率来创建二次截面曲面。
  - ☑　**高亮显示**（高亮显示）：使用起始引导线、终止引导线、相切于两条高亮显示曲线之间的一条线及起始和终止处的两个斜率来创建二次截面曲面。
  - ☑　**四点-斜率**（四点-斜率）：使用起始引导线、终止引导线、两条内部曲线及起始引导线的斜率来创建二次截面曲面。
  - ☑　**五点**（五点）：使用起始引导线、终止引导线及三条内部曲线来创建二次截面曲面。
- ●　**圆形**截面类型：片体的截面是圆弧。
  - ☑　**三点**（三点）：使用起始引导线、内部曲线及终止引导线来创建圆形截面曲面。
  - ☑　**两点-半径**（两点-半径）：使用起始引导线、终止引导线及半径来创建圆形截面曲面。
  - ☑　**两点-斜率**（两点-斜率）：使用起始引导线、终止引导线及起始引导线上的斜率来创建圆形截面曲面。
  - ☑　**半径-角度-圆弧**（半径-角度-圆弧）：使用起始引导线、半径、角度及起始引导线上的斜率来创建圆形截面曲面。
  - ☑　**中心半径**（中心半径）：使用中心引导线和半径来创建全圆截面曲面。
  - ☑　**相切-半径**（相切-半径）：使用中心引导线、相切端面及半径来创建圆形截面曲面。
- ●　**三次**截面类型：片体的截面是三次曲线。
  - ☑　**两个斜率**（两个斜率）：使用起始、终止引导线和起始、终止处的斜率来创建三次截面曲面。
  - ☑　**圆角-桥接**（圆角-桥接）：创建变次数的桥接截面曲面。
- ●　**线性**截面类型：片体的截面是线性曲线，创建线性截面曲面。

5.5.1　二次曲线截面

1. 肩曲线-按顶点

使用"肩曲线-按顶点"命令创建曲面时，用户需要指定起始引导线、终止引导线、顶线、肩曲线和脊线 5 组曲线。下面通过创建图 5.5.2 所示的曲面来说明创建截面曲面的一般操作过程。

a) 曲线串　　　　　　　　　　　　　　　　　　　b) 创建的曲面

图 5.5.2　用"肩曲线-按顶点"方式创建截面曲面

Step1. 打开文件 D:\ugnx12.8\work\ch05.05\section_surface_01.prt。

Step2. 选择下拉菜单 插入(S) ➡ 扫掠(W)▶ ➡ 截面(E)... 命令，系统弹出"截面曲面"对话框。

Step3. 在"截面曲面"对话框的 类型 下拉列表中选择 二次 选项，在 模式 下拉列表中选择 肩线 选项，在 斜率控制 区域选中 按顶点 单选项。

Step4. 选取图 5.5.3 所示的曲线 1 为起始引导线，单击鼠标中键确认。

曲线 3 ----　　　---- 曲线 4

---- 曲线 5

曲线 1 ----

---- 曲线 2

图 5.5.3　选取曲线

Step5. 选取图 5.5.3 所示的曲线 2 为终止引导线，单击鼠标中键确认。

Step6. 选取图 5.5.3 所示的曲线 3 为顶线，单击鼠标中键确认。

Step7. 选取图 5.5.3 所示的曲线 4 为肩曲线，单击鼠标中键确认。

Step8. 选取图 5.5.3 所示的曲线 5 为脊线。

Step9. 单击 < 确定 > 按钮，完成曲面的创建。

2. 肩曲线-按曲线

使用"肩曲线-按曲线"命令创建截面曲面时，用户需要指定起始引导线串、终止引导线串、起始斜率曲线、终止斜率曲线、肩曲线和脊线六条曲线。下面通过创建图 5.5.4 所示的曲面来说明创建截面曲面的一般操作过程。

a) 曲线串　　　　　　　　　　　　　　　　　　　b) 创建的曲面

图 5.5.4　"肩曲线-按曲线"方式创建截面曲面

Step1. 打开文件 D:\ugnx12.8\work\ch05.05\section_surface_02.prt。

Step2. 选择下拉菜单 插入(S) ➡ 扫掠(W)▶ ➡ 截面(E)... 命令，系统弹出"截面曲面"对话框。

Step3. 在"截面曲面"对话框的 **类型** 下拉列表中选择 **二次** 选项，在 **模式** 下拉列表中选择 **肩线** 选项，在 **斜率控制** 区域中选中 **按曲线** 单选项。

Step4. 选取图 5.5.5 所示的曲线 1 为起始引导线，单击鼠标中键确认。

图 5.5.5　选取曲线

Step5. 选取图 5.5.5 所示的曲线 4 为终止引导线，单击鼠标中键确认。

Step6. 选取图 5.5.5 所示的曲线 2 为起始斜率曲线，单击鼠标中键确认。

Step7. 选取图 5.5.5 所示的曲线 5 为终止斜率曲线，单击鼠标中键确认。

Step8. 选取图 5.5.5 所示的曲线 3 为肩曲线，单击鼠标中键确认。

Step9. 选取图 5.5.5 所示的曲线 6 为脊线。

Step10. 单击 **〈 确定 〉** 按钮，完成曲面的创建。

3. 肩曲线-按面

使用"肩曲线-按面"命令创建截面曲面时，用户需要指定起始引导线、终止引导线、起始面、终止面、肩曲线、脊线，创建的曲面与起始面、终止面相切连续。下面通过创建图 5.5.6 所示的曲面来说明创建截面曲面的一般操作过程。

a）曲线与曲面　　　　　　　　　　　　　　　　b）创建的曲面

图 5.5.6　"肩曲线-按面"方式创建截面曲面

Step1. 打开文件 D:\ugnx12.8\work\ch05.05\section_surface_03.prt。

Step2. 选择下拉菜单 **插入(S)** ➙ **扫掠(W)▶** ➙ **截面(E)...** 命令，系统弹出"截面曲面"对话框。

Step3. 在"截面曲面"对话框的 **类型** 下拉列表中选择 **二次** 选项，在 **模式** 下拉列表中选择 **肩线** 选项，在 **斜率控制** 区域中选中 **按面** 单选项。

图 5.5.7　选取曲面与曲线

Step4. 选取图 5.5.7 所示的曲线 1 为起始引导线，单击鼠标中键确认。

Step5. 选取图 5.5.7 所示的曲线 3 为终止引导线，单击鼠标中键确认。

Step6. 选取图 5.5.7 所示的曲面 1 为起始面，单击鼠标中键确认。

Step7. 选取图 5.5.7 所示的曲面 2 为终止面，单击鼠标中键确认。

Step8. 选取图 5.5.7 所示的曲线 2 为肩曲线，单击鼠标中键确认。

Step9. 选取图 5.5.7 所示的曲线 4 为脊线。

Step10. 单击 < 确定 > 按钮，完成曲面的创建。

4. Rho-按顶点

使用"Rho-按顶点"命令创建截面曲面时，用户需要指定起始引导线、终止引导线、顶线、脊线、Rho 值和 Rho 规律。下面通过创建图 5.5.8 所示的曲面来说明创建截面曲面的一般操作过程。

a）曲线串   b）创建的曲面

图 5.5.8   "Rho-按顶点"方式创建截面曲面

Step1. 打开文件 D:\ugnx12.8\work\ch05.05\section_surface_04.prt。

Step2. 选择下拉菜单 插入(S) ➡ 扫掠(W) ➡ 截面(E)... 命令，系统弹出图 5.5.9 所示的"截面曲面"对话框。

图 5.5.9   "截面曲面"对话框

Step3. 在"截面曲面"对话框的 类型 下拉列表中选择 二次 选项，在 模式 下拉列表中选择 Rho 选项，在 斜率控制 区域选中 按顶点 单选项。

Step4. 选取图 5.5.10 所示的曲线 1 为起始引导线，单击鼠标中键确认。

Step5. 选取图 5.5.10 所示的曲线 2 为终止引导线，单击鼠标中键确认。

Step6. 选取图 5.5.10 所示的曲线 3 为顶线，单击鼠标中键确认。

Step7. 选取图 5.5.10 所示的曲线 3 为脊线。

Step8. 在"截面曲面"对话框 截面控制 区域的 剖切方法 下拉列表中选择 Rho 选项，在 规律类型 下拉列表中选择 恒定 选项，在 值 文本框中输入值 0.7。

Step9. 单击 < 确定 > 按钮，完成曲面的创建。

说明：图 5.5.11 所示是剖切方法为最小拉伸时的曲面形状；在 规律类型 下拉列表中选择不同的规律类型选项并进行定义后，所生成的曲面形状会相应变化，图 5.5.12 ~ 图 5.5.14 所示为几种不同的曲面结果。

图 5.5.10　选取曲线　　图 5.5.11　最小拉伸曲面形状　　图 5.5.12　线性规律曲面

图 5.5.13　三次规律曲面　　　　图 5.5.14　沿着脊线的线性规律曲面

图 5.5.9 所示"截面曲面"对话框中部分选项的说明如下。

● U 向次数 下拉列表：用来控制垂直于脊线串方向上截面的外形。
 ☑ 二次：垂直于脊线串方向上截面的外形拟合方式为二次。
 ☑ 三次：垂直于脊线串方向上截面的外形拟合方式为三次。
 ☑ 五次：垂直于脊线串方向上截面的外形拟合方式为五次。

5. Rho-按曲线

使用"Rho-按曲线"命令创建截面曲面时，用户需要指定起始引导线、终止引导线、起始斜率曲线、终止斜率曲线、脊线和 Rho 值。下面通过创建图 5.5.15 所示的曲面来说明创建截面曲面的一般操作过程。

a）曲线串　　　　　　　　　　　　　b）创建的曲面

图 5.5.15　"Rho-按曲线"方式创建截面曲面

Step1. 打开文件 D:\ugnx12.8\work\ch05.05\section_surface_05.prt。

Step2. 选择下拉菜单 插入(S) ➡ 扫掠(W)▶ ➡ 截面(E)... 命令，系统弹出"截面曲面"对话框。

Step3. 在"截面曲面"对话框的 类型 下拉列表中选择 二次 选项，在 模式 下拉列表中选择 Rho 选项，在 斜率控制 区域中选中 按曲线 单选项。

Step4. 选取图 5.5.16 所示的曲线 1 为起始引导线，单击鼠标中键确认。

图 5.5.16 选取曲线

Step5. 选取图 5.5.16 所示的曲线 3 为终止引导线，单击鼠标中键确认。

Step6. 选取图 5.5.16 所示的曲线 2 为起始斜率曲线，单击鼠标中键确认。

Step7. 选取图 5.5.16 所示的曲线 4 为终止斜率曲线，单击鼠标中键确认。

Step8. 在 脊线 区域选中 按曲线 单选项，选取图 5.5.16 所示的曲线 5 为脊线。

Step9. 在"截面曲面"对话框 截面控制 区域的 剖切方法 下拉列表中选择 Rho 选项，在 规律类型 下拉列表中选择 恒定 选项，在 值 文本框中输入值 0.6。

Step10. 单击 < 确定 > 按钮，完成曲面的创建。

6. Rho-按面

使用"Rho-按面"命令创建截面曲面时，用户需要指定起始引导线、终止引导线、起始面、终止面、脊线和 Rho 值。此方法创建的曲面与起始面和终止面相切。下面通过创建图 5.5.17 所示的曲面来说明创建截面曲面的一般操作过程。

a）曲面和曲线　　　　　　　　　　　　　　b）创建的曲面

图 5.5.17 "Rho-按面"方式创建截面曲面

Step1. 打开文件 D:\ugnx12.8\work\ch05.05\section_surface_06.prt。

Step2. 选择下拉菜单 插入(S) ➡ 扫掠(W)▶ ➡ 截面(E)... 命令，系统弹出"截面曲面"对话框。

Step3. 在"截面曲面"对话框的 类型 下拉列表中选择 二次 选项，在 模式 下拉列表中选择 Rho 选项，在 斜率控制 区域中选中 按面 单选项。

Step4. 选取图 5.5.18 所示的曲线 1 为起始引导线，单击鼠标中键确认。

Step5. 选取图 5.5.18 所示的曲线 2 为终止引导线，单击鼠标中键确认。

Step6. 选取图 5.5.18 所示的曲面 1 为起始面，单击鼠标中键确认。

图 5.5.18　选取曲面和曲线

Step7. 选取图 5.5.18 所示的曲面 2 为终止面，单击鼠标中键确认。

Step8. 在 脊线 区域选中 ⊙ 按曲线 单选项，选取图 5.5.18 所示的曲线 3 为脊线。

Step9. 在"截面曲面"对话框 截面控制 区域的 剖切方法 下拉列表中选择 最小拉伸 选项。

Step10. 单击 〈 确定 〉 按钮，完成曲面的创建。

7. 高亮显示-按顶点

使用"高亮显示-按顶点"命令创建截面曲面时，用户需要指定起始引导线、终止引导线、顶线、开始高亮显示曲线、结束高亮显示曲线和脊线，创建出的曲面为二次曲面，即垂直于脊线的平面与曲面的交线为二次曲线。下面通过创建图 5.5.19 所示的曲面来说明创建截面曲面的一般操作过程。

a）曲线串　　　　　　　　　　　　　　　　　b）创建的曲面

图 5.5.19　"高亮显示-按顶点"方式创建截面曲面

Step1. 打开文件 D:\ugnx12.8\work\ch05.05\section_surface_07.prt。

Step2. 选择下拉菜单 插入(S) ➡ 扫掠(W)▶ ➡ 🔷 截面(E)... 命令，系统弹出"截面曲面"对话框。

Step3. 在"截面曲面"对话框的 类型 下拉列表中选择 🔷 二次 选项，在 模式 下拉列表中选择 🔷 高亮显示 选项，在 斜率控制 区域中选中 ⊙ 按顶点 单选项。

Step4. 选取图 5.5.20 所示的曲线 1 为起始引导线，单击鼠标中键确认。

图 5.5.20　选取曲线

Step5. 选取图 5.5.20 所示的曲线 2 为终止引导线，单击鼠标中键确认。

Step6. 选取图 5.5.20 所示的曲线 3 为顶线，单击鼠标中键确认。

Step7. 选取图 5.5.20 所示的曲线 4 为起始高亮显示曲线，单击鼠标中键确认。

Step8. 选取图 5.5.20 所示的曲线 5 为终止高亮显示曲线，单击鼠标中键确认。

Step9. 在 脊线 区域选中 ⊙ 按曲线 单选项，选取图 5.5.20 所示的曲线 5 为脊线。

Step10. 单击 < 确定 > 按钮，完成曲面的创建。

所创建的截面曲面与以下三个直纹面都相切：起始引导线与顶线生成的直纹面，终止引导线与顶线生成的直纹面，开始高亮显示曲线与结束高亮显示曲线生成的直纹面。

8. 高亮显示-按曲线

使用"高亮显示-按曲线"命令创建截面曲面时，用户需要指定起始引导线、终止引导线、起始斜率曲线、终止斜率曲线、开始高亮显示曲线、结束高亮显示曲线和脊线 7 组曲线。创建出的曲面相切于起始引导线和起始斜率曲线的连线、终止引导线和终止斜率曲线的连线，还有开始高亮显示曲线、结束高亮显示曲线之间的连线。下面通过创建图 5.5.21 所示的曲面来说明创建截面曲面的一般操作过程。

a）曲线串　　　　　　　　　　　　　　　b）创建的曲面

图 5.5.21　"高亮显示-按曲线"方式创建截面曲面

Step1. 打开文件 D:\ugnx12.8\work\ch05.05\section_surface_08.prt。

Step2. 选择下拉菜单 插入(S) ➡ 扫掠(W)▶ ➡ 🔒 截面(E)... 命令，系统弹出"截面曲面"对话框。

Step3. 在"截面曲面"对话框的 类型 下拉列表中选择 🔵 二次 选项，在 模式 下拉列表中选择 ⬦ 高亮显示 选项，在 斜率控制 区域选中 ⊙ 按曲线 单选项。

Step4. 选取图 5.5.22 所示的曲线 1 为起始引导线，单击鼠标中键确认。

Step5. 选取图 5.5.22 所示的曲线 3 为终止引导线，单击鼠标中键确认。

Step6. 选取图 5.5.22 所示的曲线 2 为起始斜率曲线，单击鼠标中键确认。

Step7. 选取图 5.5.22 所示的曲线 4 为终止斜率曲线，单击鼠标中键确认。

Step8. 选取图 5.5.22 所示的曲线 5 为起始高亮显示曲线，单击鼠标中键确认。

Step9. 选取图 5.5.22 所示的曲线 6 为终止高亮显示曲线，单击鼠标中键确认。

Step10. 在 脊线 区域选中 ⊙ 按曲线 单选项，选取图 5.5.22 所示的曲线 7 为脊线。

图 5.5.22　选取曲线

Step11. 单击 < 确定 > 按钮，完成曲面的创建。

9. 高亮显示-按曲面

使用"高亮显示-按曲面"命令创建截面曲面时，用户需要指定起始引导线、终止引导线、起始面、终止面、开始高亮显示曲线、结束高亮显示曲线和脊线 7 组参数。创建出的曲面相切于起始面和终止面，并且相切于开始高亮显示曲线、结束高亮显示曲线之间的直纹曲面。下面通过创建图 5.5.23 所示的曲面来说明创建截面曲面的一般操作过程。

a) 曲面与曲线　　　　　　　　　　　　　　　　b) 创建的曲面

图 5.5.23 "高亮显示-按曲面"方式创建截面曲面

Step1. 打开文件 D:\ugnx12.8\work\ch05.05\section_surface_09.prt。

Step2. 选择下拉菜单 插入(S) ➡ 扫掠(W)▶ ➡ 截面(E)... 命令，系统弹出"截面曲面"对话框。

Step3. 在"截面曲面"对话框的 类型 下拉列表中选择 二次 选项，在 模式 下拉列表中选择 高亮显示 选项，在 斜率控制 区域选中 按面 单选项。

Step4. 选取图 5.5.24 所示的曲线 1 为起始引导线，单击鼠标中键确认。

Step5. 选取图 5.5.24 所示的曲线 2 为终止引导线，单击鼠标中键确认。

Step6. 选取图 5.5.24 所示的曲面 1 为起始面，单击鼠标中键确认。

曲线 3　曲线 4
曲线 1　曲线 2
曲面 1　曲面 2
曲线 5

图 5.5.24 选取曲面与曲线

Step7. 选取图 5.5.24 所示的曲面 2 为终止面，单击鼠标中键确认。

Step8. 选取图 5.5.24 所示的曲线 3 为起始高亮显示曲线，单击鼠标中键确认。

Step9. 选取图 5.5.24 所示的曲线 4 为终止高亮显示曲线，单击鼠标中键确认。

Step10. 在 脊线 区域选中 按曲线 单选项，选取图 5.5.24 所示的曲线 5 为脊线。

Step11. 单击 < 确定 > 按钮，完成曲面的创建。

10. 四点-斜率

使用"四点-斜率"命令创建截面曲面时，用户需要指定起始引导线、终止引导线、第一内部引导线 1、第二内部引导线 2、起始斜率曲线和脊线 6 组曲线。创建出的曲面通过起始引导线、终止引导线、第一内部引导线 1 和第二内部引导线 2。下面通过创建图 5.5.25 所示的曲面来说明创建截面曲面的一般操作过程。

Step1. 打开文件 D:\ugnx12.8\work\ch05.05\section_surface_10.prt。

a）曲线串　　　　　　　　　　　　　　b）创建的曲面

图 5.5.25　"四点-斜率"方式创建的截面曲面

Step2. 选择下拉菜单 插入(S) ➡ 扫掠(W)▶ ➡ 截面(E)... 命令，系统弹出"截面曲面"对话框。

Step3. 在"截面曲面"对话框的 类型 下拉列表中选择 二次 选项，在 模式 下拉列表中选择 四点-斜率 选项。

Step4. 选取图 5.5.26 所示的曲线 1 为起始引导线，单击鼠标中键确认。

图 5.5.26　选取曲线

Step5. 选取图 5.5.26 所示的曲线 5 为终止引导线，单击鼠标中键确认。

Step6. 选取图 5.5.26 所示的曲线 3 为第一内部引导线 1，单击鼠标中键确认。

Step7. 选取图 5.5.26 所示的曲线 4 为第二内部引导线 2，单击鼠标中键确认。

Step8. 选取图 5.5.26 所示的曲线 2 为起始斜率曲线，单击鼠标中键确认。

Step9. 在 脊线 区域选中 ⊙ 按曲线 单选项，选取图 5.5.26 所示的曲线 5 为脊线。

Step10. 单击 < 确定 > 按钮，完成曲面的创建。

11. 五点

使用"五点"方式创建截面曲面时，用户需要指定起始引导线、终止引导线、内部引导线 1、内部引导线 2、内部引导线 3 和脊线 6 组曲线。创建出的曲面完全通过除脊线以外的其他 5 组曲线。下面通过创建图 5.5.27 所示的曲面来说明创建截面曲面的一般操作过程。

Step1. 打开文件 D:\ugnx12.8\work\ch05.05\section_surface_11.prt。

Step2. 选择下拉菜单 插入(S) ➡ 扫掠(W)▶ ➡ 截面(E)... 命令，系统弹出"截面曲面"对话框。

Step3. 在"截面曲面"对话框的 类型 下拉列表中选择 二次 选项，在 模式 下拉列表中选择 五点 选项。

Step4. 选取图 5.5.28 所示的曲线 1 为起始引导线，单击鼠标中键确认。

Step5. 选取图 5.5.28 所示的曲线 5 为终止引导线，单击鼠标中键确认。

Step6. 选取图 5.5.28 所示的曲线 2 为内部引导线 1，单击鼠标中键确认。

Step7. 选取图 5.5.28 所示的曲线 3 为内部引导线 2，单击鼠标中键确认。

Step8. 选取图 5.5.28 所示的曲线 4 为内部引导线 3，单击鼠标中键确认。

Step9. 在 脊线 区域选中 ⊙ 按曲线 单选项，选取图 5.5.28 所示的曲线 5 为脊线。

a) 曲线串   b) 创建的曲面
图 5.5.27 "五点"方式创建截面曲面

曲线 2   曲线 3
曲线 1   曲线 4
          曲线 5
图 5.5.28 选取曲线

Step10. 单击 < 确定 > 按钮，完成曲面的创建。

5.5.2 圆形截面

1. 三点

使用"三点"命令创建截面曲面时，用户需要指定起始引导线、终止引导线、第一内部引导线和脊线四组曲线，创建出来的曲面为圆弧曲面，也就是说垂直于脊线的平面和曲面的交线为圆弧。下面通过创建图 5.5.29 所示的曲面来说明创建截面曲面的一般操作过程。

Step1. 打开文件 D:\ugnx12.8\work\ch05.05\section_surface_12.prt。

Step2. 选择下拉菜单 插入(S) ➡ 扫掠(W) ▶ ➡ 截面(E)... 命令，系统弹出"截面曲面"对话框。

Step3. 在"截面曲面"对话框的 类型 下拉列表中选择 圆形 选项，在 模式 下拉列表中选择 三点 选项。

a) 曲线组   b) 创建的曲面
图 5.5.29 "三点"方式创建截面曲面

曲线 4
曲线 2
曲线 1   曲线 3
图 5.5.30 选取曲线

Step4. 选取图 5.5.30 所示的曲线 1 为起始引导线，单击鼠标中键确认。

Step5. 选取图 5.5.30 所示的曲线 3 为终止引导线，单击鼠标中键确认。

Step6. 选取图 5.5.30 所示的曲线 2 为第一内部引导线，单击鼠标中键确认。

Step7. 选取图 5.5.30 所示的曲线 4 为脊线。

Step8. 单击 < 确定 > 按钮，完成曲面的创建。

2. 两点-半径

使用"两点-半径"命令创建截面曲面时，用户需要指定起始引导线、终止引导线、脊线和截面半径规律，创建出的曲面为圆弧曲面，即垂直于脊线的平面与曲面的交线为圆弧。
下面通过创建图 5.5.31 所示的曲面来说明创建截面曲面的一般操作过程。

Step1. 打开文件 D:\ugnx12.8\work\ch05.05\section_surface_13.prt。

Step2. 选择下拉菜单 插入(S) ➡ 扫掠(W)▶ ➡ ❖ 截面(E)... 命令，系统弹出"截面曲面"
对话框。

a）曲线串   b）创建的曲面

图 5.5.31   "两点-半径"方式创建截面曲面

Step3. 在"截面曲面"对话框的 类型 下拉列表中选择 圆形 选项，在 模式 下拉列表中
选择 ◆ 两点-半径 选项。

Step4. 选取图 5.5.32 所示的曲线 1 为起始引导线，单击鼠标中键确认。

Step5. 选取图 5.5.32 所示的曲线 2 为终止引导线，单击鼠标中键确认。

Step6. 在 脊线 区域选中 ⊙ 按曲线 单选项，选取图 5.5.32 所示的曲线 2 为脊线。

曲线 1   曲线 2

图 5.5.32   选取曲线

Step7. 在"截面曲面"对话框 截面控制 区域的 规律类型 下拉列表中选择 ⊢ 恒定 选项，在 值
文本框中输入值 10，单击 脊线 区域的"反向"按钮 ✕ 调整曲面方向。

Step8. 单击 < 确定 > 按钮，完成曲面的创建。

3. 两点-斜率

使用"两点-斜率"命令创建截面曲面时，用户需要指定起始引导线、终止引导线、起
始斜率曲线和脊线 4 组曲线。创建出的曲面是圆弧曲面。下面通过创建图 5.5.33 所示的曲
面来说明创建截面曲面的一般操作过程。

a）曲线串   b）创建的曲面

图 5.5.33   "两点-斜率"方式创建截面曲面

Step1. 打开文件 D:\ugnx12.8\work\ch05.05\section_surface_14.prt。

Step2. 选择下拉菜单 插入(S) ➡ 扫掠(W)▶ ➡ 截面(E)... 命令，系统弹出"截面曲面"对话框。

Step3. 在"截面曲面"对话框 类型 下拉列表中选择 圆形 选项，在 模式 下拉列表中选择 两点-斜率 选项。

Step4. 选取图 5.5.34 所示的曲线 1 为起始引导线，单击鼠标中键确认。

图 5.5.34　选取曲线

Step5. 选取图 5.5.34 所示的曲线 3 为终止引导线，单击鼠标中键确认。

Step6. 选取图 5.5.34 所示的曲线 2 为起始斜率曲线，单击鼠标中键确认。

Step7. 在 脊线 区域选中 ⦿ 按曲线 单选项，选取图 5.5.34 所示的曲线 4 为脊线。

Step8. 单击 < 确定 > 按钮，完成曲面的创建。

4. 半径-角度-圆弧

使用"半径-角度-圆弧"命令创建截面曲面时，用户需要指定起始引导线、起始面、半径、角度和脊线。创建出的曲面是圆弧面并与起始面相切。下面通过创建图 5.5.35 所示的曲面来说明创建截面曲面的一般操作过程。

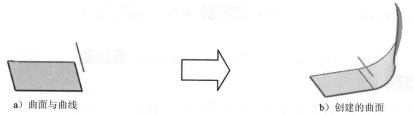

a）曲面与曲线　　　　　　　　　　　　b）创建的曲面

图 5.5.35　"半径-角度-圆弧"方式创建截面曲面

Step1. 打开文件 D:\ugnx12.8\work\ch05.05\section_surface_15.prt。

Step2. 选择下拉菜单 插入(S) ➡ 扫掠(W)▶ ➡ 截面(E)... 命令，系统弹出"截面曲面"对话框。

Step3. 在"截面曲面"对话框的 类型 下拉列表中选择 圆形 选项，在 模式 下拉列表中选择 半径-角度-圆弧 选项。

Step4. 选取图 5.5.36 所示的曲线 1 为起始引导线，单击鼠标中键确认。

Step5. 选取图 5.5.36 所示的曲面 1 为起始面，并单击 反向 后的 ✕ 按钮，单击鼠标中键确认。

Step6. 在 脊线 区域选中 ⦿ 按曲线 单选项，选取图 5.5.36 所示的曲线 2 为脊线。

Step7. 在"截面曲面"对话框 截面控制 区域 半径规律 下的 规律类型 下拉列表中选择 三次 选

项，在 起点 文本框中输入值 10，在 终点 文本框中输入值 20。

Step8. 在"截面曲面"对话框 截面控制 区域 角度规律 下的 规律类型 下拉列表中选择 三次 选项，在 起点 文本框中输入值 90，在 终点 文本框中输入值 120。

图 5.5.36 选取曲面与曲线

Step9. 在"截面曲面"对话框的 脊线 区域中单击 按钮，调整相切方向。

Step10. 单击 < 确定 > 按钮，完成曲面的创建。

5. 中心-半径

使用"中心-半径"命令创建截面曲面时，用户需要指定起始引导线、方位引导线、脊线和半径规律。下面通过创建图 5.5.37 所示的曲面来说明创建截面曲面的一般操作过程。

a）直线   b）创建的曲面

图 5.5.37 "中心-半径"方式创建截面曲面

Step1. 打开文件 D:\ugnx12.8\work\ch05.05\section_surface_16.prt。

Step2. 选择下拉菜单插入(S) ➡ 扫掠(W) ➡ 截面(E)... 命令，系统弹出"截面曲面"对话框。

Step3. 在"截面曲面"对话框的 类型 下拉列表中选择 圆形 选项，在 模式 下拉列表中选择 中心半径 选项。

Step4. 选取图 5.5.38 所示的曲线 1 作为起始引导线，单击鼠标中键确认。

Step5. 在"截面曲面"对话框 脊线 区域中选择 按曲线 单选项，选取图 5.5.38 所示的曲线 1 为脊线。

Step6. 在"截面曲面"对话框 截面控制 区域 半径规律 下的 规律类型 下拉列表中选择 沿脊线的三次 选项，在 指定新的位置 (0) 右侧的 下拉列表中单击 ＋ 按钮，选取图 5.5.38 所示的点 1，在弹出的动态文本框 点 1 后的文本框中输入值 2 并按 Enter 键确认。

图 5.5.38 选择直线与点

Step7. 参照 Step6 的操作，按顺序定义图 5.5.38 所示的点 2、点 3 和点 4，在弹出

的动态文本框 点2 、 点3 和 点4 后的文本框中分别输入值 3、7 和 10。

Step8. 定义特征的体类型。在 设置 区域的 体类型 下拉列表中选择 片体 选项，其他参数采用系统默认设置。

Step9. 单击 < 确定 > 按钮，完成曲面的创建。

6. 相切-半径

使用"相切-半径"命令创建截面曲面时，用户需要指定起始引导线、起始面和脊线，还需要定义半径规律。创建出的曲面为圆弧面，相切于起始面，并通过起始引导线。下面通过创建图 5.5.39 所示的曲面来说明创建截面曲面的一般操作过程。

a）直线与曲面　　　　　　　　　b）创建的曲面

图 5.5.39 "相切-半径"方式创建截面曲面

Step1. 打开文件 D:\ugnx12.8\work\ch05.05\section_surface_17.prt。

Step2. 选择下拉菜单 插入(S) ➡ 扫掠(W)▶ ➡ 截面(E)... 命令，系统弹出"截面曲面"对话框。

Step3. 在"截面曲面"对话框的 类型 下拉列表中选择 圆形 选项，在 模式 下拉列表中选择 相切-半径 选项。

Step4. 选取图 5.5.40 所示的曲线 1 为起始引导线，单击鼠标中键确认。

Step5. 选取图 5.5.40 所示的曲面 1 为起始面，单击鼠标中键确认。

Step6. 选取图 5.5.40 所示的曲线 1 为脊线。

曲面 1　　　　　　　　　　曲线 1

图 5.5.40 选取曲面与直线

Step7. 在"截面曲面"对话框 截面控制 区域的 剖切方法 下拉列表中选择 凹圆弧 选项，在 半径规律 下的 规律类型 下拉列表中选择 三次 选项，在 起点 文本框中输入值 30，在 终点 文本框中输入值 40。

Step8. 多次单击 显示备选解 右侧的 按钮，图形区会依次出现多个解的不同结果，找到用户所需要的结果，单击 < 确定 > 按钮，完成图 5.5.41 所示曲面 1 的创建。

Step9. 重复 Step2～Step6 的操作。

Step10. 在"截面曲面"对话框 截面控制 区域的 剖切方法 下拉列表中选择 凸圆弧 选项，在 半径规律 下的 规律类型 下拉列表中选择 恒定 选项，在 值 文本框中输入值 40，按 Enter 键确认。

Step11. 多次单击 显示备选解 右侧的 按钮，图形区会依次出现多个解的不同结果，找到用户所需要的结果，单击 〈 确定 〉 按钮，完成图 5.5.42 所示曲面 2 的创建。

图 5.5.41　生成的曲面 1　　　　　　　　　图 5.5.42　生成的曲面 2

5.5.3　三次曲线截面

1. 两个斜率

使用"两个斜率"命令创建截面曲面时，用户需要指定起始引导线、终止引导线、起始斜率曲线、终止斜率曲线和脊线 5 组曲线。创建出的曲面是三次函数规律曲面。下面通过创建图 5.5.43 所示的曲面来说明创建截面曲面的一般操作过程。

Step1. 打开文件 D:\ugnx12.8\work\ch05.05\section_surface_18.prt。

Step2. 选择下拉菜单 插入(S) ➡ 扫掠(W)▶ ➡ ⚙截面(E)... 命令，系统弹出"截面曲面"对话框。

Step3. 在"截面曲面"对话框的 类型 下拉列表中选择 三次 选项，在 模式 下拉列表中选择 两个斜率 选项。

Step4. 选取图 5.5.44 所示的曲线 1 为起始引导线，单击鼠标中键确认。

a）曲线串　　　　　　　　　b）创建的曲面

图 5.5.43　"两个斜率"方式创建截面曲面　　　　　图 5.5.44　选取曲线

Step5. 选取图 5.5.44 所示的曲线 3 终止引导线，单击鼠标中键确认。

Step6. 选取图 5.5.44 所示的曲线 2 为起始斜率曲线，单击鼠标中键确认。

Step7. 选取图 5.5.44 所示的曲线 4 为终止斜率曲线，单击鼠标中键确认。

Step8. 在 脊线 区域选中 ⊙ 按曲线 单选项，选取图 5.5.44 所示的曲线 2 为脊线。

Step9. 单击 〈 确定 〉 按钮，完成曲面的创建。

2. 圆角桥接

使用"圆角桥接"命令创建截面曲面时，用户需要指定起始引导线、终止引导线、起始面、终止面和脊线 5 组参数。创建出的曲面可与起始面和终止面相切或者曲率连续。截面控制方法有两种方式，即连续性和继承形状。连续性方式中又包括 G1（相切）、G2（曲率）和 G3（流）。下面只对 G1（相切）和继承形状这两种方式进行介绍。

方式一：G1（相切）

下面通过创建图 5.5.45 所示的曲面来说明创建圆角-桥接截面曲面的一般操作过程。

a）曲面与曲线串　　　　　　　　　　　　b）创建的曲面

图 5.5.45　"G1（相切）"方式创建桥接截面曲面

Step1. 打开文件 D:\ugnx12.8\work\ch05.05\section_surface_19_01.prt。

Step2. 选择下拉菜单 插入(S) ➡ 扫掠(W)▶ ➡ 截面(E)... 命令，系统弹出图 5.5.46 所示的"截面曲面"对话框。

Step3. 在"截面曲面"对话框的 类型 下拉列表中选择 三次 选项，在 模式 下拉列表中选择 圆角-桥接 选项。

Step4. 选取图 5.5.47 所示的曲线 1 为起始引导线，单击鼠标中键确认。

Step5. 选取图 5.5.47 所示的曲线 2 为终止引导线，单击鼠标中键确认。

Step6. 选取图 5.5.47 所示的曲面 1 为起始面，单击鼠标中键确认。

Step7. 选取图 5.5.47 所示的曲面 2 为终止面。

Step8. 在"截面曲面"对话框 截面控制 区域的 剖切方法 下拉列表中选择 连续性 选项，在 连续性 区域的 起始连续性 和 终止连续性 下拉列表中都选择 G1（相切）选项。

Step9. 在 控制区域 区域中选择 ◉起点 单选项，把 深度 滑块调成 60 左右；选择 ◉终点 单选项，把 深度 滑块调成 20 左右，曲面形状发生改变。

说明：单击滑块后，可以利用键盘上的方向键进行微调。

Step10. 单击 < 确定 > 按钮，完成曲面的创建。

图 5.5.46 所示"截面曲面"对话框中部分选项的说明如下。

● 控制区域 区域：定义曲面形状的控制区域。

　☑ ◉整个：控制整个曲面的形状。

　☑ ◉起点：只控制曲面起始引导线那一侧的形状。

　☑ ◉终点：只控制曲面终止引导线那一侧的形状。

● 深度：拖动滑块可以改变曲面 U 向二次曲线的 Rho 值，范围是 0～100。

● 歪斜度：拖动滑块可以改变曲面靠近起始面还是终止面，范围是 0 ~ 100。

图 5.5.46　"截面曲面"对话框　　　　图 5.5.47　选取曲面与曲线

方式二：继承形状

下面通过创建图 5.5.48 所示的曲面来说明创建圆角-桥接截面曲面的一般操作过程。

a) 曲面与曲线串　　　　　　　b) 创建的桥接曲面

图 5.5.48　"继承形状"方式创建圆角-桥接截面曲面

Step1. 打开文件 D:\ugnx12.8\work\ch05.05\section_surface_19_02.prt。

Step2. 选择下拉菜单 插入(S) ➡ 扫掠(W)▶ ➡ 截面(E)... 命令，系统弹出"截面曲面"对话框。

Step3. 在"截面曲面"对话框 类型 下拉列表中选择 三次 选项，在 模式 下拉列表中选择 圆角-桥接 选项，在 截面控制 区域的 剖切方法 下拉列表中选择 继承形状 选项。

Step4. 选取图 5.5.49 所示的曲线 1 为起始引导线，单击鼠标中键确认。

Step5. 选取图 5.5.49 所示的曲线 2 为终止引导线，单击鼠标中键确认。

Step6. 选取图 5.5.49 所示的曲面 1 为起始面，单击鼠标中键确认。

Step7. 选取图 5.5.49 所示的曲面 2 为终止面，单击鼠标中键确认。

Step8. 选取图 5.5.49 所示的曲线 3 为起始形状曲线。

Step9. 单击 选择终止形状曲线 右侧的 按钮，选取图 5.5.49 所示的曲线 4 为终止形状曲线，单击鼠标中键确认。

Step10. 在 脊线 区域选中 按曲线 单选项，选取图 5.5.49 所示的曲线 1 为脊线。

图 5.5.49　选取曲面与曲线

Step11. 单击 确定 按钮，完成曲面的创建。

5.5.4　线性截面

使用线性截面创建截面曲面时，用户需要指定起始引导线、起始面和脊线，并且还需要定义角度规律。创建出的曲面通过起始引导线相切于起始面。下面通过创建图 5.5.50 所示的曲面来说明创建截面曲面的一般操作过程。

a）曲面与曲线　　　　　　　　　　　　b）创建的曲面

图 5.5.50　"线性"方式创建截面曲面

Step1. 打开文件 D:\ugnx12.8\work\ch05.05\section surface_20.prt。

Step2. 选择下拉菜单 插入(S) ➡ 扫掠(W)▶ ➡ 截面(E)... 命令，系统弹出"截面曲面"对话框。

Step3. 在"截面曲面"对话框的 类型 下拉列表中选择 线性 选项。

Step4. 选取图 5.5.51 所示的曲线 1 为起始引导线，单击鼠标中键确认。

Step5. 选取图 5.5.51 所示的曲面为起始面，单击鼠标中键确认。

图 5.5.51　选取曲面与曲线

Step6. 在 脊线 区域选中 ⊙ 按曲线 单选项，选取图 5.5.51 所示的曲线 2 为脊线。

Step7. 在"截面曲面"对话框 截面控制 区域 角度规律 下的 规律类型 下拉列表中选择 恒定 选项，多次单击 显示备选解 右侧的 🔄 按钮，图形区会依次出现多个解的不同结果，如图 5.5.52 所示，找到用户所需要的结果。

a）解一　　　　　　　b）解二　　　　　　　c）解三

图 5.5.52　备选解示意图

Step8. 单击 〈 确定 〉 按钮，完成曲面的创建。

5.6　N 边 曲 面

使用 🖾 N 边曲面(N)... 命令可以通过使用不限数目的曲线或边建立一个曲面，并指定其与外部曲面的连续性，所用的曲线或边组成一个简单的、封闭的环，可以用来填补曲面上的洞。形状控制选项可用来修复中心点处的尖角，同时保持与原曲面之间的连续性约束。该操作有两种生成曲面的类型，下面分别进行介绍。

1. 已修剪的 N 边曲面

已修剪的类型用于创建单个 N 边曲面，并且覆盖选定曲面的封闭环内的整个区域。下面通过创建图 5.6.1 所示的曲面来说明创建已修剪的 N 边曲面的一般操作过程。

a）创建前　　　　　　　　b）创建后

图 5.6.1　创建 N 边曲面

Step1. 打开文件 D:\ugnx12.8\work\ch05.06\N_side_surface_1.prt。

Step2. 选择下拉菜单 插入(S) ➡ 网格曲面(M)▶ ➡ 🖾 N 边曲面... 命令，系统弹出图 5.6.2 所示的"N 边曲面"对话框。

Step3. 在 类型 区域下选择 🏵 已修剪 选项，在图形区选取图 5.6.3 所示的曲线为边界曲线。

Step4. 单击 约束面 区域下 选择面 (0) 右侧的 🔲 按钮，选取图 5.6.4 所示的曲面为约束面，在 UV 方位 下拉列表中选择 区域 选项，在 设置 区域选中 ☑ 修剪到边界 复选框。

Step5. 在"N 边曲面"对话框（一）中单击 〈 确定 〉 按钮，完成 N 边曲面的创建。

图 5.6.2 "N 边曲面"对话框（一）

图 5.6.3 选取边界曲线

图 5.6.4 选取约束面

图 5.6.2 所示"N 边曲面"对话框（一）中部分选项的说明如下。

● 类型 区域

  ☑ 🏵 已修剪：用于创建单个曲面，覆盖选定曲面中封闭环内的整个区域。

  ☑ ✹ 三角形：用于创建一个由单独的、三角形补片构成的曲面，每个补片由各条边和公共中心点之间的三角形区域组成。

● UV 方位 下拉列表

  ☑ 脊线：选取脊线曲线来定义新曲面的 V 方向。

☑ <u>矢量</u>: 通过 "矢量方法" 来定义新曲面的 V 方向。

☑ <u>区域</u>: 通过两个对角点来定义 WCS 平面上新曲面的矩形 UV 方向。

● ☑ <u>修剪到边界</u>: 指定是否按边界曲线对所生成的曲面进行修剪。

2. 三角形 N 边曲面

三角形类型可以创建一个由单独的、三角形补片构成的曲面,每个补片由各条边和公共中心点之间的三角形区域组成。下面通过创建图 5.6.5 所示的曲面来说明创建三角形 N 边曲面的一般操作过程。

a) 曲面　　　　　　　　　　　　　　　　b) N 边曲面

图 5.6.5 　创建三角形 N 边曲面

Step1. 打开文件 D:\ugnx12.8\work\ch05.06\N_side_surface_2.prt。

Step2. 选择下拉菜单 <u>插入 (S)</u> ➡ <u>网格曲面 (M)▶</u> ➡ <u>N 边曲面 (N)...</u> 命令,在系统弹出的图 5.6.6 所示的 "N 边曲面" 对话框(二)的 <u>类型</u> 下拉列表中选择 <u>三角形</u> 选项。

图 5.6.6 　"N 边曲面" 对话框(二)

Step3. 选取图 5.6.7 所示的 6 条曲线为边界曲线。

Step4. 单击 <u>选择面 (0)</u> 右侧的 <u>⬚</u> 按钮,选取图 5.6.8 所示的 6 个曲面为约束面。

Step5. 在"N边曲面"对话框中单击 < 确定 > 按钮，完成 N 边曲面的创建。

六条边界曲线

图 5.6.7　选取边界曲线

选取约束面

图 5.6.8　选取约束面

图 5.6.6 所示"N 边曲面"对话框（二）中部分选项的说明如下。

- 中心控制 区域的 控制 下拉列表
  - ☑ 位置：将 X、Y、Z 滑块设定为"位置"模式来移动曲面中心点的位置。当拖动 X、Y 或 Z 滑块时，中心点在指定的方向上移动。
  - ☑ 倾斜：将 X、Y 滑块设定为"倾斜"模式，用来倾斜曲面中心点所在的 X 平面和 Y 平面。当拖动 X 或 Y 滑块时，中心点的平面法向在指定的方向倾斜，中心点的位置不改变。在使用"倾斜"模式时，Z 滑块不可用。
- X：沿着曲面中心点的 X 法向轴重定位或倾斜。
- Y：沿着曲面中心点的 Y 法向轴重定位或倾斜。
- Z：沿着曲面中心点的 Z 法向轴重定位或倾斜。
- 中心平缓：用户可借助此滑块使曲面上下凹凸，如同泡沫的效果。如果采用"三角形"方式，则中心点不受此选项的影响。
- 流向 下拉列表：包含未指定、垂直、等 U/V 线和相邻边四个选项。
  - ☑ 未指定：生成片体的 UV 参数和中心点等距。
  - ☑ 垂直：生成曲面的 V 方向等参数直线，以垂直于该边的方向开始于外侧边。只有当环中所有的曲线或边至少连续相切时才可用。
  - ☑ 等 U/V 线：生成曲面的 V 方向等参数直线开始于外侧边并沿着外侧表面的 U/V 方向，只有当边界约束为斜率或曲率且已经选取了面时才可用。
  - ☑ 相邻边：生成曲面的 V 方向等参数线将沿着约束面的侧边。
- ↵：把"形状控制"界面的所有设置返回到系统默认位置。
- 约束面 下拉列表：各个选项生成曲面的不同形状，如图 5.6.9～图 5.6.11 所示。

图 5.6.9　G0（位置）

图 5.6.10　G1（相切）

图 5.6.11　G2（曲率）

5.7　弯边曲面

轮廓线弯边曲面就是用参考曲面的边缘，或者曲面上的曲线按照指定的方向拉伸生成一张面，并且在拉伸面与参考面之间创建一个圆角过渡曲面。轮廓线弯边曲面有"基本""绝对缝隙""视觉差"三种类型。

1. 基本的轮廓线弯边

创建图 5.7.1 所示轮廓线弯边的一般操作过程如下。

a）创建前   b）创建后

图 5.7.1   创建基本的轮廓线弯边曲面

Step1. 打开文件 D:\ugnx12.8\work\ch05.07\silhouette_flange_1.prt。

Step2. 选择下拉菜单 插入(S) ➡ 弯边曲面(G)▶ ➡ 轮廓线弯边(F)... 命令，系统弹出"轮廓线弯边"对话框，如图 5.7.2 所示。

图 5.7.2   "轮廓线弯边"对话框

图 5.7.2 所示"轮廓线弯边"对话框中部分选项的说明如下。

● 类型区域：用于选择轮廓线弯边的类型。

　☑ 基本尺寸：用于选择片体边缘或曲线创建弯边曲面。

　☑ 绝对差：相对于现有的弯边创建弯边曲面，且采用恒定间隙来分隔弯边元素。

　☑ 视觉差：相对于现有的弯边创建弯边曲面，且采用视觉差来分隔弯边元素。

Step3. 在"轮廓线弯边"对话框的类型下拉列表中选择 基本尺寸选项，在图形区中选取图 5.7.3 所示的曲面边缘，单击鼠标中键确认。

Step4. 选取图 5.7.3 所示的曲面，单击鼠标中键确认；在方向下拉列表中选择垂直拔模选项，并在*指定矢量 (0)右侧的下拉列表中选择YC选项。

说明：如果没有出现图 5.7.4 所示的预览效果，可以单击对话框中的"反转弯边方向"按钮和"反转弯边侧"按钮来调整曲面预览。

图 5.7.3　选取曲面和边缘

图 5.7.4　预览曲面

Step5. 图形区中显示图 5.7.4 所示的预览曲面及长度手柄和角度手柄，单击起始端或终止端处的长度手柄，在弹出的长度动态文本输入框（图 5.7.5）中输入值 25。

Step6. 单击起始端或终止端处的角度手柄，在弹出的角度动态文本输入框（图 5.7.6）中输入值-25，然后按 Enter 键。

图 5.7.5　长度动态文本输入框

图 5.7.6　角度动态文本输入框

Step7. 在弯边参数区域的规律类型下拉列表中选择多重过渡选项，然后在沿脊线的值下的半径 1文本框中输入值 6。

Step8. 在输出曲面区域中选中☑修剪基本面复选框，单击 < 确定 >按钮，完成基本的轮廓线弯边的创建。

2．绝对缝隙的轮廓线弯边

创建图 5.7.7 所示的绝对缝隙的轮廓线弯边的一般操作过程如下。

Step1. 打开文件 D:\ugnx12.8\work\ch05.07\silhouette_flange_2.prt。

Step2. 选择下拉菜单 插入(S) ➡ 弯边曲面(G)▶ ➡ 轮廓线弯边(F)... 命令，系统弹出
"轮廓线弯边"对话框。

a）创建前   b）创建后

图 5.7.7   创建绝对缝隙的轮廓线弯边曲面

Step3. 在"轮廓线弯边"对话框中，选择 类型 下拉列表中的 绝对差 选项。

Step4. 在图形区中选取图 5.7.8 所示的曲面 1，单击鼠标中键确认；选取图 5.7.8 所示
的曲面 2；在 方向 下拉列表中选择 垂直拔模 选项，并在右侧的下拉列表中选择 YC 选项。

Step5. 在 弯边参数 区域的 规律类型 下拉列表中选择 多重过渡 选项，然后在 沿脊线的值 下
的 半径 1 文本框中输入值 6，在 缝隙 文本框中输入值 10。

说明：如果在 缝隙 文本框中输入的值不在允许的范围内，则系统弹出图 5.7.9 所示的"警
报"信息框。

选取曲面 1

选取曲面 2

图 5.7.8   选取曲面

警报

⊗ 缝隙不合适。

图 5.7.9   "警报"信息框

Step6. 分别单击起始端和终止端处的长度手柄，在弹出的长度动态文本输入框中输入
值 15；分别单击起始端和终止端处的角度手柄，在弹出的角度动态文本输入框中输入值 0。

Step7. 在 输出曲面 区域中选中 ☑ 修剪基本面 复选框，单击 < 确定 > 按钮，完成绝对缝隙的
轮廓线弯边的创建。

3. 视觉差轮廓线弯边

图 5.7.10 所示视觉差轮廓线弯边的一般操作过程与绝对缝隙的轮廓线弯边基本一致，
请读者自行练习。

a）创建前   b）创建后

图 5.7.10   创建视觉差轮廓线弯边曲面

5.8 渐消曲面的构建

5.8.1 渐消曲面的概念

"渐消曲面"（Fading Surface）是指：造型曲面的一端逐渐消失于一"点"（可以理解为造型曲面从有到无逐渐消失的过渡面，如图 5.8.1 所示）。在 3C 产品或一般家用电器的外观产品中，常出现渐消曲面。因为渐消曲面以其活泼的外观使产品更显灵活性，往往能提升质感，吸引消费者目光并增强其购买欲，因此也为广大设计人员所青睐。本节将通过两个范例简单介绍渐消曲面的创建方法。

a）渐消曲面 1 　　　　图 5.8.1　渐消曲面造型　　　　b）渐消曲面 2

5.8.2 渐消曲面的构建——范例 1

下面以图 5.8.2 所示的渐消曲面为例来说明其创建的一般操作过程。

a）创建前　　　　图 5.8.2　创建渐消曲面　　　　b）创建后

Step1. 打开文件 D:\ugnx12.8\work\ch05.08\disappear_1.prt。

Step2. 创建草图 1。

（1）选择下拉菜单 插入(S) ➡ 在任务环境中绘制草图(V)... 命令，系统弹出"创建草图"对话框。

（2）选取 XY 基准平面为草图平面，单击 确定 按钮进入草图环境，创建图 5.8.3 所示的草图 1。

（3）单击 完成 按钮，退出草图环境。

Step3. 创建偏置曲面 1。

（1）选择下拉菜单 插入(S) ➡ 偏置/缩放(O)▶ ➡ 偏置曲面(O)... 命令，系统弹出"偏置曲面"对话框。

（2）选取图 5.8.4 所示的面为要偏置的曲面，在 偏置 1 文本框中输入值 0，其他参数采用系统默认设置。

（3）单击 < 确定 > 按钮，完成偏置曲面 1 的创建，并将此曲面进行隐藏。

图 5.8.3　绘制草图 1

选取该面为
要偏置的曲面

图 5.8.4　选取偏置曲面

Step4. 创建修剪特征 1。

（1）选择下拉菜单 插入(S) ➡ 修剪(M)▶ ➡ 修剪片体(R)... 命令，系统弹出"修剪片体"对话框。

（2）选取图 5.8.4 所示的面为目标片体，选取草图 1 为边界对象；在 投影方向 下拉列表中选择 沿矢量 选项，在 指定矢量 下拉列表中选择 ZC 方向；在 区域 区域中选择 ⊙ 保留 单选项，其他参数采用系统默认设置。

（3）单击 确定 按钮，完成图 5.8.5 所示修剪特征 1 的创建，并隐藏修剪特征 1。

Step5. 显示 Step3 创建的偏置曲面 1。

Step6. 创建图 5.8.6 所示的修剪特征 2。操作步骤和参数设置参照 Step4，选取 Step3 所创建的偏置曲面 1 为目标片体，选取草图 1 为边界对象，在 区域 区域中选择 ⊙ 舍弃 单选项。完成后隐藏草图 1。

图 5.8.5　修剪特征 1

图 5.8.6　修剪特征 2

Step7. 创建图 5.8.7 所示的移动对象特征。

（1）选择下拉菜单 编辑(E) ➡ 移动对象(O)... 命令，系统弹出"移动对象"对话框。

（2）选取修剪特征 2 为要移动的对象。

（3）在 运动 下拉列表中选择 角度 选项，单击 * 指定矢量 (0) 选取图 5.8.8 所示的边线为参照边，在 角度 文本框中输入值 3。

移动后的曲面

图 5.8.7　移动对象特征

选取此边线

图 5.8.8　选取参照曲线

（4）在 结果 区域中选择 ⊙ 复制原先的 单选项，在 非关联副本数 文本框中输入值 1。

（5）单击 < 确定 > 按钮，完成移动对象特征的创建。

Step8. 将修剪特征 2 进行隐藏，并显示修剪特征 1。

Step9. 创建偏置曲线特征 1。

（1）选择下拉菜单 插入(S) ➞ 派生曲线(U) ➞ 在面上偏置 命令，系统弹出"在面上偏置曲线"对话框。

（2）选取图 5.8.9 所示的边线为要偏置的曲线，在 曲线 区域的 截面线1:偏置1 文本框中输入值 2；选取图 5.8.9 中的片体为参考面，在 修剪和延伸偏置曲线 区域中选中 ☑ 延伸至面的边 复选框，其他参数采用系统默认设置。

（3）单击 < 确定 > 按钮，完成图 5.8.10 所示的偏置曲线特征 1 的创建。

图 5.8.9　选取要偏置的曲线 1　　　　图 5.8.10　偏置曲线特征 1

Step10. 选取图 5.8.11 所示的曲线为要偏置的曲线（操作步骤和参数设置参见 Step9），创建图 5.8.12 所示的偏置曲线特征 2。

图 5.8.11　选取要偏置的曲线 2　　　　图 5.8.12　偏置曲线特征 2

Step11. 创建修剪特征 3。

（1）选择下拉菜单 插入(S) ➞ 修剪(M) ➞ 修剪片体(R) 命令，系统弹出"修剪的片体"对话框。

（2）选取图 5.8.13 所示的面为目标片体，选取偏置曲线特征 1 和偏置曲线特征 2 为边界对象；在 区域 区域中选择 ⊙ 保留 单选项，在 投影方向 区域的 投影方向 下拉列表中选择 沿矢量 选项，其他参数采用系统默认设置。

（3）单击 确定 按钮，完成图 5.8.14 所示的修剪特征 3 的创建。

图 5.8.13　选取目标片体　　　　　　　图 5.8.14　修剪特征 3

Step12. 创建图 5.8.15 所示的曲面特征 1。

（1）选择下拉菜单 插入(S) ➞ 网格曲面(M) ➞ 通过曲线组(T) 命令，系统弹出"通过曲线组"对话框。

（2）依次选取图 5.8.16 所示的曲线 1 和曲线 2 为截面曲线，并分别单击鼠标中键确认。

（3）在 连续性 区域的 第一截面 下拉列表中选择 G1（相切）选项，选择曲线所在曲面为约束面；在 最后截面 下拉列表中选择 G1（相切）选项，选取曲线 2 所在曲面为约束面，在 对齐 区域下拉列表中选择 弧长 选项。

（4）其他参数采用默认设置，单击 < 确定 > 按钮，完成曲面特征 1 的创建。

Step13. 创建图 5.8.17 所示的曲面特征 2 （步骤参照 Step12）。

图 5.8.15　曲面特征 1

曲线 1
曲线 2
图 5.8.16　选取截面曲线

图 5.8.17　曲面特征 2

Step14. 创建曲面缝合特征。

（1）选择下拉菜单 插入(S) ➙ 组合(B) ▸ ➙ 缝合(W)... 命令，系统弹出"缝合"对话框。

（2）在 类型 区域的下拉列表中选择 片体 选项。

（3）定义目标体和刀具体。选取图 5.8.18 所示的曲面 1 为目标体，曲面 2、曲面 3、曲面 4 和曲面 5 为刀具体。

（4）单击 确定 按钮，完成曲面缝合特征的创建。

曲面 2
曲面 1
曲面 3
曲面 4
曲面 5
图 5.8.18　选取缝合特征参照

5.8.3　渐消曲面的构建——范例 2

下面以图 5.8.19 所示的渐消曲面为例来说明其创建的一般操作过程。

Step1. 打开文件 D:\ugnx12.8\work\ch05.08\disappear_2.prt。

曲面 1
a）创建前

b）创建后

图 5.8.19　渐消曲面

Step2. 创建草图 1。

（1）选择下拉菜单 插入(S) ➙ 在任务环境中绘制草图(V)... 命令，系统弹出"创建草图"对话框。

（2）选取 YZ 基准平面为草图平面，单击 确定 按钮进入草图环境，绘制图 5.8.20 所示的草图 1。

（3）单击 完成 按钮，退出草图环境。

Step3. 创建修剪特征 1。

（1）选择下拉菜单 插入(S) ➡ 修剪(M)▶ ➡ 修剪片体(R)... 命令，系统弹出"修剪的片体"对话框。

（2）选取图 5.8.19a 所示的曲面 1 为目标片体，选取草图 1 为边界对象；在 投影方向 下拉列表中选择 沿矢量 选项，并在 指定矢量 右侧的 下拉列表中选择 -XC 选项；在 区域 区域中选取 舍弃 单选项，其他参数采用系统默认设置。

（3）单击 确定 按钮，完成修剪特征 1 的创建，如图 5.8.21 所示。

图 5.8.20　绘制草图 1

图 5.8.21　修剪特征 1

Step4. 创建基准平面 1。

（1）选择下拉菜单 插入(S) ➡ 基准/点(D)▶ ➡ 基准平面(D)... 命令，系统弹出"基准平面"对话框。

（2）在 类型 区域的下拉列表中选择 按某一距离 选项，选取 ZX 基准平面为参考平面；在 偏置 文本框中输入值 20，单击 < 确定 > 按钮，完成基准平面 1 的创建，如图 5.8.22 所示。

Step5. 创建图 5.8.23 所示的草图 2。

图 5.8.22　创建基准平面 1

图 5.8.23　草图 2（建模环境）

（1）选择下拉菜单 插入(S) ➡ 在任务环境中绘制草图(V)... 命令，系统弹出"创建草图"对话框。

（2）定义草图平面。选取基准平面 1 为草图平面，单击 确定 按钮进入草图环境。

（3）创建点。选择下拉菜单 插入(S) ➡ 来自曲线集的曲线(F)▶ ➡ 交点(N)... 命令，分别选取图 5.8.24 所示的两条曲线为参照曲线，单击 确定 按钮，完成两个交点的创建。

（4）创建圆弧。绘制图 5.8.25 所示的圆弧，圆弧两端点为步骤（3）中创建的两交点。

Step6. 创建样条曲线 1。

（1）选择下拉菜单 插入(S) ➡️ 曲线(C)▶ ➡️ ✦艺术样条(I)... 命令，系统弹出"艺术样条"对话框。

图 5.8.24　选取参照曲线

图 5.8.25　绘制草图 2（草图环境）

（2）通过草图 2 中曲线的中点绘制图 5.8.26 所示的空间样条曲线 1。

（3）单击 ＜确定＞ 按钮，完成样条曲线 1 的创建。

a）前视图

空间样条曲线 1

b）后视图

图 5.8.26　空间样条曲线 1

说明： 空间样条曲线 1 通过三个点即可。

Step7. 创建图 5.8.27 所示的曲面特征。

（1）选择下拉菜单 插入(S) ➡️ 网格曲面(M)▶ ➡️ 🔲通过曲线组(T)... 命令，系统弹出"通过曲线组"对话框。

（2）选取图 5.8.28 所示的曲线 1、曲线 2 和曲线 3 为截面曲线，分别按鼠标中键确认；在"通过曲线组"对话框 连续性 区域的 第一截面 和 最后截面 下拉列表中分别选取 G1（相切）选项，并选取图 5.8.28 所示的曲面 1 为约束面，其他参数采用系统默认设置。

（3）在"通过曲线组"对话框中单击 ＜确定＞ 按钮，完成曲面特征的创建。

Step8. 创建曲面缝合特征。

（1）选择命令。选择下拉菜单 插入(S) ➡️ 组合(B)▶ ➡️ 📖缝合(W)... 命令。

（2）在"缝合"对话框 类型 区域的下拉列表中选择 ✦片体 选项。

（3）选择图 5.8.29 所示的曲面 1 为目标体，曲面 2 为刀具体。

（4）单击 确定 按钮，完成曲面缝合特征的创建。

图 5.8.27　曲面特征

图 5.8.28　选取截面曲线

图 5.8.29　选取缝合参照面

5.9 曲面分析

虽然在生成曲线时，已经对曲线进行了分析，从一定程度上保证了曲面的质量，但在曲面生成完成后，仍必须对曲面的一些特性（如半径、反射、斜率）进行评估，以确定曲面是否达到设计要求，并找出曲面的缺陷位置，从而方便修改和编辑曲面，以保证曲面的质量。下面将具体介绍 UG NX 12.0 中的一些曲面分析功能。

5.9.1 曲面分析概述

对于曲面，特别是自由曲面，需要应用曲面的分析功能来检查曲面的性质，从而保证曲面的质量。对曲面的分析类型有以下几种。

- 距离分析：分析曲面与指定的参考平面的距离。
- 角度分析：分析曲线和曲面以及曲面和曲面之间的角度。
- 半径分析：分析曲面的曲率半径。
- 曲面连续性分析：分析两组曲面之间的连续性。
- 截面分析：分析指定平面与曲面交线的曲率、峰值点和拐点等。
- 高亮线分析：在曲面上生成一组高亮反射曲线。
- 反射分析：分析曲面的放射特性。
- 偏差分析：根据点/斜率连续性检查面和曲线的连续性、相切和边界对齐。
- 斜率分析：分析曲面上每一点的法向与指定方向之间的夹角。
- 拔模分析：显示曲面的拔模角度。

5.9.2 曲面分析方法

1. 距离分析

距离分析的目的是测量曲面之间的距离或与参考平面之间的距离。下面以图 5.9.1 所示的曲面为例，来说明测量曲面之间的距离，以及测量曲面与参考平面之间的距离的一般操作过程。

Step1. 打开文件 D:\ugnx12.8\work\ch05.09\distance.prt。

Step2. 选择下拉菜单 分析(L) ➡️ 测量距离(D). 命令，系统弹出图 5.9.2 所示的"测量距离"对话框。

图 5.9.1 曲面模型

图 5.9.2 "测量距离"对话框

Step3. 在^{类型}区域的下拉列表中选择 距离 选项。

图 5.9.2 所示"测量距离"对话框 类型 区域的下拉列表中部分选项的说明如下。

- 距离：测量两对象之间的空间距离。
- 投影距离：沿设定的方向矢量来测量两对象之间的距离。
- 屏幕距离：在屏幕平面内测量所选对象之间的距离。
- 长度：测量曲线的弧长。
- 半径：测量某圆弧的半径。

Step4. 分别选取图 5.9.1 所示的两曲面为测量对象，图形区显示两曲面之间的最小距离，如图 5.9.3 所示。

图 5.9.3 测量最小距离

Step5. 单击"测量距离"对话框中的 取消 按钮，取消距离测量操作。

Step6. 选择下拉菜单分析(L) —— 形状(S)► —— 距离(D). 命令，系统弹出图 5.9.4 所示的"距离分析"对话框。

Step7. 选取图 5.9.1 所示的曲面 2 和曲面 1 为目标面，曲面 1 为定义参考平面，输入偏置距离值-30，如图 5.9.5 所示。

图 5.9.4　"距离分析"对话框　　　　图 5.9.5　输入偏移距离

Step8. 在"距离分析"对话框中单击 重置数据范围 按钮，完成图
5.9.6 所示的距离分析。其中图 5.9.6b 为色标，不同的颜色代表曲面到参考平面之间的距离。

a）模型　　　　　　　　　　　　　　　　　b）色标

图 5.9.6　距离分析结果

2. 角度分析

曲面的角度测量功能主要是测量曲面和曲面之间的角度。下面以图 5.9.7 所示的曲面为例来说明角度测量的一般操作过程。

Step1. 打开文件 D:\ugnx12.8\work\ch05.09\angle.prt。

Step2. 选择下拉菜单 分析(L) ➡ 测量角度(A)... 命令，系统弹出图 5.9.8 所示的"测量角度"对话框。

Step3. 在"测量角度"对话框 类型 区域的下拉列表中选择 按对象 选项。

Step4. 分别选取图 5.9.7 所示的两曲面为测量对象,系统自动显示两曲面中心法向的夹角,结果如图 5.9.9 所示。

选取这两个曲面

图 5.9.7　曲面模型

图 5.9.9　角度分析　　　　　　　　　　　图 5.9.8　"测量角度"对话框

图 5.9.8 所示"测量角度"对话框中部分选项的说明如下。

- **按对象**:通过选择曲线或曲面进行测量。
- **按 3 点**:通过三点进行角度测量。
- **按屏幕点**:通过选择测量对象上的点到屏幕上的投影来进行测量。
- **对象**:用以辅助选择第一条曲线或曲面。
- **特征**:用以辅助选择特征的方向。
- **矢量**:用于设定矢量,以测量对象与矢量之间的角度。
- **3D 角**:直接测量两对象的空间角度。
- **WCS XY 平面里的角度**:将测量对象投影到 XY 平面内进行测量。
- **内角**:测量夹角小于 180° 的两条线的角度。
- **外角**:测量夹角大于 180° 的两条线的角度。

3. 半径分析

曲面的半径分析功能主要用于检查曲面的曲率特性,系统会在曲面上不同曲率半径的区域以不同的颜色显示出来,以方便观看曲率半径的分布情况。下面以图 5.9.10 所示的曲面为例来说明半径分析的一般操作过程。

选取该曲面

图 5.9.10 曲面模型

Step1. 打开文件 D:\ugnx12.8\work\ch05.09\radius.prt。

Step2. 选择下拉菜单 分析(L) ➡ 形状(S)▶ ➡ 半径(R)... 命令，系统弹出图 5.9.11 所示的"半径分析"对话框。

Step3. 在"半径分析"对话框的 类型 和 模态 下拉列表中分别选择 高斯 和 云图 选项，在图形区选取图 5.9.10 所示的曲面，其他参数采用系统默认设置。

图 5.9.11 "半径分析"对话框

图 5.9.11 所示"半径分析"对话框中选项及按钮的说明如下。

● 类型 下拉列表：用于指定半径分析的类型。

☑ 高斯：显示曲面上每一个分析点的高斯曲率半径。

☑ 最小值：显示曲面上每一个分析点的最小曲率半径。

- ☑ **最大值**：显示曲面上每一个分析点的最大曲率半径。

- ☑ **平均**：显示曲面上每一个分析点的平均曲率半径。

- ☑ **正常**：显示基于法向截平面的曲率半径。法向截平面由曲面法向和每个分析点的参考矢量来确定。该选项一般用来分析曲面在某一个参考矢量方向上的流体动力。

- ☑ **截面**：使用平行于参考面的一个截面所产生的半径作为分析对象。

- ☑ **U**：曲面 U 方向的曲率半径。

- ☑ **V**：曲面 V 方向的曲率半径。

- **模态** 下拉列表：用于指定分析结果的显示方式，包括 **云图**、**刺猬梳** 和 **轮廓线** 三种方式。

  - ☑ **云图**：使用着色来显示曲率的半径值。

  - ☑ **刺猬梳**：显示曲面上各栅格点的曲率半径梳状图。

  - ☑ **轮廓线**：显示轮廓线为常数的曲线，每条轮廓线以不同的颜色显示。

- ☑**编辑限制** 复选框：选中该复选框，用于指定曲率半径的最小值、中间值和最大值。

- **比例因子** 滑块：用于控制与所显示的颜色相对应的数值的范围。

- **面的法向** 区域：改变曲率半径的方向。

- **彩色图例** 区域：控制曲率半径颜色变化的过渡方式。

- **颜色数** 下拉列表：在其后的下拉列表中可以改变色标颜色的数量。

- **显示分辨率** 下拉列表：用于调整曲率半径显示的质量。

Step4. 单击"半径分析"对话框中的 重置数据范围 按钮，高斯曲率显示如图 5.9.12 所示。

a）模型　　　　　　　　　　　　　b）色标

图 5.9.12　高斯曲率

4．曲面连续性分析

曲面的连续性分析功能主要用于分析曲面之间的位置连续、斜率连续、曲率连续和曲率斜率的连续性。下面以图 5.9.13 所示的曲面为例来介绍如何分析曲面连续性。

Step1. 打开文件 D:\ugnx12.8\work\ch05.09\continuity.prt。

Step2. 选择下拉菜单 分析(L) ➡️ 形状(S)▶ ➡️ 🖥️ 曲面连续性(C)...命令，系统弹出图 5.9.14 所示的"曲面连续性"对话框。

Step3. 在"曲面连续性"对话框的 类型 下拉列表中选择 ◇多面 选项。

Step4. 在图形区选取图 5.9.13 所示的曲面 1，单击鼠标中键，然后选取图 5.9.13 所示的曲面 2。

Step5. 定义连续性分析类型。在 连续性检查 区域中选中 ☑ G0（位置）复选框。

Step6. 定义显示方式。在 分析显示 区域中选中 ☑ 显示连续性针 复选框，单击鼠标中键完成曲面连续性分析，如图 5.9.15 所示。

说明：如果连续性针的显示太小，可以拖动对话框中 针比例 后面的滑块来调整针的显示比例（图 5.9.14）。

图 5.9.13 曲面模型

图 5.9.15 曲面连续性分析

图 5.9.14 "曲面连续性"对话框

图 5.9.14 所示"曲面连续性"对话框中选项及按钮的说明如下。

- 类型 区域
  - ☑ 🔗边到边：分析边缘与边缘之间的连续性。
  - ☑ 🔲边到面：分析边缘与曲面之间的连续性。
  - ☑ ◇多面：分析曲面与曲面之间的连续性。

- 连续性检查 区域
  - ☑ ☑ G0（位置）：分析位置连续性，显示两条边缘线之间的距离分布。
  - ☑ ☑ G1（相切）：分析斜率连续性，检查两组曲面在指定边缘处的斜率连续性。
  - ☑ ☑ G2（曲率）：分析曲率连续性，检查两组曲面之间的曲率误差分布。
  - ☑ ☑ G3（流）：分析曲率的斜率连续性，显示曲率变化率的分布。
- 分析显示 区域：用于设定曲面边缘之间不同连续性的梳状显示。
  - ☑ ☑ 显示连续性针（梳状显示）：以梳状显示曲面边缘之间的不同连续性。
  - ☑ ☑ 建议比例因子（自动缩放梳状显示）：将梳放大到合适的长度。
  - ☑ 针比例：通过比例后的文本框或滑动条可以设置梳的放大系数。
  - ☑ 采样距离：通过后面的文本框或滑动条可以设置梳的密度。
  - ☑ 显示标签：选中其后的 ☑ 最小值 和 ☑ 最大值 复选框，在曲率梳上以标签显示最大曲率和最小曲率。
  - ☑ ☑ 最小值（显示最小标签）：显示最小值。
  - ☑ ☑ 最大值（显示最大标签）：显示最大值。

5. 截面分析

截面分析功能可以分析指定平面与曲面交线的曲率、峰值点和拐点等。下面以图 5.9.16 所示的曲面为例来介绍截面分析的一般操作过程。

Step1. 打开文件 D:\ugnx12.8\work\ch05.09\section.prt。

Step2. 选择下拉菜单 分析(L) ➡ 形状(S)▶ ➡ 截面分析(S)... 命令，系统弹出图 5.9.17 所示的"截面分析"对话框。

图 5.9.16　截面分析　　　　　图 5.9.17　"截面分析"对话框

Step3. 选择分析目标。选取图 5.9.18 所示的曲面为分析对象。

Step4. 定义剖切方法并设置相关参数。在 定义 区域的 截面放置 下拉列表中选择 均匀 选项，在 截面对齐 下拉列表中选择 XYZ 平面 选项；在 切割平面 下拉列表中选中 ✓ X 复选框，取消选中 □ Y 、 □ Z 和 □ 数量 复选框；在 间距 文本框中输入值 10.0，按 Enter 键确认。此时在图形区显示 X 方向的截面线及动态坐标系，如图 5.9.19 所示。

图 5.9.18　曲面模型　　　　　　图 5.9.19　截面线及动态坐标系

Step5. 调整坐标系位置。移动动态坐标系到曲面外，此时系统自动显示 X 方向的截面线并且在曲面上的位置发生变化，如图 5.9.20 所示。

图 5.9.20　调整坐标系位置

Step6. 在 切割平面 后选中 ✓ Y 和 ✓ Z 复选框，此时在曲面上显示 Y 方向（图 5.9.21）和 Z 方向（图 5.9.22）的截面线曲率梳。

图 5.9.21　显示 Y 方向的截面线　　　　图 5.9.22　显示 Z 方向的截面线

Step7. 单击 确定 按钮，完成截面分析。

图 5.9.17 所示"截面分析"对话框中选项及按钮的说明如下。

● 目标 区域：在 * 选择面或小平面体 (0) 按钮被激活时选取要进行截面分析的目标。

● 定义 区域：用于指定进行截面分析的方法。

● 截面放置 ：用于定义截面放置的方式，共有四种放置方式，即 均匀 、 通过点 、 在点之间 和 变互 。

☑ 均匀：将截面线均匀地分布在所选的曲面上。

☑ 通过点：通过一个或多个点来定义截面线的范围。

☑ 在点之间：通过两点来定义截面线的范围。

☑ 交互：通过在曲面上绘制范围来定义截面线的范围。

- 截面对齐 区域：用于定义沿平行于指定的平面来指定截面，包括 XYZ 平面、平行平面、曲线对齐、等参数 和 径向 五种类型。

☑ XYZ 平面：按 X、Y 和 Z 方向指定平行截面之间的间隔。

☑ 平行平面：按单个平面方向指定平行截面之间的间隔。

☑ 曲线对齐：选取已知曲线来定义截面线的方向和间隔。

☑ 等参数：按 U 和 V 方向放置等间隔的截面线。

☑ 径向：通过选定的两点以形成扇形的范围，在扇形径向分布截面线。

- 数量：在选中时激活其后的文本框，在文本框中输入数值来定义截面线的数量。

- 切割平面：在其后选中☑X、☑Y和☑Z复选框来定义 X、Y 和 Z 方向上的截面线。

- 间距：在其后的文本框中输入数值来定义截面线的间距。

6. 高亮线分析

高亮线分析就是将一组指定的光源投影到曲面上，形成反射线，从而方便观察曲面。当曲面被修改后，高亮反射线也会随着更新。下面以图 5.9.23 所示的曲面模型为例来介绍高亮线分析的方法。

选取此曲面

图 5.9.23　曲面模型

Step1. 打开文件 D:\ugnx12.8\work\ch05.09\highlight.prt。

Step2. 选择下拉菜单 分析 (L) ➞ 形状 (S) ➞ 高亮线 (H)... 命令，系统弹出图 5.9.24 所示的"高亮线"对话框。

Step3. 选取图 5.9.23 所示的曲面为高亮线分析对象，此时绘图区显示图 5.9.25 所示的动态坐标系。

Step4. 单击图 5.9.25 所示的控制点（XY 面上的控制点），系统弹出"角度""对齐"动态文本输入框，如图 5.9.26 所示。

Step5. 在角度动态输入框中输入值-40，然后在"高亮线"对话框中单击 确定 按钮，完成高亮线分析，如图 5.9.27 所示。

图 5.9.25 动态坐标系

图 5.9.26 动态文本输入框

图 5.9.24 "高亮线"对话框

图 5.9.27 高亮线分析

说明：图 5.9.27 所示的结果与其所处的视图方位有关，如果调整模型的方位，会得到不同的显示结果。

图 5.9.24 所示"高亮线"对话框中部分选项及按钮的说明如下。

- 类型 下拉列表：用于指定光源的类型，包括 反射、投影、等斜度 和 反射轮廓 四种类型。
    - ☑ 反射：使用当前视图方向作为光源的投射方向。
    - ☑ 投影：使用指定的方向作为光源的投射方向。
- 光源设置 区域：用于定义光源参数。
- 光源放置 下拉列表：用于定义光源的放置位置。
    - ☑ 均匀：将光线均匀地分布在所选的曲面上。
    - ☑ 通过点：通过指定点定义创建高亮线。
    - ☑ 在点之间：在指定曲面上的两点之间创建高亮线。
- 光源数：设定反射或投影到部件上光的数量。
- 光源间距：设定光源之间的距离。
- ☑ 锁定反射：将反射线光源锁定在曲面上。
- 分辨率：设定高亮线的清晰度。

7. 反射分析

反射分析主要用于分析曲面的反射特性，使用反射分析可显示从指定方向观察曲面上自光源发出的反射线。下面以图 5.9.28 所示的曲面为例来介绍反射分析的方法。

Step1. 打开文件 D:\ugnx12.8\work\ch05.09\reflection.prt。

Step2. 选择下拉菜单 分析(L) ➡ 形状(S)▶ ➡ 反射(F)... 命令，系统弹出图 5.9.29 所示的 "反射分析" 对话框。

Step3. 选取图 5.9.28 所示的曲面为反射分析的对象。

Step4. 在 类型 下拉列表中选择 直线图像 选项，然后在 图像 区域单击"彩色线"按钮 ，其他参数采用系统默认设置。

Step5. 在 "反射分析" 对话框中单击 确定 按钮完成反射分析，如图 5.9.30 所示。

图 5.9.29　"反射分析"对话框　　　　图 5.9.30　反射分析

图 5.9.29 所示的选取该曲面（图 5.9.28　曲面模型）

图 5.9.29 所示"反射分析"对话框中部分选项及按钮的说明如下。

- 类型 下拉列表：用于指定图像显示的类型，包括 直线图像 、 场景图像 和 文件中的图像 三种类型。

  - ☑ 直线图像：用直线图形进行反射分析。

  - ☑ 场景图像：使用场景图像进行反射分析。

  - ☑ 文件中的图像：使用用户自定义的图像进行反射分析。

- 线的数量：在其后的下拉列表中选择数值可指定反射线条的数量。

- 线的方向：在其后的下拉列表中选择方式指定反射线的方向。

- ⬤　图像方位：在该区域拖动滑块，可以对反射图像进行水平、竖直的移动或旋转。
- ⬤　面的法向 区域：设置分析面的法向方向。
- ⬤　面反射率：拖动其后的滑块，可以调整反射图像的清晰度。
- ⬤　图像大小 下拉列表：用于调整反射图像在面上的显示比例。
- ⬤　显示分辨率 下拉列表：设置面分析显示的公差。
- ⬤　☑显示小平面的边：使用高亮显示边界来显示所选择的面。

说明：图 5.9.30 所示的结果与其所处的视图方位有关，如果调整模型的方位，则会得到不同的显示结果。

8．偏差分析

偏差分析主要用于显示曲面与点或曲线相对于曲面法向的偏差。在 UG NX 12.0 中偏差分析包括"检查""相邻边""度量"三种类型。下面以具体的范例来介绍偏差分析的方法。

方式一：偏差检查

Step1. 打开文件 D:\ugnx12.8\work\ch05.09\offset_1.prt，如图 5.9.31 所示。

Step2. 选择下拉菜单 分析(L) ➡ 偏差(V)▸ ➡ 检查(C)... 命令，系统弹出图 5.9.32 所示的"偏差检查"对话框。

Step3. 定义偏差检查类型。在 偏差检查类型 区域的下拉列表中选择 面-面 选项。

Step4. 选择要检查的对象。依次选取图 5.9.31 所示的曲面 1 和曲面 2 作为要检查的对象。

图 5.9.31　曲面模型　　　　　　　　图 5.9.32　"偏差检查"对话框

Step5. 设置要检查的参数。在 设置 区域的 U 向检查点 文本框中输入值 10，在 V 向检查点 文本框中输入值 10，在 偏差选项 下拉列表中选择 无偏差 选项，其他参数采用默认值。

Step6. 在"偏差检查"对话框中单击 检查 按钮，系统弹出图 5.9.33 所示的"信息"窗口（其中显示了两个曲面所有检查点的相关信息），并且在曲面 1 上显示出图 5.9.34 所示的点。

图 5.9.33　"信息"窗口

图 5.9.34　偏差检查

方式二：偏差度量

偏差度量功能主要用于显示曲面与参考对象之间的偏差数据，它可指出几何体中偏差超出指定公差的位置以及最大和最小偏差的位置。下面以一个范例来说明偏差测量的一般操作过程。

Step1. 打开文件 D:\ugnx12.8\work\ch05.09\offset_2.prt，如图 5.9.35 所示。

图 5.9.35　曲面模型

Step2. 选择下拉菜单 分析(L) ➞ 偏差(V)▶ ➞ 度量(G)... 命令，系统弹出图 5.9.36 所示的"偏差度量"对话框。

Step3. 选取图 5.9.35 所示的曲面 1 为目标对象，然后单击鼠标中键确认。

Step4. 选取图 5.9.35 所示的曲面 2 为参考对象，系统自动显示偏差矢量。

Step5. 在"偏差度量"对话框的 测量定义 区域中选择 ⊙ 3D 单选项，在 最大检查距离 文本框中输入值 100，在 最大检查角度 文本框中输入值 5，在 样本分辨率 文本框中输入值 1.25。

Step6. 设置偏差度量显示效果。在 绘图 区域选中☑ 针、☑ 标记 和☑ 彩色图 复选框，在 针比例 文本框中输入值 0.5，此时在曲面 1 上会显示色标图以及参考对象的针，在绘图区右下角显示图 5.9.37 所示的色标。

Step7. 设置标签显示。在 标签 区域中选中☑ 最小值、☑ 内公差 和☑ 最大值 复选框。

Step8. 单击 确定 按钮，完成偏差测量，如图 5.9.38 所示。

图 5.9.37　色标

图 5.9.36　"偏差度量"对话框

图 5.9.38　偏差测量

说明：如果偏差矢量的颜色为红色，则表示曲面的偏差度超过了允许的公差；如果偏差矢量的颜色为绿色，则表示曲面的偏差度在公差范围内。

图 5.9.36 所示"偏差度量"对话框中选项及按钮的说明如下。

● 测量定义 区域：为用户提供 6 种不同的测量方法。

　　☑ ● 3D：以 3D 空间计算偏差。

　　☑ ● WCS：沿选定的 X、Y、Z 轴方向的分量来计算偏差。

☑ ⊙矢量：沿指定矢量的分量来计算偏差。

☑ 最大检查距离：在其后的文本框中定义最大度量距离为分析指定最大距离。若所选对象或所选对象的某些部分远离目标对象的程度大于定义的值，就不会包括在分析中。

☑ 最大检查角度：在其后的文本框中定义最大度量角度。若所选对象或所选对象的某些部分与目标对象形成的角度大于定义的值，就不会包括在分析中。

☑ 样本分辨率：在其后的文本框中定义度量偏差针的疏密程度。

● 绘图：为用户提供分析视觉效果显示。

☑ ☑针：选中该复选框时，度量计算以针的样式显示在曲面的法线方向。

☑ ☑标记：选中该复选框时，度量计算使用标签在曲面上标示。

☑ ☑彩色图：选中该复选框时，度量偏差以色标图的形式表现在曲面上，并且在绘图区右下角显示出图 5.9.37 所示的色标。

☑ ☐建议比例因子：选中该复选框时使用系统自定义的针比例。

☑ 针比例：在其后的文本框中输入值可定义针的长度，也可拖动滑块来定义，在选中 ☑建议比例因子 复选框之后不可用。

☑ 反向：单击其后的 ⊠ 按钮，可使度量偏差针反向显示。

☑ ⊙混合：选中该单选项时，度量偏差范围在曲面上平滑显示。

☑ ⊙阶梯：选中该单选项时，度量偏差范围在曲面上梯度显示。

☑ ⊙无：选中该单选项时，度量偏差以系统默认计算的方式在曲面上显示。

● 标签区域：用于指定显示类型和报告对象等。

☑ ☑最小值：显示最小值标签。

☑ ☑内公差：在分析对象上的适当位置激活内公差。

☑ ☑最大值：显示最大值标签。

9. 斜率分析

斜率分析功能主要用于分析曲面上每一点的法向与指定的矢量之间的夹角。下面以图 5.9.39 所示的曲面为例来介绍斜率分析的一般操作过程。

Step1. 打开文件 D:\ugnx12.8\work\ch05.09\slope.prt，如图 5.9.39 所示。

Step2. 选择下拉菜单 分析(L) ➡ 形状(S)▶ ➡ 斜率(0)... 命令，系统弹出"斜率分析"对话框，如图 5.9.40 所示。

Step3. 定义分析对象。选取图 5.9.39 所示的曲面为斜率分析对象。

Step4. 定义参考矢量。在"斜率分析"对话框 参考矢量 区域右侧的下拉列表中选择 [XC] 为参考矢量。

Step5. 在"斜率分析"对话框中单击 重置数据范围 按钮完成斜率分析，如图 5.9.41 所示。

说明：图 5.9.41 中色标的不同颜色对应着曲面上不同点的法向与参考矢量的夹角值。如果要改变分析的参考矢量，则可以单击 按钮，在"矢量"对话框中设置新的参考矢量。

图 5.9.39　曲面模型　　　图 5.9.40　"斜率分析"对话框　　　图 5.9.41　斜率分析结果

10．拔模分析

通过拔模分析可以检查曲面的拔模角度，从而识别出产品在生产过程中从模具中脱模时可能出现问题的区域。下面以图 5.9.42 所示的曲面模型为例来介绍拔模分析的一般操作过程。

Step1．打开文件 D:\ugnx12.8\work\ch05.09\draft.prt。

Step2．选择下拉菜单 分析(L) ➡ 形状(S)▶ ➡ 拔模分析(T)... 命令，系统弹出图 5.9.43 所示的"拔模分析"对话框。在图形区选取曲面模型为分析目标，在模型上显示出拔模分析结果，如图 5.9.44 所示。

Step3．通过拖动动态坐标系中的控制点来转动坐标轴，可以改变颜色分区。转动 Z 轴，模型的颜色显示随之改变，如图 5.9.45 所示。

Step4．在"拔模分析"对话框中选中 ☑ 显示等斜线 复选框，系统显示两种颜色之间的分界线，如图 5.9.46 所示。

Step5．单击 确定 按钮，完成拔模分析。

说明：拔模分析中用三种不同颜色来区分不同的拔模区域。当曲面法向与拔模正方向的夹角小于 90° 时，以绿色表示该区域；当曲面法向与拔模负方向的夹角小于 90° 时，则以红色表示该区域。在红色和绿色之间有一段过渡区域，可以通过拖动 限制角度 右侧的滑块改变该区域。

图 5.9.43 "拔模分析"对话框

图 5.9.42 曲面模型

图 5.9.44 拔模分析

图 5.9.45 改变拔模方向

图 5.9.46 显示等斜线

学习拓展：扫码学习更多视频讲解。

讲解内容：艺术曲面精讲。艺术曲面是常用的曲面高级功能之一，本部分主要对"艺术曲面"做了详细的讲解，并对其中的各个参数选项及应用做了说明。

第6章　曲面的编辑

本章提要　在完成曲面的构造后，通常需要对现有的曲面进行编辑以达到用户的要求。本章将对曲面的编辑进行详细讲解，主要内容包括：

- 曲面的修剪
- X 型
- 曲面的边缘

- 曲面的延伸
- 曲面的变形与变换
- 曲面的实体化

6.1　曲面的修剪

曲面的修剪（Trim）就是将选定曲面上的某一部分去除。曲面的修剪方法有多种，下面分别进行介绍。

6.1.1　一般的曲面修剪

一般的曲面修剪就是在使用拉伸、旋转等操作，通过布尔求差运算将选定曲面上的某部分去除。下面以图 6.1.1 所示的手机盖曲面的修剪为例，来说明曲面修剪的一般操作过程。

a）修剪前　　　　b）修剪后

图 6.1.1　一般的曲面修剪

说明：本例中的曲面存在收敛点，无法直接加厚，所以在加厚之前必须通过修剪、补片和缝合等操作去除收敛点。

Step1. 打开文件 D:\ugnx12.8\work\ch06.01\trim.prt。

Step2. 选择下拉菜单 插入(S) ➡ 设计特征(E) ➡ 拉伸(E)... 命令，系统弹出"拉伸"对话框。

Step3. 单击"拉伸"对话框 表区域驱动 区域中的"绘制截面"按钮 ，选取 XY 基准平面为草图平面，接受系统默认的方向。单击"创建草图"对话框中的 确定 按钮进入草图环境。

Step4. 绘制图 6.1.2 所示的截面草图。

Step5. 单击 按钮，退出草图环境。

Step6. 在"拉伸"对话框 限制 区域的 开始 下拉列表中选择 值 选项，并在其下的 距离 文本框中输入值 0；在 限制 区域的 结束 下拉列表中选择 值 选项，并在其下的 距离 文本框中输入值 15；在 方向 区域的 *指定矢量 (0) 下拉列表中选择 ZC↑ 选项；在 布尔 区域的下拉列表中选择 减去 选项，在图形区选取图 6.1.1a 所示的曲面 2 为求差对象，单击 <确定> 按钮，完成曲面的修剪，结果如图 6.1.3 所示。

图 6.1.2 绘制截面草图   图 6.1.3 修剪后的曲面

说明：用"旋转"命令也可以对曲面进行修剪，这里不再赘述。

6.1.2 修剪片体

修剪片体就是通过一些曲线和曲面作为边界，对指定的曲面进行修剪，形成新的曲面边界。所选的边界可以在将要修剪的曲面上，也可以在曲面之外通过投影方向来确定修剪的边界。图 6.1.4 所示的修剪片体的一般过程如下。

a）修剪前   b）修剪后
图 6.1.4 修剪片体

Step1. 打开文件 D:\ugnx12.8\work\ch06.01\trim_surface.prt。

Step2. 选择下拉菜单 插入(S) ➡ 修剪(T)▶ ➡ 修剪片体(R)... 命令（或在 主页 功能选项卡 曲面 区域 更多 下拉选项中单击 修剪片体 按钮），此时系统弹出图 6.1.5 所示的"修剪片体"对话框。

Step3. 设置对话框选项。在"修剪片体"对话框的 投影方向 下拉列表中选择 垂直于面 选项，然后选择 区域 选项组中的 保留 单选项，如图 6.1.5 所示。

Step4. 在图形区选取需要修剪的曲面和修剪边界，如图 6.1.6 所示。

Step5. 在"修剪片体"对话框中单击 确定 按钮（或者单击中键），完成曲面的修剪。

注意：在选取需要修剪的曲面时，如果选取曲面的位置不同，则修剪的结果也将截然不同，如图 6.1.7 所示。

图 6.1.5　"修剪片体"对话框

图 6.1.6　选取修剪曲面和修剪边界

a）选取下部曲面

b）原始曲面和修剪曲线

c）选取上部曲面

图 6.1.7　修剪曲面的不同效果

图 6.1.5 所示"修剪片体"对话框中部分选项的说明如下。

- **目标** 区域：用来定义"修剪片体"命令所需要的目标片体面。
  - ☑ 🔷：定义需要进行修剪的目标片体。
- **边界** 区域：用来定义"修剪片体"命令所需要的修剪边界。
  - ☑ ⊕：定义需要进行修剪的修剪边界。
- **投影方向** 下拉列表：定义要做标记的曲面的投影方向。该下拉列表包含 **垂直于面**、**垂直于曲线平面** 和 **沿矢量** 选项。
  - ☑ **垂直于面**：定义修剪边界投影方向是选定边界面的垂直投影。
  - ☑ **垂直于曲线平面**：定义修剪边界投影方向是选定边界曲面的垂直投影。
  - ☑ **沿矢量**：定义修剪边界投影方向是用户指定方向投影。
- **区域** 区域：定义所选的区域是被保留还是被舍弃。
  - ☑ **⊙保留**：定义修剪曲面是选定的区域保留。
  - ☑ **⊙放弃**：定义修剪曲面是选定的区域舍弃。

6.1.3　分割面

分割面就是用多个分割对象，如曲线、边缘、面、基准平面或实体，把现有体的一个面或多个面进行分割。在这个操作中，要分割的面和分割对象是关联的，即如果任一对象被更改，那么结果也会随之更新。图 6.1.8 所示的分割面的一般步骤如下。

Step1. 打开文件 D:\ugnx12.8\work\ch06.01\divide_face.prt。

a）分割前

图 6.1.8　分割面

b）分割后

Step2. 选择下拉菜单 插入(S) ➡ 修剪(T)▶ ➡ 分割面(D)... 命令，此时系统弹出图 6.1.9 所示的"分割面"对话框。

Step3. 定义分割曲面。选取图 6.1.10 所示的曲面为需要分割的曲面，单击中键确认。

Step4. 定义分割对象。在图形区选取图 6.1.11 所示的曲线串为分割对象。曲面分割预览如图 6.1.12 所示。

选取曲线串

图 6.1.11　选取曲线串

选取分割曲面

图 6.1.9　"分割面"对话框　　图 6.1.10　选取要分割的曲面　　图 6.1.12　曲面分割预览

Step5. 在"分割面"对话框中单击 确定 按钮，完成分割面的操作。

6.1.4　修剪与延伸

使用 修剪与延伸(N)... 命令可以创建修剪曲面，也可以通过延伸所选定的曲面创建拐角，以达到修剪或延伸的效果。选择下拉菜单 插入(S) ➡ 修剪(T)▶ ➡ 修剪与延伸(N)... 命令，系统弹出"修剪与延伸"对话框。该对话框提供了"直至选定""制作拐角"两种修剪与延伸方式。下面以图 6.1.13 所示的修剪与延伸曲面为例来说明"直至选定"修剪与延伸方式的一般操作过程。

Step1. 打开文件 D:\ugnx12.8\work\ch06.01\trim_and_extend.prt。

a) 修剪与延伸前　　　　　　　　　　　　　b) 修剪与延伸后

图 6.1.13　修剪与延伸曲面

Step2. 选择下拉菜单 插入(S) ➡ 修剪(T)▶ ➡ 修剪与延伸(N)...命令，系统弹出图 6.1.14 所示的"修剪和延伸"对话框。

图 6.1.14　"修剪和延伸"对话框

Step3. 在 类型 区域的下拉列表中选择 直至选定 选项，在 设置 区域的 曲面延伸形状 下拉列表中选择 自然曲率 选项，如图 6.1.14 所示。

Step4. 定义目标边。在"上边框条"工具条的下拉列表中选择 相连曲线 选项，如图 6.1.15 所示，然后在图形区选取图 6.1.16 所示的片体边，单击鼠标中键确认。

Step5. 定义刀具面。在图形区选取图 6.1.16 所示的曲面。

图 6.1.15　"上边框条"工具条

图 6.1.16　目标边缘和刀具面

Step6. 在"修剪和延伸"对话框中单击 < 确定 > 按钮，完成曲面的修剪与延伸操作，结果如图 6.1.13b 所示。

6.2 曲面的延伸

6.2.1 延伸

曲面的延伸就是在现有曲面的基础上，通过曲面的边界或曲面上的曲线进行延伸，扩大曲面。曲面的延伸一般有"边""拐角"两种方式，下面分别介绍这两种延伸方式的一般用法。

1. "边"延伸

"边"延伸是以参考曲面（被延伸的曲面）的边缘拉伸一个曲面，拉伸方向与曲面的切线方向相同，因而所生成的曲面与参考曲面相切。图 6.2.1 所示的延伸曲面的一般操作过程如下。

Step1. 打开文件 D:\ugnx12.8\work\ch06.02\extension_1.prt。

Step2. 选择下拉菜单 插入(S) ➡ 弯边曲面(G)▶ ➡ ▦ 延伸(E)... 命令，系统弹出图 6.2.2 所示的"延伸曲面"对话框。

Step3. 定义延伸类型。在"延伸曲面"对话框的 类型 下拉列表中选择 ⬡ 边 选项。

Step4. 选取要延伸的边。在图形区选取图 6.2.3 所示的曲面边线作为延伸边线。

a）延伸前　　　　　　　　　　　　　　　b）延伸后

图 6.2.1　曲面延伸的创建

图 6.2.2　"延伸曲面"对话框

图 6.2.3　选取延伸边线

Step5. 定义延伸方式。在"延伸曲面"对话框的 方法 下拉列表中选择 相切 选项，在 距离 下拉列表中选择 按长度 选项，如图 6.2.2 所示。

Step6. 定义延伸长度。在"延伸曲面"对话框中单击 长度 文本框后的 ⬇ 按钮，系统弹出图 6.2.4 所示的快捷菜单，在其中选择 📏 测量(M)... 命令，系统弹出图 6.2.5 所示的"测量距离"对话框。在图形区选取图 6.2.6 所示的曲面边线和基准平面 1 作为测量对象，单击"测量距离"对话框中的 < 确定 > 按钮，系统返回到"延伸曲面"对话框。

Step7. 单击 < 确定 > 按钮，完成延伸曲面的创建。

图 6.2.4　快捷菜单　　　　图 6.2.5　"测量距离"对话框　　　　图 6.2.6　选取特征

2. "拐角"延伸

"拐角"延伸可以在曲面拐角处创建延伸曲面。下面以图 6.2.7 所示的延伸曲面为例来介绍"拐角"延伸的一般操作过程。

a）创建前　　　　　　　　　　　　b）创建后

图 6.2.7　创建延伸曲面

Step1. 打开文件 D:\ugnx12.8\work\ch06.02\extension_2.prt。

Step2. 选择下拉菜单 插入(S) ➡ 弯边曲面(G)▶ ➡ 延伸(E)... 命令，系统弹出图 6.2.8 所示的"延伸曲面"对话框。

Step3. 定义延伸类型。在"延伸曲面"对话框的 类型 下拉列表中选择 拐角 选项。

Step4. 选取要延伸的拐角。在图形区选取图 6.2.9 所示的曲面拐角为延伸拐角。

图 6.2.8　"延伸曲面"对话框　　　　图 6.2.9　选取延伸拐角

Step5. 定义延伸长度。在 延伸 区域的 %U长度 文本框中输入值 10，在 %V长度 文本框中输入值 25。

Step6. 单击 < 确定 > 按钮，完成延伸曲面的创建。

6.2.2　规律延伸

使用 规律延伸(L)... 命令可以动态地或根据距离和角度规律，为现有的基本片体创建规律控制的延伸曲面。当某特殊方向很重要或有必要参考现有的面时（例如，在模具设计中，拔模方向在创建分型面时起着重要的作用），就可以创建弯边或延伸。规律延伸有"面""矢量"两种方式，下面分别进行介绍。

1. "面"方式

下面以图 6.2.10 所示的曲面为例来说明通过"面"方式延伸曲面的一般操作过程。

Step1. 打开文件 D:\ugnx12.8\work\ch06.02\law_extension.prt。

Step2. 选择下拉菜单 插入(S) ➡ 弯边曲面(G)▶ ➡ 规律延伸(L)... 命令，系统弹出图 6.2.11 所示的"规律延伸"对话框。

选取此曲面
选取此曲面边线

a）规律延伸前

b）规律延伸后

图 6.2.10　创建规律延伸曲面

图 6.2.11　"规律延伸"对话框

Step3. 定义延伸类型。在"规律延伸"对话框的 类型 下拉列表中选择 面 选项。

Step4. 定义曲线和参考面。在图形区中选取图 6.2.10a 所示的曲面边线，单击鼠标中键确认；选取图 6.2.10a 所示的曲面，此时图形区中显示图 6.2.12 所示的起始手柄和角度手柄。

图 6.2.12　显示的起始和角度手柄

Step5. 定义长度规律。右击起始手柄，系统弹出图 6.2.13 所示的快捷菜单，选择其中的 ✔ 线性 选项，单击起始手柄，在弹出的动态文本输入框中输入值 0，按 Enter 键确认；单击图 6.2.14 所示的终止手柄，在弹出的动态文本输入框中输入值 20，按 Enter 键确认。

图 6.2.13　快捷菜单

图 6.2.14　定义长度规律

Step6. 定义角度规律。右击角度手柄，在弹出的快捷菜单中选择 ✔ 线性 选项，此时模型如图 6.2.15 所示。单击起始手柄，在弹出的动态文本输入框中输入值 0，按 Enter 键确认；单击图 6.2.15 所示的终止手柄，在弹出的动态文本输入框中输入值-120，按 Enter 键确认。

图 6.2.15　显示的起始和终止手柄

Step7. 单击"规律延伸"对话框中的 < 确定 > 按钮，完成延伸曲面的创建。

2．"矢量"方式

创建图 6.2.16 所示的规律延伸曲面的一般操作过程如下。

Step1. 打开文件 D:\ugnx12.8\work\ch06.02\law_extension.prt。

Step2. 选择下拉菜单 插入(S) ➡ 弯边曲面(G)▸ ➡ 规律延伸(L)... 命令，系统弹出"规律延伸"对话框。

a）创建前   b）创建后

图 6.2.16   创建延伸曲面

Step3. 定义延伸类型。在"规律延伸"对话框的 类型 下拉列表中选择 矢量 选项。

Step4. 定义曲线和参考矢量。选取图 6.2.17 所示的曲面边线，单击鼠标中键确认；在 "规律延伸"对话框的 参考矢量 下拉列表中选择 XC 选项，此时，图形区中显示图 6.2.18 所示的起始手柄、终止手柄和参考方向箭头。

图 6.2.17   选取曲面边线   图 6.2.18   显示的手柄和参考方向

Step5. 分别右击起始手柄和终止手柄，在弹出的快捷菜单中选择 ✔ 线性 选项。

Step6. 定义延伸角度和长度。分别单击起始手柄和终止手柄，在弹出的动态文本输入框中分别输入值 0 和 20，按 Enter 键确认；分别单击起始手柄和终止手柄中的角度手柄，在弹出的动态文本框中分别输入值 0 和 20.0，按 Enter 键确认。

Step7. 单击"规律延伸"对话框中的 ＜确定＞ 按钮，完成延伸曲面的创建。

6.2.3   扩大曲面

使用 扩大(A)... 命令可以对未修剪过的曲面的大小进行编辑，编辑后的曲面将丢失参数，属于非参数化编辑命令。用户也可以设定"编辑一个副本"选项，使创建的新曲面与源曲面相关联，而且允许改变各个未修剪边的尺寸。创建图 6.2.19 所示的扩大曲面的一般操作过程如下。

a）扩大前   b）扩大后

图 6.2.19   曲面的扩大

Step1. 打开文件 D:\ugnx12.8\work\ch06.02\enlarge.prt。

Step2. 选择下拉菜单 编辑(E) ➡ 曲面(R) ➡ 扩大(L)... 命令，系统弹出图 6.2.20 所示的"扩大"对话框。

Step3. 在图形区选取图 6.2.19a 所示的曲面，图形区中显示图 6.2.21 所示的可沿 U、V 方向拖动的控制点。

Step4. 在"扩大"对话框中设置图 6.2.20 所示的参数（可以在文本框中直接输入，也可以移动文本框后的滑块），单击 〈 确定 〉 按钮，完成曲面的扩大操作。

图 6.2.20 "扩大"对话框

图 6.2.21 U、V 方向的控制点

图 6.2.20 所示"扩大"对话框中各选项按钮的说明如下。

- 调整大小参数 区域：用于设置扩大面的大小参数。
  - ☑ ☑ 全部：选中该复选项后，移动下面的任一单个的滑块，所有的滑块会同时移动且文本框中显示相同的数值。
  - ☑ U 向起点百分比 文本框：用于输入 U 方向的起点值。
  - ☑ U 向终点百分比 文本框：用于输入 U 方向的终点值。
  - ☑ V 向起点百分比 文本框：用于输入 V 方向的起点值。
  - ☑ V 向终点百分比 文本框：用于输入 V 方向的终点值。
  - ☑ 重置调整大小参数：调整扩大面大小参数之后单击其后的 ↵ 按钮，刷新扩大曲面效果。

- 设置 区域: 定义扩大曲面的方法。
  - ☑ ⦿线性: 用于在单一方向上线性地延伸扩大片体的边。选择该单选项，只能增大曲面，而不能减小曲面。
  - ☑ ⦿自然: 用于自然地延伸扩大片体的边。选择该单选项，可以增大曲面，也可以减小曲面。
  - ☑ ☐编辑副本: 取消选中此复选框时，所得的结果是一个不可再编辑的曲面；当选中此复选框时，将从源曲面复制出一个曲面进行扩大，并且扩大后的曲面是可再次编辑的参数化曲面。

6.3　X 型

在 UG NX 12.0 中，使用 X 型功能可以对样条曲线、曲面等复杂曲面的极点和其他点进行平移、旋转、缩放，也可以锁定样条或者曲面的区域，以保持曲面的形状。用 ◈ X 型... 命令编辑后的曲面将丢失参数，属于非参数化编辑命令。

6.3.1　平移

平移功能是指用户可以通过拖动鼠标对单个或多个点进行移动。下面以图 6.3.1 所示的曲面为例，来说明用平移功能编辑曲面的一般操作过程。

选取该曲面

a）平移前　　　图 6.3.1　平移曲面　　　b）平移后

Step1. 打开文件 D:\ugnx12.8\work\ch06.03\xform_1.prt。

Step2. 选择下拉菜单 编辑(E) ➜ 曲面(R)▶ ➜ ◈ X 型... 命令，系统弹出图 6.3.2 所示的"X 型"对话框。

Step3. 在 方法 区域中选择 移动 选项卡，选取图 6.3.1a 所示的曲面作为编辑的曲面。

Step4. 在 方法 区域的 高级方法 下拉列表中选择 高级方法关闭 选项。

Step5. 将 参数化 区域 补片数 后的 U 向、V 向数值均定义为 4。

Step6. 定义极点。在 极点选择 区域中单击 按钮，在 操控 下拉列表中选择 行 选项，按住 Ctrl 键选取图 6.3.3 所示的曲面边界作为要平移的极点。

Step7. 定义移动矢量。在 移动 选项卡内选择 ⊙ 矢量 单选项，在 指定矢量 (0) 下拉列表中选择 ZC↑，并在 微定位 区域中将 步长值 值定义为 10，然后单击 ➕ 按钮。

Step8. 单击 〈 确定 〉 按钮，完成曲面的编辑。

图 6.3.2　"X 型"对话框　　　图 6.3.3　定义极点

图 6.3.2 所示"X 型"对话框中选项及按钮的说明如下。

- 方法 区域：指定变换点的方式，共有四种方式。

  - ☑ 移动 ：通过鼠标拖动点来编辑曲面。

  - ☑ 旋转 ：绕指定的枢轴和矢量方向来旋转点。

  - ☑ 比例 ：绕指定的中心点来对点进行缩放。

  - ☑ 平面化 ：把所选极点移动到指定平面上。

- 高级方法 下拉列表：包含 ▲ 按比例 、 🔒 锁定区域 、 ❖ 插入结点 和 ⊘ 高级方法关闭 四个选项。

  - ☑ ▲ 按比例 ：按比例对曲面变形。

  - ☑ 🔒 锁定区域 ：设定一个区域，使该区域的极点不能被编辑。

  - ☑ ❖ 插入结点 ：在指定的 U、V 方向上插入结点。

  - ☑ ⊘ 高级方法关闭 ：不使用高级方法。

- 微定位 ：沿指定的矢量方向微移极点。

6.3.2 旋转

旋转功能允许用户通过指定枢轴和矢量方向来旋转极点。下面以图 6.3.4 所示的曲面为例，来说明用旋转功能编辑曲面的一般操作过程。

选取该曲面

a）旋转前   b）旋转后

图 6.3.4　旋转曲面

Step1. 打开文件 D:\ugnx12.8\work\ch06.03\xform_2.prt。

Step2. 选择下拉菜单 编辑(E) ➙ 曲面(R)▶ ➙ X 型... 命令，系统弹出"X 型"对话框。

Step3. 在 方法 区域中选择 旋转 选项卡，系统弹出图 6.3.5 所示的"X 型"对话框。

Step4. 选取图 6.3.4a 所示的曲面作为编辑的曲面。将"X 型"对话框 参数化 区域 补片数 后的 U 向数值定义为 2，V 向数值定义为 1。

Step5. 定义旋转极点。在 极点选择 区域中单击 按钮，在 操控 下拉列表中选择 行 选项，按住 Ctrl 键选取图 6.3.6 所示的曲面边界作为要旋转的极点。

图 6.3.5　"X 型"对话框

曲面边界（鼠标单击位置）

图 6.3.6　选择旋转点

Step6. 定义旋转中心轴及旋转参数。选择 WCS 单选项，单击 X 按钮，在 枢轴中心 下拉列表中选择 对象中心 选项，在 高级方法 下拉列表中选择 高级方法关闭 选项，并在 微定位 区域中将 步长值 值定义为 50.0，然后单击 按钮。

Step7. 单击 确定 按钮，完成曲面编辑。

6.3.3　比例

比例功能是指通过指定一个中心点来对极点进行缩放。下面以图 6.3.7 所示的曲面为例，来说明用比例功能编辑曲面的一般操作过程。

图 6.3.7　比例编辑曲面

Step1. 打开文件 D:\ugnx12.8\work\ch06.03\xform_3.prt。

Step2. 选择下拉菜单 编辑(E) ➡ 曲面(R) ➡ X 型... 命令，系统弹出"X 型"对话框。

Step3. 在 方法 区域中选择 比例 选项卡，系统弹出图 6.3.8 所示的"X 型"对话框。

Step4. 选取图 6.3.7a 所示的曲面作为要编辑的曲面。在"X 型"对话框 参数化 区域 补片数 后的 U 向数值文本框中输入值 5，在 V 向数值文本框中输入值 1。

Step5. 定义缩放极点。在 极点选择 区域中单击 按钮，在 操控 下拉列表中选择 行 选项，选取图 6.3.9 所示的曲面边界作为要缩放的极点。

图 6.3.8　"X 型"对话框

曲线边界

图 6.3.9　定义缩放极点

Step6. 定义比例参数。选择 ⊙ 矢量 单选项，在 指定矢量 (0) 下拉列表中选择 YC 选项，在 缩放中心 下拉列表中选择 对象中心 选项，在 高级方法 下拉列表中选择 高级方法关闭 选项，用鼠标沿 YC 轴方向拖动图 6.3.9 中所选择的极点。

Step7. 单击 < 确定 > 按钮，完成曲面编辑。

6.3.4 平面化

平面化功能是将曲面上的极点沿着选定面的法线方向投影到选定的平面上。下面以图 6.3.10 所示的曲面为例来说明将曲面平面化的一般操作过程。

a) 编辑前　　　　图 6.3.10　曲面平面化　　　　b) 编辑后

Step1. 打开文件 D:\ugnx12.8\work\ch06.03\xform_4.prt。

Step2. 选择下拉菜单 编辑(E) ➤ 曲面(R)▶ ➤ X 型... 命令，系统弹出"X 型"对话框。

Step3. 在 方法 区域中选择 平面化 选项卡，系统弹出图 6.3.11 所示的"X 型"对话框。

Step4. 选取图 6.3.10a 所示的曲面作为要编辑的曲面。在"X 型"对话框 参数化 区域 补片数 后的 U 向数值文本框中输入值 4，在 V 向数值文本框输入值 1。

Step5. 定义平面化方式和投影平面。在 平面化 选项卡中选择 ⊙ 位于平面 单选项，在 投影平面 区域中单击 ⊠ 按钮。

Step6. 在 极点选择 区域中单击 ◇ 按钮，在 操控 下拉列表中选择 行 选项，选取图 6.3.12 所示的曲面边界上的多个点作为要平面化的极点。

图 6.3.11　"X 型"对话框

图 6.3.12　要平面化的极点

Step7. 单击 < 确定 > 按钮，完成曲面编辑。

6.4 曲面的变形与变换

曲面的变形与变换包括曲面的变形、曲面的变换和整体突变等。

6.4.1 曲面的变形

曲面的变形用于动态快速地修改 B 曲面，可以使用拉伸、折弯、歪斜和扭转等操作来得到需要的曲面，用此命令编辑后的曲面将丢失参数，属于非参数化编辑命令。下面以图 6.4.1 所示的曲面变形为例来说明其一般操作过程。

选取此曲面

a）变形前   b）变形后

图 6.4.1 曲面的变形

Step1. 打开文件 D:\ugnx12.8\work\ch06.04\distortion.prt。

Step2. 选择下拉菜单 编辑(E) ➞ 曲面(R) ➞ 变形(D)... 命令，系统弹出图 6.4.2 所示的"使曲面变形"对话框（一）。

说明：若下拉菜单中没有此命令，可通过 工具(T) ➞ 定制(Z)... 命令进行设置。后面同样问题不再赘述。

Step3. 在绘图区选取图 6.4.1a 所示的曲面，系统弹出图 6.4.3 所示的"使曲面变形"对话框（二），同时图形区中显示"水平""竖直"方向。

Step4. 分别拖动 拉长 、折弯 和 歪斜度 下面的滑块，可以看到图形区中的模型随之发生变化，滑块上方显示的参数分别接近60、86 和 30 即可；单击 确定 按钮，完成曲面的变形操作。

图 6.4.3 所示"使曲面变形"对话框（二）中各选项及按钮的说明如下。

- 中心点控件 区域：用于设置进行变形的参考位置和方向。
  - ☑ ⊙ 水平：曲面在水平方向上变形。
  - ☑ ○ 竖直：曲面在竖直方向上变形。
  - ☑ ○ V 低：变形从曲面的最低位置开始。
  - ☑ ○ V 高：变形从曲面的最高位置开始。
  - ☑ ○ V 中：变形从曲面的中间位置开始。
- 切换 H 和 V ：重置滑块设置，且在水平模式和竖直模式之间切换中心点控制。

- 拉长：用于拉伸曲面使其变形。
- 折弯：用于折弯曲面使其变形。
- 歪斜度：用于歪斜曲面使其变形。
- 扭转：用于扭转曲面使其变形。
- 移位：用于移动曲面。
- 重置：取消所有滑块的设置，重置曲面使其返回到原始状态。

图 6.4.2　"使曲面变形"对话框（一）　　图 6.4.3　"使曲面变形"对话框（二）

6.4.2　曲面的变换

使用 变换(T)... 命令可以动态地缩放、旋转平移单个 B 曲面，同时实时地从显示内容中获取反馈。缩放、旋转和平移变换及其组合组成了所谓的仿射映射，该功能通常用于 CAD 或其他计算机图形环境中。用该命令编辑后的曲面将丢失参数，属于非参数化编辑命令。下面以图 6.4.4 为例来说明使用"变换"命令编辑曲面的一般操作过程。

a）变换前　　　　　　　　　　　　　　　　　　　　b）变换后

图 6.4.4　曲面的变换

Step1. 打开文件 D:\ugnx12.8\work\ch06.04\distortion.prt。

Step2. 选择下拉菜单 编辑(E) ➡ 曲面(R) ➡ 变换(T)... 命令，系统弹出"变换曲面"对话框。

Step3. 在绘图区选取图 6.4.4a 所示的曲面，系统弹出"点"对话框。

Step4. 在"点"对话框中采用系统默认的原点为基点，单击 确定 按钮，系统弹出图 6.4.5 所示的"变换曲面"对话框。

Step5. 在图 6.4.5 所示的"变换曲面"对话框中选择 缩放 单选项，分别拖动 XC 轴、YC 轴和 ZC 轴 滑块，使其上的参数值分别接近 55、27 和 50。

Step6. 在图 6.4.5 所示的"变换曲面"对话框中选择 旋转 单选项，分别拖动 XC 轴、YC 轴和 ZC 轴 滑块，使其上的参数值分别接近 30、50 和 50。

Step7. 在图 6.4.5 所示的"变换曲面"对话框中选择 平移 单选项，分别拖动 XC 轴、YC 轴和 ZC 轴 滑块，使其上的参数值分别接近 62、59 和 50。

Step8. 在图 6.4.5 所示的"变换曲面"对话框中单击 确定 按钮，完成曲面的变换操作。

图 6.4.5　"变换曲面"对话框

图 6.4.5 所示"变换曲面"对话框中各选项及按钮的说明如下。

- 选择控件 区域：用于选择变换的控制类型。
  - ☑ 缩放：绕选定的轴或点缩放曲面。
  - ☑ 旋转：绕选定的轴或点旋转曲面。
  - ☑ 平移：绕选定的方向移动曲面。
- XC 轴：沿 X 轴方向缩放、旋转或平移曲面。
- YC 轴：沿 Y 轴方向缩放、旋转或平移曲面。
- ZC 轴：沿 Z 轴方向缩放、旋转或平移曲面。

6.4.3 整体突变

整体突变用于快速动态地创建、定形和编辑光顺的曲面。下面将通过范例来说明"整体突变"的一般操作过程。

Step1. 新建文件。选择下拉菜单 文件(F) ➡ 新建(N)... 命令，系统弹出"新建"对话框。在 模型 选项卡的 模板 区域中选取模板类型为 外观造型设计，在 名称 文本框中输入文件名称"swoop"，进入外观造型设计环境。

Step2. 选择下拉菜单 插入(S) ➡ 曲面(R) ➡ 整体突变(S)... 命令，系统弹出"点"对话框。

Step3. 采用系统默认的原点（0，0，0）为矩形拐点 1，在"点"对话框中单击 确定 按钮；定义点（100，100，0）为矩形拐点 2，单击 确定 按钮；系统弹出"整体突变形状控制"对话框，同时图形区中显示图 6.4.6 所示的矩形面。

Step4. 在"整体突变形状控制"对话框中选择 选择控件 区域的 ⊙ V 左 单选项，选择 次数 区域中的 ⊙ 五次 单选项。

Step5. 分别拖动 拉长 、 折弯 、 歪斜度 、 扭转 和 移位 下的滑块（可以看到图形区中显示的曲面随之更新），使滑块上方显示的参数分别接近 20、20、80、50 和 70；单击 确定 按钮，系统再次弹出"点"对话框。

Step6. 单击"点"对话框中的 取消 按钮，完成曲面的创建与编辑，结果如图 6.4.7 所示。

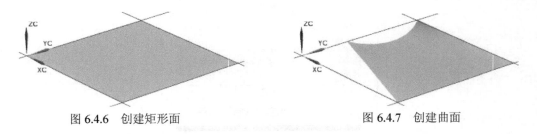

图 6.4.6　创建矩形面　　　　　　　图 6.4.7　创建曲面

6.5　曲面边缘的编辑

UG NX 12.0 中提供了匹配边、编辑片体边界、更改片体边缘等方法，对曲面边缘进行修改和编辑。使用这些命令编辑后的曲面将丢失参数，属于非参数化编辑命令。

6.5.1　匹配边

使用 匹配边(M) 命令可以修改选中的曲面，使它与参考对象的边界保持几何连续，并且能去除曲面间的缝隙，但只能用于编辑未修剪过的曲面，否则系统会弹出"警告"信息。下面以图 6.5.1 为例来说明使用"匹配边"编辑曲面的一般操作过程。

a）修改前　　　　　　　图 6.5.1　匹配边　　　　　　b）修改后

Step1. 打开文件 D:\ugnx12.8\work\ch06.05\matching_edge.prt。

Step2. 选择下拉菜单 编辑(E) ➞ 曲面(R) ➞ 匹配边(H)... 命令，系统弹出图 6.5.2 所示的"匹配边"对话框。

Step3. 在 方法 区域选择 移动 选项卡中的 ⦿ 法向 单选项，其他参数采用默认设置。

Step4. 选中要编辑的对象和参考。在图 6.5.3 中分别选取边线 1 和边线 2，在"匹配边"对话框中单击 <确定> 按钮，完成匹配边操作。

图 6.5.2　"匹配边"对话框

图 6.5.3　选取边线

6.5.2　剪断为补片

使用"剪断为补片"功能允许用户移除曲面上的孔。下面以图 6.5.4 为例来说明从片体中移除孔的一般操作过程。

a）移除前　　　　　　　　图 6.5.4　从片体中移除孔　　　　　　　　b）移除后

Step1.　打开文件 D:\ugnx12.8\work\ch06.05\boundary_1.prt。

Step2.　选择下拉菜单 编辑(E) ➡ 曲面(R) ➡ 剪断为补片(P)... 命令，系统弹出图 6.5.5 所示的"剪断为补片"对话框。

Step3.　在图形区选取图 6.5.4a 所示的曲面，在设置界面中选中 ☑ 隐藏原片体 复选框，单击 确定 按钮，完成移除孔操作。

图 6.5.5　"剪断为补片"对话框

6.5.3　局部取消修剪和延伸

使用"局部取消修剪和延伸"功能可以移除在片体上所做的修剪（如边界修剪和孔），或将片体恢复至参数四边形的形状。下面以图 6.5.6 为例来说明将多边形面恢复至四边形面的一般操作过程。

Step1.　打开文件 D:\ugnx12.8\work\ch06.05\boundary_2.prt。

Step2.　选择下拉菜单 编辑(E) ➡ 曲面(R) ➡ 局部取消修剪和延伸(D)... 命令，系统弹出图 6.5.7 所示的"局部取消修剪和延伸"对话框。

Step3.　在图形区选取图 6.5.6a 所示的面，然后选择片体的 5 条边线，单击 确定 按钮，完成局部取消修剪和延伸操作。

选取此面

a）移除修剪前　　　　　　　　　　　　b）移除修剪后

图 6.5.6　从片体中移除修剪

图 6.5.7 "局部取消修剪和延伸"对话框

6.5.4 替换边

替换边就是用片体内或片体外的新边来替换原来的边缘。下面以图 6.5.8 为例来说明利用片体替换边的一般操作过程。

选取该面

a）替换前　　　　　　　　　　b）替换后

图 6.5.8 片体替换边

Step1. 打开文件 D:\ugnx12.8\work\ch06.05\boundary_3.prt。

Step2. 选择下拉菜单 编辑(E) ➡ 曲面(R) ➡ 替换边(A)... 命令，系统弹出"替换边"对话框。

Step3. 在图形区选取图 6.5.8a 所示的曲面，在系统弹出的"确认"对话框中单击 是 按钮，此时系统弹出"类选择"对话框；在图形区选取图 6.5.9 所示的曲面边线，单击 确定 按钮，系统弹出图 6.5.10 所示的"替换边"对话框。

Step4. 在图 6.5.10 所示的"替换边"对话框中单击 指定平面 按钮，系统弹出"平面"对话框；在 类型 下拉列表中选择 YC-ZC 平面 选项，在 偏置和参考 区域的 距离 文本框中输入值 0；单击 确定 按钮，在弹出的"替换边"对话框中单击 确定 按钮，系统再次弹出"类选择"对话框。

选取此曲面边线

图 6.5.9 选取边缘曲线

图 6.5.10 "替换边"对话框

Step5. 单击"类选择"对话框中的 ▢确定▢ 按钮，在绘图区选取图 6.5.11 所示的曲面为保留部分，然后单击 ▢确定▢ 按钮，系统弹出"替换边"对话框。

图 6.5.11　选取保留部分

Step6. 单击"替换边"对话框中的 ▢取消▢ 按钮，完成替换边操作。

图 6.5.10 所示"替换边"对话框中的各按钮说明如下。

- ▢选择面▢：用于选择实体的面作为修剪对象。
- ▢指定平面▢：单击该按钮，系统弹出"平面"对话框，可利用此对话框指定平面作为片体边界的一部分。
- ▢沿法向的曲线▢：沿片体的法向投影曲线和边，从而确定片体的边界。
- ▢沿矢量的曲线▢：沿指定的方向矢量投影曲线和边，从而确定片体的边界。
- ▢指定投影矢量▢：用于指定投影的方向。

6.5.5　更改片体边缘

使用▢ 更改边(C)...命令可以修改曲面的边。下面以图 6.5.12 为例来说明更改片体边缘的一般操作过程。

Step1. 打开文件 D:\ugnx12.8\work\ch06.05\change_edge.prt。

Step2. 选择下拉菜单 编辑(E) ➡ 曲面(R) ➡ 更改边(C)... 命令，系统弹出"更改边"对话框。

Step3. 在图形区选取图 6.5.12a 所示的曲面，系统弹出"更改边"对话框。

Step4. 在图形区选取图 6.5.13 所示的曲面边缘，系统弹出图 6.5.14 所示的"更改边"对话框（一），单击 ▢仅边▢ 按钮，系统弹出图 6.5.15 所示的"更改边"对话框（二）。

a) 创建前　　　　　　　　　　b) 创建后

图 6.5.12　更改片体边缘　　　　　　　图 6.5.13　选取曲线边缘

图 6.5.14　"更改边"对话框（一）

图 6.5.15　"更改边"对话框（二）

Step5. 在图 6.5.15 所示的 "更 改 边" 对 话 框 （ 二 ） 中 单 击 匹配到平面 按钮，系统弹出"平面"对话框；在 类型 下拉列表中选择 YC-ZC 平面 选项，在 偏置 区域的 距离 文本框中输入值 0；单击 确定 按钮，系统弹出"更改边"对话框。

Step6. 单击"更改边"对话框中的 取消 按钮，完成片体边缘的更改。

图 6.5.14 所示"更改边"对话框（一）中各按钮的说明如下。

- 仅边 ：用于修改选中的边。
- 边和法向 ：用于修改选中的边及其法向。
- 边和交叉切线 ：用于修改选中的边及其横向斜率。
- 边和曲率 ：将选中的边及其横向斜率与其他对象相匹配，且可以使曲面间的曲率连续。
- 检查偏差 -- 否 ：当匹配用于定位和相切的自由曲面时，选择"检查偏差"可提供曲面变形程度的信息。

图 6.5.15 所示"更改边"对话框（二）中各按钮的说明如下。

- 匹配到曲线 ：用于将曲面的边缘与选定的曲线匹配。
- 匹配到边 ：用于将曲面的边缘与其他实体的边缘匹配。
- 匹配到体 ：用于将实体的边缘与其他实体匹配。
- 匹配到平面 ：使实体边缘位于指定平面内。

6.6　曲面的缝合

曲面的缝合功能可以将两个或两个以上的曲面连接形成一个曲面。图 6.6.1 所示的曲面缝合的一般过程如下。

Step1. 打开文件 D:\ugnx12.8\work\ch06.06\sew.prt。

Step2. 选择下拉菜单 插入(S) → 组合(B) → 缝合(W)... 命令，此时系统弹出图

6.6.2 所示的"缝合"对话框。

选取曲面 2

选取曲面 1

a）缝合前　　　　　　　　　　　　　　　b）缝合后

图 6.6.1　曲面的缝合

图 6.6.2　"缝合"对话框

Step3. 设置缝合类型。在"缝合"对话框 类型 区域的下拉列表中选择 片体 选项。

Step4. 定义目标片体和刀具片体。在图形区选取图 6.6.1a 所示的曲面 1 为目标片体，然后选取曲面 2 为刀具片体。

Step5. 设置缝合公差。在"缝合"对话框的 公差 文本框中输入值 3，然后单击 确定 按钮（或者单击中键）完成曲面的缝合操作。

6.7　曲面的实体化

曲面的创建最终是为了生成实体，所以曲面的实体化在设计过程中是非常重要的。曲面的实体化有多种类型，下面将分别进行介绍。

6.7.1　开放曲面的加厚

曲面加厚功能可以对开放的曲面进行偏置生成实体，并且生成的实体可以和已有的实体进行布尔运算。图 6.7.1 所示的曲面加厚的一般过程如下。

Step1. 打开文件 D:\ugnx12.8\work\ch06.07\thicken.prt。

说明： 如果曲面存在收敛点，则无法直接加厚，所以在加厚之前必须通过修剪、补片和缝合等操作去除收敛点。

a）加厚前   b）加厚后

图 6.7.1 曲面的加厚

Step2. 将图 6.7.2 所示的曲面 1 与曲面 2 缝合（缝合后称为面组 12）。

Step3. 创建一个拉伸特征去除收敛点，如图 6.7.3 所示。选择下拉菜单 插入(S) ➡️ 设计特征(E) ➡️ 🔳 拉伸(E)... 命令，在"拉伸"对话框中单击 表区域驱动 区域中的 🔲 按钮，系统弹出"创建草图"对话框。选取 XY 平面为草图平面，单击 确定 按钮进入草图环境；绘制图 6.7.4 所示的截面草图，然后退出草图环境；在"拉伸"对话框 限制 区域的 开始 下拉列表中选择 🔲 值 选项，在第一个 距离 文本框中输入值 0，在 结束 下拉列表中选择 🔲 值 选项，在第二个 距离 文本框中输入值 25；在 布尔 区域的 布尔 下拉列表中选择 🔲 减去 选项，并在图形区选取曲面为求差对象，然后单击 < 确定 > 按钮，完成收敛点的去除。

Step4. 创建图 6.7.5 所示的曲面 3；选择下拉菜单 插入(S) ➡️ 网格曲面(M)▸ ➡️ 🔲 通过曲线网格(M)... 命令，此时系统弹出"通过曲线网格"对话框；选取图 6.7.6 所示的线串 1 和线串 2 为主线串，然后分别单击中键确认。再次单击中键，然后选取图 6.7.7 所示的线串 3 和线串 4 为交叉线串，再分别单击中键确认；在"通过曲线网格"对话框 连续性 区域的 第一主线串 下拉列表中选择 G1（相切）选项，然后选取曲面 2 为约束面；在"通过曲线网格"对话框 连续性 区域的 第一交叉线串 下拉列表中选择 G1（相切）选项，然后选取曲面 2 为约束面；在"通过曲线网格"对话框 连续性 区域的 最后交叉线串 下拉列表中选择 G1（相切）选项，然后选取曲面 2 为约束面；在"通过曲线网格"对话框中单击 < 确定 > 按钮，完成曲面的创建。

图 6.7.2 选取曲面

图 6.7.3 去除收敛点

图 6.7.4 截面草图

图 6.7.5 创建曲面 3

图 6.7.6 选取主线串

Step5. 将面组 12 与曲面 3 缝合（缝合后称为面组 123）。

Step6. 选择下拉菜单 插入(S) ➡ 偏置/缩放(O) ➡ 加厚(T)... 命令，此时系统弹出图 6.7.8 所示的"加厚"对话框。

线串 3 放大图 线串 4 放大图

图 6.7.7　选取交叉线串

图 6.7.8　"加厚"对话框

Step7. 定义目标片体。在图形区选取面组 123。

Step8. 定义加厚的数值。在"加厚"对话框的 偏置 1 文本框中输入值 1，其他均采用系统默认的设置，然后单击 < 确定 > 按钮或者单击中键，完成曲面加厚操作。

说明：曲面加厚完成后，它的截面是不平整的，所以一般在加厚后还需切平。

Step9. 创建一个拉伸特征将模型一侧切平，如图 6.7.9 所示。选择下拉菜单 插入(S) ➡ 设计特征(E) ➡ 拉伸(E)... 命令，在"拉伸"对话框中单击 表区域驱动 区域中的 按钮，然后选取 YZ 平面为草图平面。绘制图 6.7.10 所示的拉伸截面草图；在"拉伸"对话框 限制 区域的 开始 下拉列表中选择 值 选项，在第一个 距离 文本框中输入值-5，在 结束 下拉列表中选择 值 选项，在第二个 距离 文本框中输入值 120；在 布尔 区域的 布尔 下拉列表中选择 减去 选项，选取加厚的实体；单击 < 确定 > 按钮，完成模型一侧的切平。

图 6.7.9　拉伸特征

图 6.7.10　拉伸截面草图

图 6.7.8 所示的"加厚"对话框中的部分选项说明如下。

- 偏置 1：该选项用于定义加厚实体的起始位置。
- 偏置 2：该选项用于定义加厚实体的结束位置。

6.7.2 封闭曲面的实体化

封闭曲面的实体化就是将一组封闭的曲面转化为实体特征。图 6.7.11 所示的封闭曲面实体化的操作过程如下。

a）实体化前

图 6.7.11　封闭曲面的实体化

b）实体化后

Step1. 打开文件 D:\ugnx12.8\work\ch06.07\surface_solid.prt。

Step2. 选择下拉菜单 视图(V) ➡ 截面(S) ➡ 新建截面(T)... 命令，此时系统弹出图 6.7.12 所示的"视图剖切"对话框。

Step3. 在"视图剖切"对话框的 类型 区域下拉列表中选择 一个平面 选项，然后单击 剖切平面 区域的"设置平面至 X"按钮 ，此时可看到在图形区中显示的特征为片体，如图 6.7.13 所示，然后单击 取消 按钮。

图 6.7.12　"视图剖切"对话框

图 6.7.13　截面视图

Step4. 选择下拉菜单 插入(S) ➝ 组合(B) ▸ ➝ 📖 缝合(W)... 命令，此时系统弹出"缝合"对话框。

Step5. 在"缝合"对话框中均采用默认设置，在图形区依次选取片体 1 和曲面 1（图6.7.14）为目标片体和工具片体，然后单击"缝合"对话框中的 确定 按钮，完成实体化操作。

Step6. 选择下拉菜单 视图(V) ➝ 截面(S) ▸ ➝ 🐾 新建截面(T)... 命令，此时系统弹出"视图截面"对话框。

Step7. 在"剖切定义"对话框的 类型 区域下拉列表中选择 一个平面 选项，然后单击 剖切平面 区域的"设置平面至 X"按钮 🔀，此时可看到在图形区中显示的特征为实体，如图 6.7.15 所示，然后单击 取消 按钮。

图 6.7.14 选取特征

图 6.7.15 截面视图

说明：在 UG NX 12.0 中，通过缝合封闭曲面会自然生成一个实体。

6.7.3 使用补片创建实体

曲面的补片功能就是使用片体替换实体上的某些面，或者将一个片体补到另一个片体上。使用补片创建图 6.7.16 所示的实体的一般过程如下。

Step1. 打开文件 D:\ugnx12.8\work\ch06.07\surface_solid_replace.prt。

Step2. 选择下拉菜单 插入(S) ➝ 组合(B) ▸ ➝ 🔵 修补(C)... 命令，系统弹出"补片"对话框。

Step3. 在绘图区选取图 6.7.16a 所示的实体为要修补的体特征，选取图 6.7.16a 所示的片体为用于修补的体特征；单击"反向"按钮 🔀，使其与图 6.7.17 所示的方向一致。

Step4. 单击"补片"对话框中的 确定 按钮，完成补片操作。

注意：在进行补片操作时，工具片体的所有边缘必须在目标片体的面上，而且工具片体必须在目标片体上创建一个封闭的环，否则系统会提示出错。

a）创建前   b）创建后

图 6.7.16 创建实体   图 6.7.17 方向

第7章　曲面中的倒圆角

本章提要

圆角不仅出现在产品设计中，也经常应用在工艺设计中，因为圆角不但使产品在外观上看起来没有了生硬的感觉，而且在工艺上起着消除应力的作用。本章将介绍曲面中圆角的创建，主要内容包括：

- 边倒圆
- 面倒圆
- 软倒圆
- 样式圆角

倒圆角在曲面建模中具有相当重要的地位。倒圆角功能可以在两组曲面或者实体表面之间建立光滑连接的过渡曲面，创建过渡曲面的截面线可以是圆弧、二次曲线和等参数曲线等。在 UG NX 12.0 中，可以创建四种不同类型的圆角：边倒圆、面倒圆、软倒圆和样式圆角。在创建圆角时应注意：为了避免创建从属于圆角特征的子项，标注时不要以圆角创建的边或相切边为参照；在设计中要尽可能晚些添加圆角特征。倒圆角的类型主要有边倒圆、面倒圆、软倒圆和样式圆角四种，下面介绍这几种倒圆角的具体用法。

7.1　边倒圆

边倒圆可以使至少由两个面共享的选定边缘变光滑。倒圆时，就像沿着被倒圆角的边缘（圆角半径）滚动一个球，同时使球始终与在此边缘处相交的各个面接触。边倒圆的方式有以下四种：恒定半径方式、变半径方式、空间倒角方式和拐角突然停止点方式。下面通过创建图 7.1.1 所示的模型对这四种方式进行说明。

a）倒圆前

b）倒圆后

图 7.1.1　边倒圆实例

1. 恒定半径方式

创建图 7.1.2 所示的恒定半径方式边倒圆的一般操作过程如下。

选取此边线

a）倒圆角前　　　　　　　　　　　　　　　b）倒圆角后

图 7.1.2　恒定半径方式边倒圆

Step1. 打开文件 D:\ugnx12.8\work\ch07.01\blend.prt。

Step2. 选择下拉菜单 插入(S) ➡ 细节特征(L) ▶ ➡ 边倒圆(E) 命令（或单击 按钮），系统弹出"边倒圆"对话框。

Step3. 在绘图区选取图 7.1.2a 所示的边线，在 边 区域的 半径 1 文本框中输入值 5.0。

Step4. 单击"边倒圆"对话框中的 < 确定 > 按钮，完成恒定半径方式的边倒圆操作。

2．变半径方式

下面通过变半径方式创建图 7.1.3 所示的边倒圆（接上例继续操作）。

Step1. 选择下拉菜单 插入(S) ➡ 细节特征(L) ▶ ➡ 边倒圆(E) 命令（或单击 按钮），系统弹出"边倒圆"对话框。

Step2. 在绘图区选取图 7.1.3a 所示的边线，在 变半径 区域中单击 指定新的位置 按钮，选取图 7.1.3a 所示边线的上端点，在 V 半径 文本框中输入值 5，在 位置 文本框中选择 弧长百分比 选项，在 弧长百分比 文本框中输入值 100。

Step3. 单击图 7.1.3a 所示边线的中点，在系统弹出的 V 半径 文本框中输入值 10，在 弧长百分比 文本框中输入值 50。

Step4. 单击图 7.1.3a 所示边线的下端点，在系统弹出的 V 半径 文本框中输入值 5，在 弧长百分比 文本框中输入值 0。

Step5. 单击"边倒圆"对话框中的 < 确定 > 按钮，完成变半径方式的边倒圆操作。

选取此边线

a）倒圆角前　　　　　　　　　　　　　　　b）倒圆角后

图 7.1.3　变半径方式边倒圆

3．空间倒角方式和拐角突然停止点方式

下面通过空间倒角方式和拐角突然停止点方式创建图 7.1.4 所示的边倒圆（接上例继续

操作）。

a）倒圆角前　　　　　　　　　　　　　　　b）倒圆角后

图 7.1.4　空间倒角方式和拐角突然停止点方式

Step1. 选择下拉菜单 插入(S) ➡ 细节特征(L) ▶ ➡ 边倒圆(E) 命令（或单击 按钮），系统弹出"边倒圆"对话框。

Step2. 使用拐角突然停止方式。在 边 区域后的 半径 1 文本框中输入值 5；在绘图区选取图 7.1.4a 所示的三条边线，在 拐角突然停止 区域中单击 选择端点 按钮，选取图 7.1.4a 所示的点 1；在 限制 下拉列表中选择 距离 选项，在 位置 区域中选择 弧长百分比 选项，在 弧长百分比 文本框中输入值 15。

Step3. 使用拐角倒角方式。在 拐角倒角 区域中单击 选择端点 按钮，再选取图 7.1.4a 所示的点 2，分别在 拐角倒角 区域的 列表 下单击 点 1 倒角 1 2.5 p88=2.5 、 点 1 倒角 2 2.5 p89=2.5 和 点 1 倒角 3 2.5 p90=2.5 ，分别在 点 1 倒角 1 、 点 1 倒角 2 和 点 1 倒角 3 后的文本框中输入值 2.5、5 和 3.5。

Step4. 单击"边倒圆"对话框中的 < 确定 > 按钮，完成拐角突然停止点和空间倒角的操作。

7.2　面倒圆

面倒圆(F)... 命令可用于创建复杂的圆角面，该圆角面与两组输入曲面相切，并且可以对两组曲面进行裁剪和缝合。圆角面的横截面可以是圆弧或二次曲线。

1. 用圆形横截面创建面倒圆

创建图 7.2.1 所示的圆形横截面面倒圆的一般操作过程如下。

Step1. 打开文件 D:\ugnx12.8\work\ch07.02\face_blend_1.prt。

Step2. 选择下拉菜单 插入(S) ➡ 细节特征(L) ▶ ➡ 面倒圆(F)... 命令（或单击 按钮），系统弹出图 7.2.2 所示的"面倒圆"对话框，在 类型 下拉列表中选择 双面 选项。

a）倒圆前　　　　　　　　　　　　　b）倒圆后

图 7.2.1　面倒圆特征

Step3. 在绘图区选取图 7.2.1 所示的面 1，单击鼠标中键确认；选取图 7.2.1 所示的面 2，在 **横截面** 区域的 **方位** 下拉列表中选择 **滚球** 选项，在 **形状** 下拉列表中选择 **圆形** 选项，在 **半径方法** 下拉列表中选择 **恒定** 选项，在 **半径** 文本框中输入值 10；在 "面倒圆" 对话框中单击 **应用** 按钮，系统再次弹出 "面倒圆" 对话框。

Step4. 在绘图区选取图 7.2.3 所示的面 2，单击鼠标中键确认；选取图 7.2.3 所示的面 3，在 **半径** 文本框中输入值 10；其他参数采用系统默认设置；在 "面倒圆" 对话框中单击 **应用** 按钮，系统再次弹出 "面倒圆" 对话框。

图 7.2.2　"面倒圆" 对话框

图 7.2.3　面倒圆参照

Step5. 在绘图区选取图 7.2.4 所示的面，单击鼠标中键确认；选取图 7.2.5 所示的面 4，在 **半径** 文本框中输入值 10；其他参数采用系统默认设置；单击 "面倒圆" 对话框中的 **< 确定 >** 按钮，完成面倒圆操作。

图 7.2.4　面倒圆参照

图 7.2.5　面倒圆参照

图 7.2.2 所示 "面倒圆" 对话框中各个选项的说明如下。

- **类型** 下拉列表：用于定义面圆角的类型，包括以下两种类型的面圆角。

  ☑ **双面**：选取两个面链，在两个面链之间创建面圆角。

- ☑ **三面**：选取三个面链，在三个面链之间创建面圆角。

- **方位** 下拉列表：可以定义"滚球""扫掠圆盘"两种面倒圆的截面方位。
  - ☑ **滚球**：使用滚动的球体创建面倒圆，倒圆截面线由球体与两组曲面的交点确定。
  - ☑ **扫掠圆盘**：沿着脊线曲线扫掠横截面，倒圆横截面的平面始终垂直于脊线曲线。

- **形状** 下拉列表：用于定义面倒圆的截面形状。
  - ☑ **圆形**：定义倒圆横截面的形状为圆形。
  - ☑ **对称相切**：定义倒圆横截面的形状为对称二次曲线形式。
  - ☑ **非对称相切**：定义倒圆横截面的形状为不对称二次曲线形式。

- **半径方法** 下拉列表：定义倒圆时半径为恒定、规律控制，或者为相切约束。
  - ☑ **恒定**：使用恒定半径（正值）进行倒圆。
  - ☑ **可变**：依照规律函数在沿着脊线曲线的单个点处定义可变的半径。
  - ☑ **限制曲线**：控制倒圆半径，其中倒圆面与选定曲线/边缘保持相切约束。

2．用规律控制创建面倒圆

用规律控制创建图 7.2.6 所示的面倒圆的一般操作过程如下。

Step1. 打开文件 D:\ugnx12.8\work\ch07.02\face_blend2.prt。

Step2. 选择下拉菜单 插入(S) ➡ 细节特征(L) ▶ ➡ 面倒圆(F)... 命令（或单击 按钮），系统弹出"面倒圆"对话框。

Step3. 在绘图区选取图 7.2.7 所示的面 1，单击鼠标中键确认；选取图 7.2.7 所示的面 2；在对话框 横截面 区域的 形状 下拉列表中选择 圆形 选项，在 半径方法 下拉列表中选择 可变 选项，在 规律类型 下拉列表中选择 三次 选项，在 半径起点 文本框中输入值 20，在 半径终点 文本框中输入值 10，在 横截面 区域中单击 选择脊线 (0) 按钮，选取图 7.2.6a 所示的边线。

Step4. 单击"面倒圆"对话框中的 < 确定 > 按钮，完成面倒圆操作。

<table>
<tr><td>选取此边线</td><td></td><td></td><td>选取面 2</td><td>选取面 1</td></tr>
<tr><td>a）创建前</td><td></td><td>b）创建后</td><td colspan="2"></td></tr>
<tr><td colspan="3">图 7.2.6　规律控制创建的面倒圆</td><td colspan="2">图 7.2.7　面倒圆参照</td></tr>
</table>

说明：在选取图 7.2.6a 所示的边线时，边线的显示方向会根据单击的位置不同而不同，单击位置靠上时，直线方向朝下；单击位置靠下时，方向是朝上的。边线的方向和"规律控制的"对话框中的起始值和终止值是相对应的。

3．用对称二次曲线横截面创建面倒圆

创建图 7.2.8 所示的对称二次曲线横截面方式的面倒圆的一般操作过程如下。

Step1. 打开文件 D:\ugnx12.8\work\ch07.02\face_blend3.prt。

Step2. 选择下拉菜单 插入(S) ➡ 细节特征(L) ▶ ➡ 面倒圆(F)... 命令（或单击 按钮），系统弹出图 7.2.9 所示的"面倒圆"对话框。

选取此边线

面 1

面 2

a）创建前

b）创建后

图 7.2.8　对称二次曲线横截面方式创建面倒圆

图 7.2.9　"面倒圆"对话框

Step3. 在绘图区选取图 7.2.8a 所示的面 1，单击鼠标中键确认；选取面 2，单击 ✳ 选择脊线 (0) 按钮，在绘图区选取图 7.2.8a 所示的边线；在 横截面 区域的 形状 下拉列表中选择 对称相切 选项，在 二次曲线法 下拉列表中选择 边界和 Rho 选项，在 边界方法 下拉列表中选择 恒定 选项，在 边界半径 文本框中输入值 10，在 Rho 方法 下拉列表中选择 规律控制 选项，在 规律类型 下拉列表中选择 线性 选项，在 Rho 起点 文本框中输入值 0.6，在 Rho 终点 文本框中输入值 0.2。

Step4. 单击"面倒圆"对话框中的 < 确定 > 按钮，完成面倒圆操作。

注意：在选取图 7.2.8a 所示的面 1 和面 2 时，可通过单击"反向"按钮 使箭头反向。

7.3 样式圆角

创建样式圆角的方式有三种，即规律方式、曲线方式和配置文件方式。

1. 根据规律方式

下面以图 7.3.1 为例来说明根据规律方式创建样式圆角的一般操作过程。

a）创建前 b）创建后

图 7.3.1 样式圆角的创建

Step1. 打开文件 D:\ugnx12.8\work\ch07.03\styled_blend.prt。

Step2. 选择下拉菜单 插入(S) ➡ 细节特征(L) ▶ ➡ 样式倒圆(Y) …命令，系统弹出图 7.3.2 所示的"样式圆角"对话框（一）。

图 7.3.2 "样式圆角"对话框（一）

图 7.3.2 所示"样式圆角"对话框（一）中各个选项的说明如下。

类型 下拉列表：包含"规律""曲线""轮廓"三种创建过渡曲面的方式。

- **规律**：使用圆管道与曲面的相交线作为相切约束线来创建过渡曲面。
- **曲线**：使用用户定义的相切线来创建过渡曲面。
- **轮廓**：使用通过轮廓曲线的圆管道与两组曲面的相交线作为相切约束线来创建过渡曲面。

面链 区域：定义创建样式圆角的面链。

- **※选择面链 1 (0)**：选取要创建圆角面的第一组曲面。
- **※选择面链 2 (0)**：选取要创建圆角面的第二组曲面。
- **使圆角方向反向**：单击其后的 按钮，可使圆角方向反向。
- **中心曲线**：单击区域中的 按钮，可以在图形区选取一曲线作为圆角面的中心线，如果用户不选取中心线，则系统会自动将第一组曲面和第二组曲面的交线作为中心线。
- **反向**：单击其后的反向按钮 ，可使中心曲线的方向变为系统默认方向的反方向。
- **脊线**：圆角面的控制脊线。取消选中 □ **使用中心曲线作为脊线** 复选框时，可单击 **选择曲线 (0)** 后的 按钮在图形区选择一曲线作为脊线；当选中 ☑ **使用中心曲线作为脊线** 复选框时，系统会自动将第一组曲面和第二组曲面的交线作为圆角面的控制脊线。

方向 区域：定义与曲面相连接的样式圆角曲面方向。

- **面链 1** 下拉列表：第一组曲面的方向。
  - ☑ **未指定**：不指定方向。
  - ☑ **垂直**：垂直于第一组曲面。
  - ☑ **等参数曲线 U**：以等参数曲线的 U 方向作为第一组曲面的方向。
  - ☑ **等参数曲线 V**：以等参数曲线的 V 方向作为第一组曲面的方向。
- **面链 2** 下拉列表：第二组曲面的方向与"面链 1"下拉列表相似。

Step3. 在下拉列表中选择 **规律** 选项，在绘图区选取图 7.3.3 所示的曲面 1 作为第一组曲面，此时曲面上出现图 7.3.4 所示的法向箭头，单击鼠标中键确认。

Step4. 在图形区中选取图 7.3.4 所示的曲面 2 作为第二组曲面，单击鼠标中键确认，此时系统自动生成图 7.3.5 所示的中心曲线，即两曲面的交线；单击 **中心曲线** 区域中的"反向"按钮 ，使其方向如图 7.3.5 所示。

图 7.3.3　选取曲面 1

图 7.3.4　选取曲面 2

图 7.3.5　中心曲线

注意：在选取面 1 和面 2 时，通过单击调整面的方向使箭头指向另一个曲面。

Step5. 在图 7.3.6 所示"样式圆角"对话框（二）的 形状控制 区域中选中 ☑ 单个管道 复选框；在控制类型下拉列表中选择 管道半径 1 选项，在 规律类型 下拉列表中选择 多重过渡 选项；单击 列表 中的 管道半径 1 1 0.000 10.000 p16，在 管道半径 1 1 文本框中输入值 10，在 过渡 下拉列表中选择 恒定 选项；单击 列表 中的 管道半径 1 2 100.000 10.000 p16，在 管道半径 1 2 文本框中输入值 10，在 过渡 下拉列表中选择 混合 选项。

Step6. 在"样式圆角"对话框（二）的 圆角输出 区域中选择 修剪并附着 选项，在 重新构建 区域的 引导 下拉列表中选择 次数和公差 选项，在 次数 文本框中输入值 3。

Step7. 在"样式圆角"对话框（二）中单击 < 确定 > 按钮，完成圆角的创建。

图 7.3.6 "样式圆角"对话框（二）

图 7.3.6 所示"样式圆角"对话框（二）中部分选项的说明如下。

- **形状控制** 区域：用于控制曲面的形状。
  - ☑ ☑ **单个管道** （单个管道）：选中此复选框用于开启和关闭单个管道控制圆角。该选项在参数更改的同时关联运用到所有的曲面。
  - ☑ ☐ **链接手柄** （链接手柄）：选中此复选框用于开启和关闭链接手柄。除了非拐、S 形和动态过渡类型外，该选项可以链接图形窗口中所有可用的手柄，系统将以用户拖动手柄的相同距离移动其他的手柄。
- **控制类型** 下拉列表：定义圆角面的形状控制类型。
  - ☑ **管道半径 1** （管道半径 1）：选取第一条管道，用管道的半径来控制圆角面。
  - ☑ **管道半径 2** （管道半径 2）：选取第二条管道，用管道的半径来控制圆角面。
  - ☑ **深度** （深度）：以深度的形式定义控制类型。
  - ☑ **歪斜度** （歪斜度）：以歪斜的形式定义控制类型。
  - ☑ **相切幅值** （相切幅值）：以幅值的形式定义控制类型。
- **规律类型** 下拉列表：包含恒定、线性、三次、多重过渡、非拐和 S 形六个选项。
  - ☑ **恒定** （恒定）：曲面的半径顺着中心线方向是恒定的。
  - ☑ **线性** （线性）：曲面的半径顺着中心线方向线性变化。
  - ☑ **三次** （三次）：曲面的半径顺着中心线方向呈三次样条曲线变化。
  - ☑ **多重过渡** （多重过渡）：定义多个参数来控制圆角的形状变化。
  - ☑ **无拐点** （无拐点）：曲面的半径顺着中心线方向无拐点变化。
  - ☑ **S 型** （S 形）：曲面的半径顺着中心线方向呈 S 形变化。
- **过渡** 下拉列表：定义圆角过渡类型，包含恒定、线性、混合和最大值/最小值四种类型。
  - ☑ **混合** （圆角）：曲面的圆角由此命令来控制过渡。
  - ☑ **最小值/最大值**：由曲面的最大值和最小值之间的过渡来确定曲面的过渡。
- **圆角输出** 区域：定义样式圆角曲面的修剪和附着方式。
  - ☑ **修剪并附着**：修剪圆角并将其附着到底层的面集上。
  - ☑ **不修剪**：不修剪输入曲面。
  - ☑ **修剪输入面链**：修剪输入曲面。

2. 根据曲线方式

下面以图 7.3.7 为例来说明根据曲线方式创建样式圆角的一般操作过程。

Step1. 打开文件 D:\ugnx12.8\work\ch07.03\styled_blend_1.prt。

Step2. 选择下拉菜单 插入(S) ➡ 细节特征(L) ▶ ➡ 🔲 样式倒圆(Y) … 命令，系统弹出如图 7.3.8 所示的"样式圆角"对话框（三）。

a）创建前　　　　　　　　　　　b）创建后

图 7.3.7　根据曲线方式创建样式圆角

Step3. 在 类型 区域的下拉列表中选择 曲线 选项。

Step4. 定义曲面。在绘图区选取图 7.3.9 所示的曲面 1 作为第一组曲面，单击鼠标中键确认；选取图 7.3.10 所示的曲面 2 作为第二组曲面，单击鼠标中键确认。

Step5. 定义轮廓线。在绘图区选取图 7.3.11 所示的曲线集 1 作为第一面上的样式圆角轮廓线，单击鼠标中键确定；选取图 7.3.12 所示的曲线集 2 作为第二面上的样式圆角轮廓线，单击鼠标中键确认。

图 7.3.8　"样式圆角"对话框（三）

图 7.3.9　选取曲面 1

图 7.3.10　选取曲面 2

图 7.3.11　选取曲线集 1

图 7.3.12　选取曲线集 2

Step6. 定义脊线。在 脊线 区域中单击 选择曲线 (0) 按钮，选择两曲面的交线为脊线。

Step7. 定义形状控制。在 形状控制 区域的 控制类型 下拉列表中选择 深度 选项，在 规律类型 下拉列表中选择 无拐点 选项。

Step8. 定义样式圆角的连续性。在 连续性 区域的 面链 1 下拉列表中选择 G1（相切）选项，在 面链 2 下拉列表中选择 G1（相切）选项，其他参数采用系统默认设置；在 圆角输出 区域的 修剪方法 下拉列表中选择 不修剪 选项，其他参数采用系统默认设置。

Step9. 在"样式圆角"对话框（三）中单击 < 确定 > 按钮，完成圆角的创建。

3. 根据配置文件方式

下面以图 7.3.13 为例来说明根据配置文件方式创建样式圆角的一般操作过程。

a）创建前　　　　　　　　　b）创建后

图 7.3.13　根据配置文件方式创建样式圆角

Step1. 打开文件 D:\ugnx12.8\work\ch07.03\styled_blend_2.prt。

Step2. 选择下拉菜单 插入(S) ➡ 细节特征(L) ▶ ➡ 样式倒圆(Y) … 命令，系统弹出"样式圆角"对话框。

Step3. 在 类型 区域的下拉列表中选择 轮廓 选项。

Step4. 定义曲面。在图形区选取图 7.3.14 所示的曲面 1 作为第一组曲面，单击"反向"按钮 ✕，单击鼠标中键确认；选取图 7.3.15 所示的曲面 2 作为第二组曲面，调整曲面的方向如图 7.3.15 箭头所示。

图 7.3.14　选取曲面 1　　　　　　　　图 7.3.15　选取曲面 2

Step5. 定义轮廓和中心曲线。在 轮廓 区域中单击 选择曲线 (0) 按钮，选择图 7.3.16 所示的边线为轮廓线；在 中心曲线 区域中单击 选择曲线 (0) 按钮，选择图 7.3.17 所示的曲面边线作为中心曲线。

Step6. 定义形状控制。在 形状控制 区域的 控制类型 下拉列表中选择 深度 选项，在 规律类型 下拉列表中选择 无拐点 选项。

图 7.3.16 选取轮廓线

图 7.3.17 选取中心曲线

Step7. 定义样式圆角的连续性。在 连续性 区域的 面链 1 下拉列表中选择 G1（相切） 选项，在 面链 2 下拉列表中选择 G1（相切） 选项，其他参数采用系统默认设置；在 圆角输出 区域的 修剪方法 下拉列表中选择 不修剪 选项，其他参数采用系统默认设置。

Step8. 在"样式圆角"对话框中单击 < 确定 > 按钮，完成圆角的创建。

说明：

为了回馈广大读者对本书的支持，除随书学习资源中的视频讲解之外，我们将免费为您提供更多的 UG 学习视频，内容包括各个软件模块的基本理论和背景知识、高级功能和命令的详解以及一些典型的实际应用案例等。

我们将这些视频讲解制作成了在线学习视频，并在本书相关章节的最后对讲解的内容做了简要介绍，读者可以扫描二维码直达视频讲解页面，登录兆迪科技网站免费学习。

学习拓展：扫码学习更多视频讲解。

讲解内容：圆角特征中的高级控制选项较多，本部分主要对"圆角的溢出控制"和其他参数选项做了详细的讲解。

学习拓展：扫码学习更多视频讲解。

讲解内容：逆向设计是曲面设计的重要拓展应用之一，本部分主要讲解了逆向设计的背景知识，对实际的逆向设计中点云的扫描、数据处理、逆向建模和数据分析做了说明，让读者能了解逆向设计在实际工程中的应用。

为了获得更好的学习效果，建议读者采用以下方法进行学习。

方法一：使用台式机或者笔记本电脑登录兆迪科技网校，开启高清视频模式学习。

方法二：下载 APP 并缓存课程视频至手机，可以免流量观看。

具体操作方法可以打开兆迪网校帮助页面（手机可以扫描右侧二维码打开）http://www.zalldy.com/page/bangzhu 查看，或者在兆迪网校咨询窗口联系在线老师，也可以直接拨打技术支持电话 010-82176248，010-82176249。

第 8 章　TOP_DOWN 自顶向下产品设计

本章提要　　　TOP_DOWN 的设计方法在产品设计中应用广泛,因为其强大的相关性使产品的设计更改得以更快实现。在 UG 中实现产品间的关联复制以及特征的传递作用,是系统提供的 WAVE 几何链接器。本章将对几何链接器进行讲解,主要内容包括:

- WAVE 几何链接器
- 自顶向下的设计实例
- 自顶向下设计的一般过程

8.1　WAVE 几何链接器

WAVE（What-if Alternative Value Engineering）是美国 UGS 公司在其核心产品 Unigraphics（简称 UG）上进行的一项软件开发,是一种实现产品装配的各组件间关联建模的技术,提供了实际工程产品设计中所需要的自顶向下的设计环境。WAVE 的存在不仅使得上下级之间的部件实现了外形和尺寸等的传递性（相关性）,在同级别部件中也实现了传递性。本节将介绍创建同级别部件间传递性的一般操作过程。

1. 创建链接部件

WAVE 几何链接器是用于组件之间关联性复制几何体的工具。一般来讲,关联性复制几何体可以在任意两个组件之间进行,可以是同级组件,也可以在上下级组件之间。创建链接部件的一般操作过程如下。

Step1. 打开文件 D:\ugnx12.8\work\ch08.01\moxing.prt。

Step2. 在左侧的资源工具条区单击装配导航器按钮 ,在装配导航器区的空白处右击,在弹出的快捷菜单中选择 ☑ WAVE 模式 选项。

Step3. 在装配导航器区选择 ☑ moxing 选项并右击,在弹出的快捷菜单中选择 WAVE ▶ ➡ 创建链接部件 命令,系统弹出图 8.1.1 所示的"创建链接部件"对话框。

图 8.1.1　"创建链接部件"对话框

Step4. 在"创建链接部件"对话框中单击 指定部件名 按钮，系统弹出图 8.1.2 所示的"选择部件名"对话框。

Step5. 在"选择部件名"对话框的 文件名(N): 文本框中输入链接部件名 moxing2，单击 OK 按钮，系统返回到"创建链接部件"对话框。

图 8.1.2 "选择部件名"对话框

Step6. 在"创建链接部件"对话框中选择 MODEL 选项，单击 确定 按钮，完成链接部件的创建，如图 8.1.3 所示。

图 8.1.3 创建链接部件

2．编辑链接部件

从模型上得到所需的信息后要对创建的链接部件进一步细化。下面就上述例子继续讲解链接部件的编辑步骤。

Step1. 分割实体。选择下拉菜单 插入(S) —→ 修剪(T) ▶ —→ 修剪体(T)... 命令，系统弹出"修剪体"对话框。

Step2. 选取图 8.1.4 所示的实体为修剪的目标体，单击鼠标中键确认，然后选取图 8.1.4 所示的曲面为刀具体。

Step3. 单击 < 确定 > 按钮，完成修剪体的创建。

Step4. 隐藏分割面。选择下拉菜单 编辑(E) —→ 显示和隐藏(H) —→ 隐藏(H)... 命令，系统弹出"类选择"对话框。

Step5. 选取图 8.1.5 所示的曲面，单击 确定 按钮，完成分割面的隐藏操作，结果如图 8.1.6 所示。

图 8.1.4　选取修剪体特征参照　　图 8.1.5　选取隐藏曲面　　图 8.1.6　隐藏分割面

Step6. 选择下拉菜单 文件(F) ➡ 🔲 保存(S) 命令。

8.2　自顶向下设计的一般过程

自顶向下（Top_Down）产品设计（图 8.2.1）是 WAVE 的重要应用之一，通过在装配中建立产品的总体参数或整体造型，并将控制几何对象的关联性复制到相关组件来实现控制产品的细节设计。

在自顶向下设计过程中，当产品的总体参数被修改时，则"装配"控制的相关组件的属性也会随之自动更新，但是被控组件参数的修改不能传递到总组件。下面以简单的肥皂盒设计为例来说明自顶向下设计的一般方法。

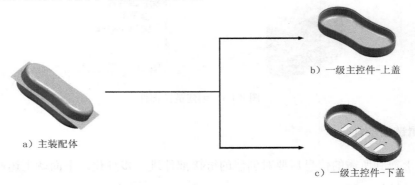

b）一级主控件-上盖

a）主装配体

c）一级主控件-下盖

图 8.2.1　自顶向下设计

Stage1. 创建主装配体

Step1. 新建文件。

（1）选择下拉菜单 文件(F) ➡ 🔲 新建(N)... 命令，系统弹出"新建"对话框。

（2）在 模板 区域中选取模板类型为 🔘 模型 ，在 名称 文本框中输入文件名称 soap_box。

（3）单击 确定 按钮，进入建模环境。

Step2. 创建拉伸特征 1。

（1）选择下拉菜单 插入(S) ➡ 设计特征(E) ➡ 🔳 拉伸(E)... 命令（或单击 🔲 按钮），系统弹出"拉伸"对话框。

（2）单击"绘制截面"按钮 🖳 ，选取 XY 基准平面为草图平面，单击 确定 按钮进入草图环境，绘制图 8.2.2 所示的截面草图；在功能区中单击 按钮，退出草图环境。

（3）在 指定矢量 下拉列表中选择 ZC↑ 选项，定义 ZC 轴的正方向为拉伸方向。

（4）在 限制 区域的 开始 下拉列表中选择 值 选项，并在其下的 距离 文本框中输入值 0；在 结束 下拉列表中选择 值 选项，并在其下的 距离 文本框中输入值 48；在 布尔 区域的下拉列表中选择 无 选项，其他参数采用系统默认设置。

（5）单击 < 确定 > 按钮，拉伸特征 1 如图 8.2.3 所示。

图 8.2.2　绘制截面草图

图 8.2.3　拉伸特征 1

Step3. 选择下拉菜单 插入(S) ➡ 细节特征(L)▶ ➡ 边倒圆(E)... 命令（或单击 按钮），系统弹出"边倒圆"对话框；选取图 8.2.4 所示的两条曲线为边倒圆参照，并在 半径 1 文本框中输入值 8，单击 < 确定 > 按钮，完成边倒圆特征操作，结果如图 8.2.5 所示。

图 8.2.4　选择边倒圆参照

图 8.2.5　边倒圆特征

Step4. 创建拉伸特征 2。

（1）选择下拉菜单 插入(S) ➡ 设计特征(E) ➡ 拉伸(E)... 命令（或单击 按钮），系统弹出"拉伸"对话框。

（2）单击"绘制截面"按钮 ，选取 XY 基准平面为草图平面，单击 确定 按钮进入草图环境，绘制图 8.2.6 所示的截面草图；在功能区中单击 按钮，退出草图环境。

（3）在 限制 区域的 开始 下拉列表中选择 值 选项，并在其下的 距离 文本框中输入值 0；在 结束 下拉列表中选择 值 选项，并在其下的 距离 文本框中输入值 2；在 方向 区域的 指定矢量 下拉列表中选择 -ZC↓ 选项，定义 Z 轴的负方向为拉伸方向；在 布尔 区域的下拉列表中选择 合并 选项，采用系统默认的求和对象。

（4）单击 < 确定 > 按钮，拉伸特征 2 如图 8.2.7 所示。

图 8.2.6　绘制截面草图

图 8.2.7　拉伸特征 2

Step5. 创建拉伸曲面。

（1）选择下拉菜单 插入(S) ➡ 设计特征(E) ➡ ⬛ 拉伸(E)... 命令，系统弹出"拉伸"对话框。

（2）选取 ZX 基准平面为草图平面，单击 确定 按钮进入草图环境，绘制图 8.2.8 所示的截面草图；在功能区中单击 🏁 按钮，退出草图环境。

（3）在 ✔ 指定矢量 下拉列表中选择 ᵞᶜ↗ 选项，在 限制 区域的 开始 下拉列表中选择 🔛 对称值 选项，并在其下的 距离 文本框中输入值 50；在 布尔 区域的下拉列表中选择 🔖 无 选项；单击 < 确定 > 按钮，拉伸曲面结果如图 8.2.9 所示。

图 8.2.8　绘制截面草图

图 8.2.9　拉伸曲面结果

Step6. 选择下拉菜单 文件(F) ➡ 💾 保存(S) 命令，保存零件模型。

Stage2. 创建一级主控件——上盖

Step1. 在左侧的资源工具条区单击装配导航器按钮 🗂️，在装配导航器区的空白处右击，在弹出的快捷菜单中选择 ✔ WAVE 模式 选项。

Step2. 在装配导航器区选择 ☑🔲 soap_box 选项并右击，在弹出的快捷菜单中选择 WAVE ▶ ➡ 新建层 命令，系统弹出图 8.2.10 所示的"新建层"对话框。

Step3. 在"新建层"对话框中单击 指定部件名 按钮，系统弹出"选择部件名"对话框。

Step4. 在"选择部件名"对话框的 文件名(N): 文本框中输入链接部件名 up_cover，并单击 OK 按钮，系统回到"新建层"对话框。

Step5. 在"新建层"对话框中单击 类选择 按钮，选取图 8.2.11 所示的实体和曲面；单击"WAVE 部件间的复制"对话框中的 确定 按钮，系统自动弹出"新建层"对话框，然后单击 确定 按钮完成组件间的复制。

图 8.2.10　"新建层"对话框

图 8.2.11　选取实体和曲面

Step6. 分割实体。

（1）在左侧的资源工具条区单击装配导航器按钮 ，在装配导航器区选择 ☑ ◎ up_cover 选项并右击，在弹出的快捷菜单中选择 设为显示部件 选项，此时系统只显示一级主控件 **up_cover**。

（2）选择下拉菜单 插入(S) ➡ 修剪(T)▶ ➡ 修剪体(T)... 命令，系统弹出"修剪体"对话框。

（3）选取图 8.2.11 所示的实体为修剪的目标体，单击鼠标中键确认；选取图 8.2.11 所示的曲面为刀具体，单击 按钮调整保留侧。

（4）单击 <确定> 按钮，完成修剪体的创建。

（5）选择下拉菜单 编辑(E) ➡ 显示和隐藏(H) ➡ 隐藏(H)... 命令，系统弹出"类选择"对话框；选取图 8.2.11 所示的曲面，单击 确定 按钮完成分割面的隐藏操作，结果如图 8.2.12 所示。

Step7. 抽壳。

（1）选择下拉菜单 插入(S) ➡ 偏置/缩放(O)▶ ➡ 抽壳(H)... 命令（或单击 按钮），系统弹出"抽壳"对话框。

（2）在"抽壳"对话框 类型 区域的下拉列表中选择 移除面，然后抽壳 选项，选取图 8.2.13 所示的表面为移除面，并在 厚度 文本框中输入值 2，采用系统默认抽壳方向。

图 8.2.12　修剪体

图 8.2.13　选取移除面

（3）单击 <确定> 按钮完成抽壳特征的操作，结果如图 8.2.14 所示。

Step8. 创建拉伸特征。

（1）选择下拉菜单 插入(S) ➡ 在任务环境中绘制草图(V)... 命令，系统弹出"创建草图"对话框。

（2）选取图 8.2.15 所示的平面为草图平面，单击 确定 按钮进入草图环境。

图 8.2.14　抽壳特征

图 8.2.15　选取草图平面

（3）绘制图 8.2.16 所示的截面草图。选择下拉菜单 插入(S) ➡ 来自曲线集的曲线(F) ▶ ➡ 偏置曲线(V)... 命令，系统弹出"偏置曲线"对话框；选取图 8.2.16 所示的外边缘曲线为要偏置的曲线（将选择范围调整为"在工作部件内部"）；在 距离 文本框中输入值 1，单击 ⚡ 按钮调整偏置方向为向里；单击 < 确定 > 按钮，完成偏置曲线的创建；单击 ▓ 按钮，退出草图环境。

图 8.2.16 绘制截面草图

（4）选择下拉菜单 插入(S) ➡ 设计特征(E) ➡ 拉伸(E)... 命令（或单击 ▥ 按钮），系统弹出"拉伸"对话框。

（5）选取步骤（3）中绘制的草图为拉伸截面；在"拉伸"对话框 限制 区域的 开始 下拉列表中选择 ▥ 值 选项，并在其下的 距离 文本框中输入值 0；在 结束 下拉列表中选择 ▥ 值 选项，并在其下的 距离 文本框中输入值 2；在 方向 区域中单击 ⚡ 按钮，定义 Z 基准轴的正方向为拉伸方向，在 布尔 区域的下拉列表中选择 ▦ 减去 选项，采用系统默认的求差对象。

（6）单击 < 确定 > 按钮，完成拉伸特征的创建，如图 8.2.17 所示。

图 8.2.17 创建拉伸特征

Step9. 选择下拉菜单 文件(F) ➡ 🖫 保存(S) 命令，保存零件模型。

Step10. 在左侧的资源工具条区单击装配导航器按钮 ⬚，在装配导航器区选择 ☑▢ up_cover 选项并右击，在弹出的快捷菜单中选择 显示父项 ▸ ➡ soap_box 命令。

Stage3. 创建一级主控件——下盖

Step1. 在装配导航器区选择 ⬚ soap_box 选项并右击，在弹出的快捷菜单中选择 WAVE ▸ ➡ 新建层 命令，系统弹出"新建层"对话框。

Step2. 在"新建层"对话框中单击 指定部件名 按钮，系统弹出"选择部件名"对话框。

Step3. 在"选择部件名"对话框的 文件名(N): 文本框中输入链接部件名 down_cover，单击 OK 按钮，系统返回到"新建层"对话框。

Step4. 在"新建层"对话框中单击 类选择 按钮，选取图 8.2.18 所示的实体和曲面，单击"WAVE 部件间的复制"对话框中的 确定 按钮；系统返回"新建层"对话框，然后单击 确定 按钮完成组件间的复制。

Step5. 分割实体。

（1）在左侧的资源工具条区单击装配导航器按钮 ，在装配导航器区选择☑️ ⬡ down_cover 选项并右击，在弹出的快捷菜单中选择 🖳 在窗口中打开 选项，此时系统只显示一级主控件 down_cover。

（2）选择下拉菜单插入(S) ➡️ 修剪(T)▶ ➡️ 修剪体(T)... 命令，系统弹出"修剪体"对话框。

（3）选取图 8.2.18 所示的实体为修剪的目标体，单击鼠标中键确认，然后选取图 8.2.18 所示的曲面为刀具体，定义 Z 基准轴的正方向为修剪方向。

（4）单击 〈确定〉 按钮，完成修剪体的创建。

（5）选择下拉菜单编辑(E) ➡️ 显示和隐藏(H) ➡️ 🔷 隐藏(H) 命令，系统弹出"类选择"对话框；选取图 8.2.18 所示的曲面，单击 确定 按钮完成分割面的隐藏操作，结果如图 8.2.19 所示。

Step6. 创建抽壳特征。

（1）选择下拉菜单插入(S) ➡️ 偏置/缩放(O)▶ ➡️ 🗐 抽壳(H) 命令（或单击🗐按钮），系统弹出"抽壳"对话框。

（2）在"抽壳"对话框类型区域的下拉列表中选择🗐 移除面,然后抽壳选项，选取图 8.2.20 所示的表面为移除面，并在厚度文本框中输入值 2，采用系统默认的抽壳方向。

图 8.2.18　选择实体和曲面　　　图 8.2.19　修剪体　　　图 8.2.20　选取移除面

（3）单击 〈确定〉 按钮完成抽壳特征的操作，结果如图 8.2.21 所示。

Step7. 创建拉伸特征 1。

（1）选择下拉菜单插入(S) ➡️ 🔠 在任务环境中绘制草图(V)... 命令，选取图 8.2.22 所示的平面为草图平面，绘制截面草图。

图 8.2.21　抽壳特征　　　　　图 8.2.22　选取草图平面

（2）创建图 8.2.23 所示的偏置曲线。选择下拉菜单插入(S) ➡️ 来自曲线集的曲线(F)▶ ➡️ 🗐 偏置曲线(V)... 命令，系统弹出"偏置曲线"对话框；选取图 8.2.23 所示的外边缘曲线为要偏置的曲线，在距离文本框中输入值 1，单击 按钮，调整偏置方向为向里；单击 〈确定〉 按钮，完成偏置曲线的创建。

（3）选择下拉菜单插入(S) ➡️ 配方曲线(U)▶ ➡️ 🔠 投影曲线(T)... 命令，系统弹出"投影曲线"对话框。选取图 8.2.24 所示的边线为要投影的曲线，单击 确定 按钮完成投影曲线的创建。

图 8.2.23　创建偏置曲线

（4）在功能区中单击 按钮，退出草图环境。

图 8.2.24　创建投影曲线

（5）选择下拉菜单 插入(S) ➡ 设计特征(E) ➡ 拉伸(E)... 命令（或单击 按钮），系统弹出"拉伸"对话框。

（6）选取步骤（1）中绘制的草图为拉伸截面，在 指定矢量 下拉列表中选择 ZC↑ 选项；在"拉伸"对话框 限制 区域的 开始 下拉列表中选择 值 选项，并在其下的 距离 文本框中输入值 0；在 限制 区域的 结束 下拉列表中选择 值 选项，并在其下的 距离 文本框中输入值 2；在 布尔 区域的下拉列表中选择 合并 选项，采用系统默认的求和对象。

（7）单击 ＜确定＞ 按钮完成拉伸特征的创建，如图 8.2.25 所示。

图 8.2.25　创建拉伸特征 1

Step8. 创建拉伸特征 2。

（1）创建基准坐标系。选择下拉菜单 插入(S) ➡ 基准/点(D) ▶ ➡ 基准坐标系(C)... 命令，系统弹出"基准坐标系"对话框；在 参考 下拉列表中选择 绝对坐标系 - 显示部件 选项，单击 ＜确定＞ 按钮完成基准坐标系的创建。

（2）以 XY 基准平面为草图平面，绘制图 8.2.26 所示的截面草图。

（3）选取步骤（2）中所绘制的草图为拉伸截面。

（4）在"拉伸"对话框 限制 区域的 开始 下拉列表中选择 对称值 选项，并在其下的 距离 文本框中输入值 50，在 布尔 区域的下拉列表中选择 减去 选项，采用系统默认的求差对象。

（5）单击 ＜确定＞ 按钮，完成拉伸特征 2 的创建，结果如图 8.2.27 所示。

Step9. 选择下拉菜单 文件(F) ➡ 保存(S) 命令，保存零件模型。

Stage4．修改主装配体

Step1. 在左侧的资源工具条区单击装配导航器按钮 ，选择 ☑ down_cover 选项并右击，在弹出的快捷菜单中选择 显示父项 ➡️ soap_box 命令。

图 8.2.26　绘制截面草图

图 8.2.27　创建拉伸特征 2

Step2. 在装配导航器区选择 ☑️📦 soap_box 选项并右击，在弹出的快捷菜单中选择 📦 设为工作部件 选项。

Step3. 在左侧的资源工具条区单击部件导航器按钮🗂️，在弹出的部件导航器区双击 ☑️📖 拉伸 (1) 选项，系统弹出"拉伸"对话框。

Step4. 在 限制 区域 结束 下面的 距离 文本框中输入值 60，单击 < 确定 > 按钮，此时上盖的高度会发生变化，如图 8.2.28 所示。

Step5. 在左侧的资源工具条区单击部件导航器按钮🗂️，在弹出的部件导航器区双击 ☑️📦 边倒圆 (2) 选项，系统弹出"边倒圆"对话框。

a）修改前

b）修改后

图 8.2.28　修改拉伸特征

Step6. 在"边倒圆"对话框的 半径 1 文本框中输入值 12，单击 确定 按钮，此时肥皂盒的边缘形状会发生变化，如图 8.2.29 所示。

a）修改前

b）修改后

图 8.2.29　修改边倒圆特征

Step7. 隐藏片体和草图。选择下拉菜单 编辑(E) ➡️ 显示和隐藏(H) ➡️ ✏️ 显示和隐藏(O)... 命令，系统弹出"显示和隐藏"对话框；在对话框内分别单击 片体 和 草图 后的 ➖ 按钮，单击 关闭 按钮，完成草图和片体的隐藏。

Step8. 隐藏控件。在左侧的装配导航器中右击 ☑️📦 soap_box 选项，在弹出的快捷菜单中选择 显示和隐藏 ➡️ 隐藏节点 命令，隐藏控件。

Step9. 选择下拉菜单 文件(F) ➡️ 💾 保存(S) 命令，保存零件模型。

8.3　范例——手机的自顶向下设计

8.3.1　范例概述

本范例详细讲解了一款手机外壳的整个设计过程，该设计过程中采用了最先进的设计方法——自顶向下（Top_down Design）。这种自顶向下的设计方法可以加快产品更新换代的速度，极大地缩短了新产品的上市时间，并且可以获得较好的整体造型。许多家用电器（如计算机机箱、吹风机、鼠标等）都可以采用这种方法进行设计。本例设计的产品成品模型如图 8.3.1 所示。

图 8.3.1　手机模型

在使用自顶向下的设计方法进行设计时，我们先引入一个新的概念——控件。控件即控制元件，用于控制模型的外观及尺寸等，控件在设计过程中起着承上启下的作用。最高级别的控件（通常称为"一级控件"，是在整个设计开始时创建的原始结构模型）所承接的，是整体模型与所有零件之间的位置及配合关系；一级控件之外的控件（二级控件或更低级别的控件）从上一级别控件得到外形和尺寸等，再把这种关系传递给下一级控件或零件。在整个设计过程中一级控件的作用非常重要，它在创建之初就把整个模型的外观勾勒出来，后续工作都是对一级控件的分割或细化，在整个设计过程中创建的所有控件或零件都与一级控件存在着根本的联系。本例中一级控件是一种特殊的零件模型，或者说它是一个装配体的 3D 布局。

使用自顶向下的设计方法有如下两种方法。

方法一：首先创建产品的整体外形，然后分割产品从而得到各个零部件，再对零部件各结构进行设计。

方法二：首先创建产品中的重要结构，然后将装配几何关系的线与面复制到各零件，再插入新的零件并进行细节设计。

本范例采用第一种设计方法，即将创建的产品的整体外形分割而得到各个零件。在 UG

NX 12.0 中，用户可以通过选择下拉菜单 工具(T) ➡ 装配导航器(A)▶ ➡ WAVE 模式(W) 命令，或者在"装配导航器"窗口中右击，在弹出的快捷菜单中选择 WAVE 模式 选项进入 WAVE 装配环境。设置工作部件的方法是选择下拉菜单 装配(A) ➡ 关联控制(O)▶ ➡ 设置工作部件(W) 命令，选择要设计的工作部件，也可以在"装配导航器"窗口中在要设置的部件上右击，在弹出的快捷菜单中选择 设为工作部件 选项，将选择的部件设置为工作部件。

本例中手机的设计流程图如图 8.3.2 所示。

图 8.3.2　设计流程图

8.3.2 创建一级控件

下面讲解一级控件（**MOBILE_PHONE.PRT**）的创建过程。一级控件在整个设计过程中起着十分重要的作用，它不仅为两个二级控件提供原始模型，并且确定了手机的整体外观形状。零件模型及相应的模型树如图 8.3.3 所示。

图 8.3.3　零件模型及相应的模型树

Step1. 新建文件。选择下拉菜单 文件(F) ➡ 新建(N)... 命令，系统弹出"新建"对话框。在 模型 选项卡的 模板 区域中选择模板类型为 模型，在 名称 文本框中输入文件名称 mobile_phone，单击 确定 按钮，进入建模环境。

说明：本例所创建的所有模型应存放在同一文件夹下，制作完成后整个模型将以装配体的形式出现，并且本例所创建的一级控件，在所有的零件设计完成后对其做相应的编辑即是完成后的手机模型。

Step2. 创建图 8.3.4 所示的拉伸特征 1。

（1）选择下拉菜单 插入(S) ➡ 设计特征(E) ➡ 拉伸(E)... 命令（或单击 按钮），系统弹出"拉伸"对话框。

（2）单击对话框中的"绘制截面"按钮 ，系统弹出"创建草图"对话框，选取 XY 基准平面为草图平面，单击 确定 按钮进入草图环境，绘制图 8.3.5 所示的截面草图；单击 按钮退出草图环境。

（3）在 指定矢量 下拉列表中选择 选项，即为拉伸方向（注：具体参数和操作参见随书学习资源）。

（4）在"拉伸"对话框中单击 < 确定 > 按钮，完成拉伸特征 1 的创建。

图 8.3.4　拉伸特征 1

图 8.3.5　绘制截面草图

Step3. 创建拔模特征 1。

（1）选择下拉菜单 插入(S) ➡ 细节特征(L)▶ ➡ 拔模(T)... 命令，系统弹出"拔模"对话框。

（2）在 脱模方向 区域的 * 指定矢量 下拉列表中选择 -ZC↓ 选项。

（3）选取图 8.3.6 所示的面为固定平面。

（4）选取图 8.3.7 所示的面为拔模面，在 角度 文本框中输入值 5，其他参数采用系统默认设置。

（5）在"拔模"对话框中单击 < 确定 > 按钮，完成拔模特征 1 的创建。

图 8.3.6　选取固定平面

图 8.3.7　选取拔模面

Step4. 创建图 8.3.8a 所示的边倒圆特征 1。选择下拉菜单 插入(S) ➡ 细节特征(L)▶ ➡ 边倒圆(E)... 命令（或单击 按钮），系统弹出"边倒圆"对话框；选取图 8.3.8b 所示的两条边为边倒圆参照，在 半径 1 文本框中输入值 8；在"边倒圆"对话框中单击 < 确定 > 按钮，完成边倒圆特征 1 的创建。

a）边倒圆后

图 8.3.8　边倒圆特征 1

b）边倒圆前

Step5. 创建图 8.3.9a 所示的边倒圆特征 2。选取图 8.3.9b 所示的边为边倒圆参照，其圆角半径值为 6。

a）边倒圆后

图 8.3.9　边倒圆特征 2

b）边倒圆前

Step6. 创建图 8.3.10a 所示的边倒圆特征 3。选取图 8.3.10b 所示的边线为边倒圆参照，其圆角半径值为 6。

a）边倒圆后

此边链为边倒圆参照

b）边倒圆前

图 8.3.10　边倒圆特征 3

Step7. 创建图 8.3.11 所示的拉伸特征 2。选择下拉菜单 插入(S) ➡ 设计特征(E) ➡ ⊞ 拉伸(E)... 命令，选取 YZ 基准平面为草图平面，绘制图 8.3.12 所示的截面草图，在 方向 区域的 ✓ 指定矢量 下拉列表中选择 XC 选项，在"拉伸"对话框 限制 区域的 开始 下拉列表中选择 ⊕ 对称值 选项，并在其下的 距离 文本框中输入值 25，在 布尔 区域的下拉列表中选择 减去 选项，系统将自动与模型中的唯一一个体进行布尔求差运算，其他参数采用系统默认设置；单击对话框中的 <确定> 按钮，完成拉伸特征 2 的创建。

图 8.3.11　拉伸特征 2

放大图

图 8.3.12　绘制截面草图

Step8. 创建图 8.3.13 所示的倒斜角特征。选择下拉菜单 插入(S) ➡ 细节特征(L) ▶ ➡ ◈ 倒斜角(C)... 命令（或单击 按钮），系统弹出"倒斜角"对话框；选取图 8.3.13b 所示的边线为倒斜角参照，在 偏置 区域的 横截面 下拉列表中选择 非对称 选项；在 距离 1 文本框输入值 3，在 距离 2 文本框中输入值 2；在 设置 区域的 偏置方法 下拉列表中选择 偏置面并修剪 选项，其他参数采用系统默认设置；在"倒斜角"对话框中单击 <确定> 按钮，完成倒斜角特征的创建。

a）倒斜角后

此边线为倒斜角参照

b）倒斜角前

图 8.3.13　倒斜角特征

Step9. 创建图 8.3.14a 所示的边倒圆特征 4。选择图 8.3.14b 所示的边线为边倒圆参照，其圆角半径值为 1。

a）边倒圆后

此边线为边倒圆参照

b）边倒圆前

图 8.3.14　边倒圆特征 4

Step10. 创建图 8.3.15 所示的拉伸特征 3。选择下拉菜单 插入(S) ➡ 设计特征(E)
➡ 拉伸(E)... 命令，选取 YZ 基准平面为草图平面，绘制图 8.3.16 所示的截面草图；
在"拉伸"对话框 限制 区域的 开始 下拉列表中选择 对称值 选项，并在其下的 距离 文本框中输
入值 25，在 方向 区域的 ✔ 指定矢量 下拉列表中选择 XC 选项，在 布尔 区域的下拉列表中选择
无 选项，在 设置 区域的 体类型 下拉列表中选择 片体 选项，其他参数采用系统默认设置；单
击对话框中的 < 确定 > 按钮，完成拉伸特征 3 的创建。

图 8.3.15　拉伸特征 3

图 8.3.16　绘制截面草图

Step11. 创建图 8.3.17 所示的拉伸特征 4。选择下拉菜单 插入(S) ➡ 设计特征(E)
➡ 拉伸(E)... 命令，选取 XY 基准平面为草图平面，绘制图 8.3.18 所示的截面草图，
在 方向 区域的 ✔ 指定矢量 下拉列表中选择 ZC 选项，在"拉伸"对话框 限制 区域的 开始 下拉列
表中选择 对称值 选项，并在其下的 距离 文本框中输入值 10；在 设置 区域的 体类型 下拉列表
中选择 片体 选项，其他参数采用系统默认设置；单击对话框中的 < 确定 > 按钮，完成拉
伸特征 4 的创建。

图 8.3.17　拉伸特征 4

图 8.3.18　绘制截面草图

Step12. 创建图 8.3.19 所示的修剪特征 1。选择下拉菜单 插入(S) ➡ 修剪(T) ▶ ➡
修剪片体(R)... 命令，系统弹出"修剪片体"对话框；选择图 8.3.20 所示的目标体（拉伸
特征 4）和边界对象（拉伸特征 3）；在 区域 区域中选择 ◉放弃 单选项，其他参数采用系统
默认设置；在"修剪片体"对话框中单击 确定 按钮，完成修剪特征 1 的创建。

图 8.3.19　修剪特征 1

图 8.3.20　选取目标体和边界对象

Step13. 创建图 8.3.21 所示的修剪特征 2。选择下拉菜单 插入(S) ➡ 修剪(T) ▶ ➡
修剪片体(R)... 命令，选择图 8.3.22 所示的目标体（拉伸特征 3）和边界对象（修剪特征 1）；

在 区域 区域中选择 ⊙ 保留 单选项，其他参数采用系统默认设置；单击对话框中的 确定 按钮，完成修剪特征 2 的创建。

图 8.3.21　修剪特征 2

图 8.3.22　选取目标片体和边界对象

Step14. 曲面缝合。选择下拉菜单 插入(S) ➡ 组合(B) ▸ ➡ 缝合(W)... 命令，系统弹出"缝合"对话框；在 类型 区域的下拉列表中选择 ◆ 片体 选项；选取修剪特征 2 为目标体，选取修剪特征 1 为刀具体，其他采用系统默认设置；在"缝合"对话框中单击 确定 按钮，完成缝合曲面的操作。

Step15. 创建图 8.3.23a 所示的边倒圆特征 5。选择图 8.3.23b 所示的边线为边倒圆参照，其圆角半径值为 1.5。

a）边倒圆后　　　　　　　　　　　　　　　　　b）边倒圆前

图 8.3.23　边倒圆特征 5

Step16. 设置隐藏。

（1）选择下拉菜单 编辑(E) ➡ 显示和隐藏(H) ➡ ◇ 隐藏(H)... 命令，系统弹出"类选择"对话框。

（2）单击"类选择"对话框 过滤器 区域中的 ✛ 按钮，系统弹出"根据类型选择"对话框；选择对话框列表中的 草图 和 基准 选项；单击 确定 按钮，系统再次弹出"类选择"对话框，单击对话框 对象 区域中的 ✛ 按钮。

（3）在"类选择"对话框中单击 确定 按钮，完成对设置对象的隐藏。

Step17. 保存零件模型。

8.3.3　创建上部二级控件

下面要创建的上部二级控件是从骨架模型中分割出来的一部分，它继承了一级控件中对应的外观形状，同时又作为控件模型为三级控件和屏幕提供相应外观和对应尺寸，它还必须保证零件设计的可装配性。下面讲解上部二级控件（second_top）的创建过程，零件模型及相应的模型树如图 8.3.24 所示。

图 8.3.24 零件模型及相应的模型树

Step1. 创建 second_01 层。

（1）在"装配导航器"窗口中右击，在弹出的快捷菜单中选择 **WAVE 模式** 选项，系统进入 WAVE 模式。

（2）在"装配导航器"窗口中的 ☑🖥 **mobile_phone** 选项上右击，系统弹出快捷菜单，在其中选择 **WAVE** ➡ **新建层** 命令，系统弹出"新建层"对话框。

（3）单击"新建层"对话框中的 **指定部件名** 按钮，在弹出的"选择部件名"对话框的 **文件名(N):** 文本框中输入文件名 second_top；单击 **OK** 按钮，系统再次弹出"新建层"对话框。

（4）单击"新建层"对话框中的 **类选择** 按钮，系统弹出"WAVE 部件间的复制"对话框；选取一级控件中所有创建的实体和片体作为要复制的几何体；单击 **确定** 按钮，系统重新弹出"新建层"对话框。

（5）在"新建层"对话框中单击 **确定** 按钮，完成 second_top 层的创建。

（6）在"装配导航器"窗口中的 ☑🖥 **second_top** 选项上右击，在系统弹出的快捷菜单中选择 **在窗口中打开** 命令，对模型进行编辑。

Step2. 创建图 8.3.25 所示的修剪体特征 1。选择下拉菜单 **插入(S)** ➡ **修剪(T)** ➡ **修剪体(T)...** 命令，系统弹出"修剪体"对话框；选取图 8.3.26 所示的目标体和刀具体；采用系统默认的切除方向，使修剪结果如图 8.3.25 所示；在"修剪体"对话框中单击 **< 确定 >** 按钮，完成修剪体特征 1 的创建（隐藏边界对象）。

图 8.3.25 修剪体特征 1

此为目标体
此为刀具体

图 8.3.26 选取目标体和刀具体

Step3. 创建图 8.3.27 所示的抽壳特征 1。

（1）选择下拉菜单 **插入(S)** ➡ **偏置/缩放(O)** ➡ **抽壳(H)...** 命令（或单击 按钮），系统弹出"抽壳"对话框。

（2）在"抽壳"对话框类型区域的下拉列表中选择选项。

（3）选取图 8.3.28 所示的面为移除面（隐藏片体），在厚度区域的厚度文本框中输入值 1；在备选厚度区域单击按钮，选取图 8.3.29 所示的平面为备选厚度面，在厚度 1文本框中输入值 1.5，其他参数采用系统默认设置。

（4）在"抽壳"对话框中单击 < 确定 > 按钮，完成抽壳特征 1 的创建。

此面为移除面

此面为备选厚度面

图 8.3.27　抽壳特征 1　　　　图 8.3.28　选取移除面　　　　图 8.3.29　选取备选厚度面

Step4. 创建图 8.3.30 所示的偏置曲面 1。

（1）选择下拉菜单插入(S) —— 偏置/缩放(O) —— 偏置曲面(O)...命令，系统弹出"偏置曲面"对话框。

（2）选取图 8.3.31 所示的面为偏置曲面。

（3）在偏置 1的文本框中输入值 1，单击按钮调整偏置方向为 Z 轴负向，其他参数采用系统默认设置。

（4）在"偏置曲面"对话框中单击 < 确定 > 按钮，完成偏置曲面 1 的创建。

此面为偏置曲面

图 8.3.30　偏置曲面 1　　　　　　　图 8.3.31　选取偏置曲面

Step5. 创建图 8.3.32 所示的拉伸特征 1。

（1）创建基准坐标系。选择下拉菜单插入(S) —— 基准/点(D) —— 基准坐标系(C)...命令，系统弹出"基准坐标系"对话框，单击 < 确定 > 按钮完成基准坐标系的创建。

（2）选择下拉菜单插入(S) —— 设计特征(E) —— 拉伸(E)...命令（或单击按钮），系统弹出"拉伸"对话框。

（3）单击"绘制截面"按钮，系统弹出"创建草图"对话框；选取 XY 基准平面为草图平面，单击 确定 按钮；绘制图 8.3.33 所示的截面草图，其中圆弧与偏置曲面 1 的上圆弧为等圆弧约束；选择下拉菜单任务(K) —— 完成草图(K)命令，退出草图环境。

（4）在"拉伸"对话框的✓ 指定矢量下拉列表中选择ZC↑选项为拉伸方向；在限制区域的开始下拉列表中选择对称值选项，并在其下的距离文本框中输入值 10，其他参数采用系统默认设置。

（5）在设置区域体类型的下拉列表中选择片体选项。

（6）在"拉伸"对话框中单击 <确定> 按钮，完成拉伸特征1的创建。

图 8.3.32 拉伸特征 1

图 8.3.33 绘制截面草图

Step6. 创建图 8.3.34 所示的修剪特征 1（隐藏实体）。

（1）选择下拉菜单 插入(S) ➡ 修剪(T) ▶ ➡ 修剪片体(R)... 命令，系统弹出"修剪片体"对话框。

（2）选取图 8.3.35 所示的目标体（拉伸特征 1）和边界对象（偏置曲面 1），在 区域 区域中选择 保留 单选项，其他参数采用系统默认设置。

（3）在"修剪片体"对话框中单击 <确定> 按钮，完成修剪特征 1 的创建。

图 8.3.34 修剪特征 1

此为目标体
此为边界对象

图 8.3.35 选取目标体和边界对象

Step7. 创建图 8.3.36 所示的修剪特征 2。

（1）选择下拉菜单 插入(S) ➡ 修剪(T) ▶ ➡ 修剪片体(R)... 命令，选取图 8.3.37 所示的目标体（拉伸特征 3）和边界对象（修剪特征 1），在 区域 区域中选择 保留 单选项，其他参数采用系统默认设置。

（2）单击对话框中的 <确定> 按钮，完成修剪特征 2 的创建。

图 8.3.36 修剪特征 2

此为边界对象
此为目标体

图 8.3.37 选取目标体和边界对象

Step8. 曲面缝合。

（1）选择下拉菜单 插入(S) ➡ 组合(B) ▶ ➡ 缝合(W)... 命令，系统弹出"缝合"对话框。

（2）在 类型 区域的下拉列表中选择 片体 选项。

（3）选取修剪特征 2 为目标体，选取修剪特征 1 为刀具体，其他参数采用系统默认设置。

（4）在"缝合"对话框中单击 确定 按钮，完成缝合曲面的操作。

Step9. 创建图 8.3.38a 所示的边倒圆特征 1。

（1）选择下拉菜单 插入(S) ➡ 细节特征(L) ▶ ➡ 边倒圆(E)... 命令（或单击 按钮），

系统弹出"边倒圆"对话框。

（2）选取图 8.3.38b 所示的两条边为边倒圆参照，在 半径 1 文本框中输入值 1。

（3）在"边倒圆"对话框中单击 < 确定 > 按钮，完成边倒圆特征 1 的创建。

a）边倒圆后　　　　　　　　　　　　　　　　　　b）边倒圆前

图 8.3.38　边倒圆特征 1

Step10. 设置隐藏（显示 Step6 中隐藏的实体）。

（1）选择下拉菜单 编辑(E) ➡ 显示和隐藏(H) ➡ 隐藏(H)... 命令，系统弹出"类选择"对话框。

（2）单击"类选择"对话框 过滤器 区域中的 按钮，系统弹出"根据类型选择"对话框；选择对话框列表中的 草图 和 基准 选项；单击 确定 按钮，系统再次弹出"类选择"对话框；单击对话框 对象 区域中的 按钮。

（3）在"类选择"对话框中单击 确定 按钮，完成对设置对象的隐藏。

Step11. 保存零件模型文件。

8.3.4　创建下部二级控件

此处得到的下部二级控件是从一级控件中分割出来的另一部分，它继承了一级控件除上部二级控件之外的外观形状，在后面的模型设计过程中它又被分割成下盖和电池盖两个零件。下面讲解下部二级控件（second_back）的创建过程，零件模型及相应的模型树如图 8.3.39 所示。

图 8.3.39　零件模型及相应的模型树

Step1. 创建 second_back 层。

（1）在"装配导航器"窗口中的☑📦second_top选项上右击，在系统弹出的快捷菜单中选择 显示父项▶ ➡ mobile_phone 命令，系统在"装配导航器"中显示 mobile_phone 部件。

（2）在"装配导航器"窗口中的☑📦mobile_phone选项上右击，在系统弹出的快捷菜单中选择WAVE▶ ➡ 新建层 命令，系统弹出"新建层"对话框。

（3）单击"新建层"对话框中的 指定部件名 按钮，在系统弹出的"选择部件名"对话框的文件名(N)：文本框中输入文件名 second_back；单击 OK 按钮，系统再次弹出"新建层"对话框。

（4）单击"新建层"对话框中的 类选择 按钮，系统弹出"WAVE 部件间的复制"对话框；选取骨架模型作为要复制的几何体；单击 确定 按钮，系统重新弹出"新建层"对话框。

（5）在"新建层"对话框中单击 确定 按钮，完成 second_back 层的创建。

（6）在"装配导航器"窗口中的☑📦second_back选项上右击，在系统弹出的快捷菜单中选择 🖼 在窗口中打开 命令，对模型进行编辑。

Step2. 创建图 8.3.40 所示的修剪体特征 1。

（1）选择下拉菜单插入(S) ➡ 修剪(T) ➡ 修剪体(T)...命令，系统弹出"修剪体"对话框。

（2）选取图 8.3.41 所示的实体为目标体和刀具体。

（3）调整修剪方向为 Z 轴正向，使修剪结果如图 8.3.40 所示。

（4）在"修剪体"对话框中单击 <确定> 按钮，完成修剪体特征 1 的创建（隐藏刀具体）。

图 8.3.40　修剪体特征 1

图 8.3.41　选取目标体和刀具体

Step3. 创建图 8.3.42 所示的抽壳特征 1。

（1）选择下拉菜单插入(S) ➡ 偏置/缩放(O)▶ ➡ 抽壳(H)... 命令（或单击 按钮），系统弹出"抽壳"对话框。

（2）在"抽壳"对话框类型区域的下拉列表中选择 移除面，然后抽壳选项。

（3）隐藏片体，选取图 8.3.43 所示的面为移除面，在厚度区域的厚度文本框中输入值 1，调整抽壳方向为向内，其他参数采用系统默认设置。

（4）在"抽壳"对话框中单击 <确定> 按钮，完成抽壳特征 1 的创建。

图 8.3.42　抽壳特征 1

图 8.3.43　选取移除面

Step4. 创建图 8.3.44 所示的拉伸特征 1。

（1）创建基准坐标系。选择下拉菜单 插入(S) ➡ 基准/点(D) ▶ ➡ 基准坐标系(C)... 命令，系统弹出"基准坐标系"对话框；单击 <确定> 按钮完成基准坐标系的创建。

（2）选择下拉菜单 插入(S) ➡ 设计特征(E) ➡ 拉伸(E)... 命令（或单击 按钮），系统弹出"拉伸"对话框。

（3）单击对话框中的"绘制截面"按钮 ，系统弹出"创建草图"对话框；选取 YZ 基准平面为草图平面，单击 确定 按钮，绘制图 8.3.45 所示的截面草图；在功能区中单击 完成 按钮退出草图环境。

（4）在"拉伸"对话框 限制 区域的 开始 下拉列表中选择 对称值 选项，并在其下的 距离 文本框中输入值 20；在 方向 区域的 指定矢量 下拉列表中选择 XC 选项，其他参数采用系统默认设置。

（5）在 设置 区域 体类型 的下拉列表中选择 片体 选项。

（6）在"拉伸"对话框中单击 <确定> 按钮，完成拉伸特征 1 的创建。

图 8.3.44　拉伸特征 1

图 8.3.45　绘制截面草图

Step5. 创建图 8.3.46 所示的拉伸特征 2。选择下拉菜单 插入(S) ➡ 设计特征(E) ➡ 拉伸(E)... 命令；选取 XY 基准平面为草图平面；绘制图 8.3.47 所示的截面草图；在 方向 区域的 指定矢量 下拉列表中选择 ZC 选项；在"拉伸"对话框 限制 区域的 开始 下拉列表中选择 对称值 选项，并在其下的 距离 文本框中输入值 10；在 设置 区域的 体类型 下拉列表中选择 片体 选项，其他参数采用系统默认设置；单击 <确定> 按钮，完成拉伸特征 2 的创建。

图 8.3.46　拉伸特征 2

图 8.3.47　绘制截面草图

Step6. 创建图 8.3.48 所示的修剪特征 1。

（1）选择下拉菜单 插入(S) ➡ 修剪(T) ▶ ➡ 修剪片体(R)... 命令，系统弹出"修剪片体"对话框。

（2）选取图 8.3.49 所示的目标体（拉伸特征 1）和边界对象（拉伸特征 2），在 区域 区域中选择 ⊙ 保留 单选项，其他参数采用系统默认设置。

（3）在"修剪片体"对话框中单击 确定 按钮，完成修剪特征 1 的创建。

图 8.3.48　修剪特征 1　　　　　　图 8.3.49　选取目标体和边界对象

Step7. 创建图 8.3.50 所示的修剪特征 2。选择下拉菜单 插入(S) ➡ 修剪(T) ▶ ➡ 修剪片体(R)... 命令；选取图 8.3.51 所示的目标体（拉伸特征 3）和边界对象（修剪特征 1）；在 区域 区域中选择 ⊙ 放弃 单选项，其他参数采用系统默认设置；单击对话框中的 确定 按钮，完成修剪特征 2 的创建。

图 8.3.50　修剪特征 2　　　　　　图 8.3.51　选取目标体和边界对象

Step8. 曲面缝合。

（1）选择下拉菜单 插入(S) ➡ 组合(B) ▶ ➡ 缝合(W)... 命令，系统弹出"缝合"对话框。

（2）在 类型 区域的下拉列表中选择 片体 选项。

（3）选取修剪特征 1 为目标体，选取修剪特征 2 为刀具体，其他参数采用系统默认设置。

（4）在"缝合"对话框中单击 确定 按钮，完成缝合曲面的操作。

Step9. 创建图 8.3.52a 所示的边倒圆特征 1。选择下拉菜单 插入(S) ➡ 细节特征(L)▶ ➡ 边倒圆(E)... 命令（或单击 按钮），系统弹出"边倒圆"对话框；选取图 8.3.52b 所示的边为边倒圆参照，在 半径 1 文本框中输入值 2.5；在"边倒圆"对话框中单击 < 确定 > 按钮，完成边倒圆特征 1 的创建。

a）边倒圆后　　　　　　　　　　　　　　　b）边倒圆前

图 8.3.52　边倒圆特征 1

Step10. 设置隐藏。

（1）选择下拉菜单 编辑(E) ➡ 显示和隐藏(H) ➡ 隐藏(H)... 命令，系统弹出"类选择"对话框。

（2）单击"类选择"对话框 过滤器 区域中的 ✛ 按钮，系统弹出"根据类型选择"对话框；选择对话框列表中的 草图 和 基准 选项，单击 确定 按钮，系统再次弹出"类选择"对话框；单击对话框 对象 区域中的 ✛ 按钮。

（3）在"类选择"对话框中单击 确定 按钮，完成对设置对象的隐藏。

Step11. 保存零件模型。

8.3.5　创建三级控件

三级控件是从上部二级控件上分割出来的一部分，同时为上盖和屏幕的创建提供了参考外形及尺寸。下面讲解三级控件（**third_top**）的创建过程，零件模型及相应的模型树如图 8.3.53 所示。

图 8.3.53　零件模型及相应的模型树

Step1. 创建 third_top 层。

（1）在"装配导航器"窗口中的 ☑ second_back 选项上右击，在系统弹出的快捷菜单中选择 显示父项▶ ➡ mobile_phone 命令，系统在"装配导航器"中显示 mobile_phone 部件。

（2）在"装配导航器"窗口中的 ☑ second_top 选项上右击，在系统弹出的快捷菜单中选择 设为显示部件 命令，对模型进行编辑。

（3）在"装配导航器"窗口中的 ☑ second_top 选项上右击，在系统弹出的快捷菜单中选择 WAVE▶ ➡ 新建层 命令，系统弹出"新建层"对话框。

（4）单击"新建层"对话框中的 指定部件名 按钮，在系统弹出的"选择部件名"对话框的 文件名(N)： 文本框中输入文件名 third_top，单击 OK 按钮，系统再次弹出"新建层"对话框。

（5）单击"新建层"对话框中的 类选择 按钮，系统弹出"WAVE 部件间的复制"对话框；选取上部二级控件作为要复制的几何体，单击 确定 按钮，系统重新弹出"新建层"对话框。

（6）在"新建层"对话框中单击 确定 按钮，完成 third_top 层的创建。

（7）在"装配导航器"窗口中的 ☑ third_top 装配部件上右击，在系统弹出的快捷菜单中选择 设为显示部件 选项，对模型进行编辑。

Step2. 创建基准坐标系。选择下拉菜单 插入(S) ➡ 基准/点(D) ▶ ➡ 基准坐标系(C) 命令，系统弹出"基准坐标系"对话框，单击 < 确定 > 按钮，完成基准坐标系的创建。

Step3. 创建图 8.3.54 所示的修剪体特征 1。

（1）选择下拉菜单 插入(S) ➡ 修剪(T) ➡ 修剪体(T)... 命令，系统弹出"修剪体"对话框。

（2）选取图 8.3.55 所示的实体为目标体和刀具体。

（3）调整修剪方向为 Z 轴正向，使修剪结果如图 8.3.54 所示。

（4）在"修剪体"对话框中单击 < 确定 > 按钮，完成修剪体特征 1 的创建（隐藏刀具体）。

图 8.3.54 修剪体特征 1

图 8.3.55 选取目标体和刀具体

Step4. 创建图 8.3.56 所示的拉伸特征 1。

（1）选择下拉菜单 插入(S) ➡ 设计特征(E) ➡ 拉伸(E)... 命令（或单击 按钮），系统弹出"拉伸"对话框。

（2）单击对话框中的"绘制截面"按钮 ，系统弹出"创建草图"对话框；选取 XY 基准平面为草图平面，单击 确定 按钮进入草图环境，绘制图 8.3.57 所示的截面草图；选择下拉菜单 任务(K) ➡ 完成草图(K) 命令，退出草图环境。

（3）在 方向 区域的 指定矢量 下拉列表中选择 ZC 选项，在"拉伸"对话框 限制 区域的 开始 下拉列表中选择 对称值 选项，在其下的 距离 文本框中输入值 10，其他参数采用系统默认设置。

（4）在 设置 区域的 体类型 下拉列表中选择 片体 选项。

（5）在"拉伸"对话框中单击 < 确定 > 按钮，完成拉伸特征 1 的创建。

图 8.3.56 拉伸特征 1

图 8.3.57 绘制截面草图

Step5. 设置隐藏。

（1）选择下拉菜单 编辑(E) ➡ 显示和隐藏(H) ➡ 隐藏(H)... 命令，系统弹出"类选择"对话框。

（2）单击"类选择"对话框 过滤器 区域中的 ✛ 按钮，系统弹出"根据类型选择"对话框；选择对话框列表中的 草图 和 基准 选项，单击 确定 按钮，系统再次弹出"类选择"对话框；单击对话框 对象 区域中的 ✛ 按钮。

（3）在"类选择"对话框中单击 确定 按钮，完成对设置对象的隐藏。

Step6. 保存零件模型。

8.3.6 创建屏幕

屏幕作为三级控件的同级别零件，在从二级控件中分割出来后，经过细化成为最终的模型零件。下面讲解屏幕（screen）的创建过程。零件模型及相应的模型树如图 8.3.58 所示。

图 8.3.58 零件模型及相应的模型树

Step1. 创建 screen 层。

（1）在"装配导航器"窗口中的 ☑ third_top 选项上右击，在系统弹出的快捷菜单中选择 显示父项▶ ➡ second_top 命令，系统在"装配导航器"中显示 second_top 部件。

（2）在"装配导航器"窗口中的 ☑ second_top 选项上右击，在系统弹出的快捷菜单中选择 设为工作部件 命令，对模型进行编辑。

（3）在"装配导航器"窗口中的 ☑ second_top 选项上右击，在系统弹出的快捷菜单中选择 WAVE▶ ➡ 新建层 命令，系统弹出"新建层"对话框。

（4）单击"新建层"对话框中的 指定部件名 按钮，在系统弹出的"选择部件名"对话框的 文件名(N): 文本框中输入文件名 screen，单击 OK 按钮，系统再次弹出"新建层"对话框。

（5）单击"新建层"对话框中的 类选择 按钮，系统弹出"WAVE 部件间的复制"对话框；选取上部二级控件作为要复制的几何体，单击 确定 按钮，系统重新弹出"新建层"对话框。

（6）在"新建层"对话框中单击 确定 按钮，完成 screen 层的创建。

（7）在"装配导航器"窗口中的 ☑ screen 装配部件上右击，在系统弹出的快捷菜单中选择 在窗口中打开 选项，对模型进行编辑。

Step2. 创建图 8.3.59 所示的修剪体特征 1。

（1）选择下拉菜单 插入(S) ➡ 修剪(T) ➡ 修剪体(T)... 命令，系统弹出"修剪体"对话框。

（2）选取图 8.3.60 所示的实体为目标体和刀具体。

（3）在 刀具 区域中单击 ╳ 按钮，调整修剪方向指向外侧。

（4）在"修剪体"对话框中单击 〈 确定 〉 按钮，完成修剪体特征 1 的创建（隐藏刀具体）。

图 8.3.59　修剪体特征 1

此为刀具体

此为目标体

图 8.3.60　选取目标体和刀具体

Step3. 保存零件模型。

8.3.7　创建下盖

下盖从下部二级控件中继承外观和必要的尺寸，以此为基础进行细化即得到完整的下盖零件。下面讲解下盖（back_cover）的创建过程，零件模型及相应的模型树如图 8.3.61 所示。

图 8.3.61　零件模型及相应的模型树

Step1. 创建 back_cover 层。

（1）在"装配导航器"窗口中的 ☑ ☐ screen 选项上右击，在系统弹出的快捷菜单中选择 显示父项 ▶ ➡ mobile_phone 命令，系统在"装配导航器"中显示 mobile_phone 部件。

（2）在"装配导航器"窗口中的 ☑ ☐ second_back 选项上右击，在系统弹出的快捷菜单中选择 ⬚ 在窗口中打开 命令；在"装配导航器"窗口中的 ☑ ☐ second_back 选项上右击，在系统弹出的快捷菜单中选择 WAVE▶ ➡ 新建层 命令，系统弹出"新建层"对话框。

（3）单击"新建层"对话框中的 指定部件名 按钮，在系统弹出的"选择部件名"对话框的 文件名(N): 文本框中输入文件名 back_cover；单击 OK 按钮，系统再次弹出"新建层"对话框。

（4）单击"新建层"对话框中的 [类选择] 按钮，系统弹出"WAVE 部件间的复制"对话框；选取下部二级控件作为要复制的几何体，单击 确定 按钮，系统重新弹出"新建层"对话框。

（5）在"新建层"对话框中单击 确定 按钮，完成 back_cover 层的创建。

（6）在"装配导航器"窗口中的 ☑ [back_cover] 选项上右击，在系统弹出的快捷菜单中选择 [在窗口中打开] 选项，对模型进行编辑。

Step2. 创建图 8.3.62 所示的修剪体特征 1。

（1）选择下拉菜单 插入(S) ➡ 修剪(T) ➡ [修剪体(T)...] 命令，系统弹出"修剪体"对话框。

（2）选取图 8.3.63 所示的实体为目标体和刀具体。

（3）调整修剪方向为 Y 轴负向，使修剪结果如图 8.3.62 所示。

（4）在"修剪体"对话框中单击 〈确定〉 按钮，完成修剪体特征 1 的创建（隐藏刀具体）。

图 8.3.62　修剪体特征 1

图 8.3.63　选取目标体和刀具体

Step3. 创建基准坐标系。选择下拉菜单 插入(S) ➡ 基准/点(D) ▶ ➡ 基准坐标系(C) 命令，系统弹出"基准坐标系"对话框；单击 〈确定〉 按钮完成基准坐标系的创建。

Step4. 创建图 8.3.64 所示的拉伸特征 1。

（1）选择下拉菜单 插入(S) ➡ 设计特征(E) ➡ [拉伸(E)...] 命令（或单击 按钮），系统弹出"拉伸"对话框。

（2）单击对话框中的"绘制截面"按钮 ，系统弹出"创建草图"对话框；选取 YZ 基准平面为草图平面，单击 确定 按钮，绘制图 8.3.65 所示的截面草图，其中两个圆弧的中心约束在 Y 轴上；选择下拉菜单 任务(K) ➡ 完成草图(K) 命令（或单击 按钮），退出草图环境。

（3）在"拉伸"对话框 限制 区域的 开始 下拉列表中选择 对称值 选项，并在其下的 距离 文本框中输入值 20；在 方向 区域的 ✔指定矢量 下拉列表中选择 XC 选项；在 布尔 区域的下拉列表中选择 减去 选项，系统将自动与模型中唯一的个体进行布尔求差运算，其他参数采用系统默认设置。

（4）在"拉伸"对话框中单击 〈确定〉 按钮，完成拉伸特征 1 的创建。

图 8.3.64 拉伸特征 1　　　　　　　　　　图 8.3.65 绘制截面草图

Step5. 创建图 8.3.66 所示的基准平面 1（注：具体参数和操作参见随书学习资源）。

Step6. 创建图 8.3.67 所示的草图 1。

（1）选择下拉菜单 插入(S) ➡️ 🔲 在任务环境中绘制草图(V)... 命令，系统弹出"创建草图"对话框。

（2）选取基准平面 1 为草图平面，单击 确定 按钮。

（3）进入草图环境，绘制图 8.3.67 所示的草图 1。

（4）单击功能区中的 完成 按钮，退出草图环境。

图 8.3.66 基准平面 1

图 8.3.67 绘制草图 1

Step7. 创建图 8.3.68 所示的拉伸特征 2。选择下拉菜单 插入(S) ➡️ 设计特征(E) ➡️ 🔲 拉伸(E)... 命令，选取草图 1 为截面曲线；在 方向 区域的 ✓ 指定矢量 下拉列表中选择 YC 选项；在"拉伸"对话框 限制 区域的 开始 下拉列表中选择 🔲 对称值 选项，并在其下的 距离 文本框中输入值 1.25；在 布尔 区域的下拉列表中选择 🔲 减去 选项，选取实体为求差对象；在 偏置 区域的 偏置 下拉列表中选择 对称 选项，并在其下的 开始 文本框中输入值 0.75，其他参数采用系统默认设置；单击 < 确定 > 按钮，完成拉伸特征 2 的创建。

图 8.3.68 拉伸特征 2

Step8. 创建图 8.3.69a 所示的边倒圆特征 1。

（1）选择下拉菜单 插入(S) ➡️ 细节特征(L) ➡️ 🔲 边倒圆(E)... 命令（或单击 🔲 按钮），系统弹出"边倒圆"对话框。

（2）选取图 8.3.69b 所示的边为边倒圆参照，在 半径 1 文本框中输入值 0.5。

（3）在"边倒圆"对话框中单击 < 确定 > 按钮，完成边倒圆特征 1 的创建。

a) 边倒圆后　　　　　图 8.3.69　边倒圆特征 1　　　　b) 边倒圆前

Step9. 设置隐藏。

（1）选择下拉菜单 编辑(E) ➙ 显示和隐藏(H) ➙ 隐藏(H)... 命令，系统弹出"类选择"对话框。

（2）单击"类选择"对话框 过滤器 区域中的 ✛ 按钮，系统弹出"根据类型选择"对话框；选择对话框列表中的 草图 和 基准 选项，单击 确定 按钮，系统再次弹出"类选择"对话框；单击对话框 对象 区域中的 ✛ 按钮。

（3）在"类选择"对话框中单击 确定 按钮，完成对设置对象的隐藏。

Step 10. 保存零件模型。

8.3.8　创建电池盖

电池盖从下部二级控件得到必要的基础尺寸后，再对其进行细化设计即得到完整的电池盖零件。下面讲解电池盖（**cell_cover**）的创建过程，零件模型及相应的模型树如图 8.3.70 所示。

图 8.3.70　零件模型及相应的模型树

Step1. 创建 cell_cover 层。

（1）在"装配导航器"窗口中的 ☑ back_cover 选项上右击，在系统弹出的快捷菜单中选择 显示父项 ▶ ➙ second_back 命令，系统在"装配导航器"中显示 second_back 部件。

（2）在"装配导航器"窗口中的 ☑ second_back 选项上右击，在系统弹出的快捷菜单中选择 WAVE ▶ ➙ 新建层 命令，系统弹出"新建层"对话框。

（3）单击"新建层"对话框中的 指定部件名 按钮，在系统弹出的"选择部件名"对话框的 文件名 (N): 文本框中输入文件名 cell_cover；单击 OK 按钮，系统再次弹出"新建层"对话框。

（4）单击"新建层"对话框中的 按钮，系统弹出"WAVE 部件间的复制"对话框；选取下部二级控件作为要复制的几何体，单击 确定 按钮，系统重新弹出"新建层"对话框。

（5）在"新建层"对话框中单击 确定 按钮，完成 cell_cover 层的创建。

（6）在"装配导航器"窗口中的 ☑ cell_cover 选项上右击，在系统弹出的快捷菜单中选择 在窗口中打开 命令，对模型进行编辑。

Step2. 创建图 8.3.71 所示的修剪体特征 1。

（1）选择下拉菜单 插入(S) ➡ 修剪(T) ➡ 修剪体(T)... 命令，系统弹出"修剪体"对话框。

（2）选取图 8.3.72 所示的实体为目标体和刀具体。

（3）在 工具 区域中单击 ⽤ 按钮，调整修剪方向为 Z 轴正向。

（4）在"修剪体"对话框中单击 < 确定 > 按钮，完成修剪体特征 1 的创建（隐藏刀具体）。

图 8.3.71　修剪体特征 1

图 8.3.72　选取目标体和刀具体

Step3. 创建图 8.3.73a 所示的边倒圆特征 1。选择下拉菜单 插入(S) ➡ 细节特征(L)▶ ➡ 边倒圆(E)... 命令（或单击 按钮），系统弹出"边倒圆"对话框；选取图 8.3.73b 所示的边为边倒圆参照，在 半径 1 文本框中输入值 0.2；在"边倒圆"对话框中单击 < 确定 > 按钮，完成边倒圆特征 1 的创建。

a）边倒圆后

图 8.3.73　边倒圆特征 1

b）边倒圆前

Step4. 保存零件模型。

8.3.9　创建上盖

下面讲解上盖（top_cover）的创建过程。上盖从三级控件继承了相应尺寸，再对其进行细化设计，即可得到完善的零件模型。零件模型及相应的模型树如图 8.3.74 所示。

图 8.3.74　零件模型及相应的模型树

Step1. 创建 top_cover 层。

（1）在"装配导航器"窗口中的 ☑⬚ cell_cover 选项上右击，在系统弹出的快捷菜单中选择 显示父项▶ ➡ mobile_phone 命令，系统在"装配导航器"中显示 mobile_phone 部件。

（2）在"装配导航器"窗口中的 ☑⬚ second_top 选项上右击，在系统弹出的快捷菜单中选择 ⬚ 在窗口中打开 命令，对模型进行编辑。

（3）在"装配导航器"窗口中的 ☑⬚ third_top 选项上右击，在系统弹出的快捷菜单中选择 WAVE▶ ➡ 新建层 命令，系统弹出"新建层"对话框。

（4）单击"新建层"对话框中的 指定部件名 按钮，在系统弹出的"选择部件名"对话框的 文件名(N): 文本框中输入文件名 top_cover，单击 OK 按钮，系统再次弹出"新建层"对话框。

（5）单击"新建层"对话框中的 类选择 按钮，系统弹出"WAVE 部件间的复制"对话框；选取上部三级控件作为要复制的几何体，单击 确定 按钮，系统重新弹出"新建层"对话框。

（6）在"新建层"对话框中单击 确定 按钮，完成 top_cover 层的创建。

（7）在"装配导航器"窗口中的 ☑⬚ top_cover 装配部件上右击，在系统弹出的快捷菜单中选择 ⬚ 在窗口中打开 选项，对模型进行编辑。

Step2. 创建图 8.3.75 所示的修剪体特征 1。

（1）选择下拉菜单 插入(S) ➡ 修剪(T) ➡ ⬚ 修剪体(T)... 命令，系统弹出"修剪体"对话框。

（2）选取图 8.3.76 所示的实体为目标体和刀具体。

（3）在 工具 区域中单击 ✗ 按钮，调整修剪方向向内。

（4）在"修剪体"对话框中单击 < 确定 > 按钮，完成修剪体特征 1 的创建（隐藏刀具体）。

图 8.3.75　修剪体特征 1

图 8.3.76　选取目标体和刀具体

Step3. 创建基准坐标系。选择下拉菜单 插入(S) ➡ 基准/点(D) ▶ ➡ ❖ 基准坐标系(C) 命令，系统弹出"基准坐标系"对话框；单击 < 确定 > 按钮，完成基准坐标系的创建。

Step4. 创建图 8.3.77 所示的拉伸特征 1。

（1）选择下拉菜单 插入(S) ➡ 设计特征(E)▶ ➡ 🔲 拉伸(E)... 命令（或单击 🔲 按钮），系统弹出"拉伸"对话框。

（2）单击对话框中的"绘制截面"按钮 📐，系统弹出"创建草图"对话框；选取图 8.3.78 所示的模型表面为草图平面，单击 确定 按钮，绘制图 8.3.79 所示的截面草图；单击 🏁 按钮退出草图环境。

图 8.3.77　拉伸特征 1

此面为草图平面

图 8.3.78　选取草图平面

（3）在"拉伸"对话框 限制 区域的 开始 下拉列表中选择 值 选项，并在其下的 距离 文本框中输入值 0；在 限制 区域的 结束 下拉列表中选择 贯通 选项；在 方向 区域的 *指定矢量 (0) 下拉列表中选择 ⁻ᶻᶜ↓ 选项；在 布尔 区域的下拉列表中选择 减去 选项，采用系统默认的求差对象；其他参数采用系统默认设置。

（4）在"拉伸"对话框中单击 < 确定 > 按钮，完成拉伸特征 1 的创建。

Step5. 创建图 8.3.80 所示的拉伸特征 2。选择下拉菜单 插入(S) ➡ 设计特征(E)▶ ➡ 🔲 拉伸(E)... 命令，选取 ZX 基准平面为草图平面，绘制图 8.3.81 所示的截面草图；在"拉伸"对话框 限制 区域的 开始 下拉列表中选择 值 选项，并在其下的 距离 文本框中输入值 0；在 限制 区域的 结束 下拉列表中选择 贯通 选项；在 方向 区域的 *指定矢量 (0) 下拉列表中选择 ᵞᶜ↗ 选项；在 布尔 区域的下拉列表中选择 减去 选项，采用系统默认的求差对象；其他参数采用系统默认设置；单击 < 确定 > 按钮，完成拉伸特征 2 的创建。

图 8.3.79　绘制截面草图

图 8.3.80　拉伸特征 2

图 8.3.81　绘制截面草图

Step6. 创建图 8.3.82a 所示的边倒圆特征 1。选择下拉菜单 插入(S) ➡ 细节特征(L) ➡ 边倒圆(E)... 命令（或单击 按钮），系统弹出"边倒圆"对话框；选取图 8.3.82b 所示的边线为边倒圆参照，在 半径 1 文本框中输入值 0.2；在"边倒圆"对话框中单击 < 确定 > 按钮，完成边倒圆特征 1 的创建。

a）边倒圆后　　　　　　此边线为边倒圆参照　　　放大图　　　　　b）边倒圆前

图 8.3.82　边倒圆特征 1

Step7. 创建图 8.3.83a 所示的边倒圆特征 2。选取图 8.3.83b 所示的边线为边倒圆参照，其圆角半径值为 0.5。

a）边倒圆后　　　　　　此边线为边倒圆参照　　　放大图　　　　　b）边倒圆前

图 8.3.83　边倒圆特征 2

Step8. 设置隐藏。

（1）选择下拉菜单 编辑(E) ➡ 显示和隐藏(H) ➡ 隐藏(H)... 命令（或单击 按钮），系统弹出"类选择"对话框。

（2）单击"类选择"对话框中的 按钮，系统弹出"根据类型选择"对话框；选择对话框列表中的 草图 和 基准 选项，单击 确定 按钮，系统再次弹出"类选择"对话框；单击对话框中的 按钮。

（3）在"类选择"对话框中单击 确定 按钮，完成对设置对象的隐藏。

Step9. 保存零件模型。

8.3.10　创建按键

下面讲解按键（key）的创建过程。按键是从三级控件中分割出来的一部分，从而也继承了三级控件的相应外观形状，只要对其进行细化结构设计即可。零件模型及相应的模型树如图 8.3.84 所示。

Step1. 创建 key 层。

（1）在"装配导航器"窗口中的 ☑ 📦 top_cover 选项上右击，在系统弹出的快捷菜单中选择 显示父项▶ ➡️ third_top 命令，系统在"装配导航器"中显示 third_top 部件。

图 8.3.84　零件模型及相应的模型树

（2）在"装配导航器"窗口中的 ☑ 📦 third_top 选项上右击，在系统弹出的快捷菜单中选择 WAVE▶ ➡️ 新建层 命令，系统弹出"新建层"对话框。

（3）单击"新建层"对话框中的 指定部件名 按钮，在系统弹出的"选择部件名"对话框的 文件名(N): 文本框中输入文件名 key；单击 OK 按钮，系统再次弹出"新建层"对话框。

（4）单击"新建层"对话框中的 类选择 按钮，系统弹出"WAVE 部件间的复制"对话框；选取三级控件作为要复制的几何体，单击 确定 按钮，系统重新弹出"新建层"对话框。

（5）在"新建层"对话框中单击 确定 按钮，完成 key 层的创建。

（6）在"装配导航器"窗口中的 ☑ 📦 key 选项上右击，在系统弹出的快捷菜单中选择 📦 在窗口中打开 选项，对模型进行编辑。

Step2. 创建图 8.3.85 所示的修剪体特征 1。

（1）选择下拉菜单 插入(S) ➡️ 修剪(T) ➡️ 修剪体(T)... 命令，系统弹出"修剪体"对话框。

（2）选取图 8.3.86 所示的实体为目标体和刀具体。

（3）在 工具 区域中单击 ⚡ 按钮，调整修剪方向向外。

（4）在"修剪体"对话框中单击 <确定> 按钮，完成修剪体特征 1 的创建（隐藏刀具体)。

图 8.3.85　修剪体特征 1

图 8.3.86　选取目标体和刀具体

Step3. 创建图 8.3.87a 所示的边倒圆特征 1。选择下拉菜单 插入(S) ➡ 细节特征(L)▶ ➡ 边倒圆(E)...命令（或单击 按钮），系统弹出"边倒圆"对话框；选取图 8.3.87b 所示的边线为边倒圆参照，在 半径 1 文本框中输入值 0.2；在"边倒圆"对话框中单击 < 确定 > 按钮，完成边倒圆特征 1 的创建。

a）边倒圆后

b）边倒圆前

图 8.3.87　边倒圆特征 1

Step4. 创建基准坐标系。选择下拉菜单 插入(S) ➡ 基准/点(D) ▶ ➡ 基准坐标系(C) 命令，系统弹出"基准坐标系"对话框；单击 < 确定 > 按钮，完成基准坐标系的创建。

Step5. 创建图 8.3.88 所示的拉伸特征 1。

（1）选择下拉菜单 插入(S) ➡ 设计特征(E)▶ ➡ 拉伸(E)...命令（或单击 按钮），系统弹出"拉伸"对话框。

（2）单击对话框中的"绘制截面"按钮 ，系统弹出"创建草图"对话框；选取 YZ 基准平面为草图平面，单击 确定 按钮。

（3）进入草图环境，绘制图 8.3.89 所示的截面草图。

（4）确定拉伸开始值和终点值。在"拉伸"对话框 限制 区域的 开始 下拉列表中选择 对称值 选项，并在其下的 距离 文本框中输入值 20；在 方向 区域的 * 指定矢量 (0) 下拉列表中选择 XC 选项；在 布尔 区域的下拉列表中选择 无 选项；其他参数采用系统默认设置。

（5）在 设置 区域的 体类型 下拉列表中选择 片体 选项。

（6）在"拉伸"对话框中单击 < 确定 > 按钮，完成拉伸特征 1 的创建。

图 8.3.88　拉伸特征 1

图 8.3.89　绘制截面草图

Step6. 创建修剪体特征2。选择下拉菜单 插入(S) ➡ 修剪(M)▶ ➡ 修剪体(T)... 命令；选取图8.3.90所示的实体为目标体和刀具体；在 工具 区域中单击 按钮，调整修剪方向为Z轴负向；单击 < 确定 > 按钮，完成修剪体特征2的创建。

Step7. 创建偏置曲面1。

（1）选择下拉菜单 插入(S) ➡ 偏置/缩放(O)▶ ➡ 偏置曲面(O)... 命令，系统弹出"偏置曲面"对话框。

（2）选取图8.3.91所示的拉伸曲面为偏置曲面。

（3）在 偏置1 的文本框中输入值0.5，单击 按钮调整偏置方向为Z轴正向，其他参数采用系统默认设置。

（4）在"偏置曲面"对话框中单击 < 确定 > 按钮，完成偏置曲面1的创建。

图8.3.90 选取目标体和刀具体

图8.3.91 选取偏置曲面

Step8. 创建图8.3.92所示的基准平面1（隐藏片体）（注：具体参数和操作参见随书学习资源）。

Step9. 创建图8.3.93所示的拉伸特征2。选择下拉菜单 插入(S) ➡ 设计特征(E)▶ ➡ 拉伸(E)... 命令，选取基准平面1为草图平面，绘制图8.3.94所示的截面草图；在 偏置 区域的 偏置 下拉列表中选择 对称 选项，并在其下的 开始 文本框中输入值0.15；在"拉伸"对话框 限制 区域的 开始 下拉列表中选择 值 选项，并在其下的 距离 文本框中输入值0；在 限制 区域的 结束 下拉列表中选择 直至延伸部分 选项，选取偏置曲面1为被延伸对象；在 方向 区域的 指定矢量(O) 下拉列表中选择 -ZC 选项；在 布尔 区域的下拉列表中选择 减去 选项，选取实体为求差对象，其他参数采用系统默认设置；单击 < 确定 > 按钮，完成拉伸特征2的创建。

图8.3.92 基准平面1   图8.3.93 拉伸特征2   图8.3.94 绘制截面草图

Step10. 创建图8.3.95所示的矩形阵列特征1。

（1）选择下拉菜单 插入(S) ➡ 关联复制(A)▶ ➡ 阵列特征(A)... 命令，系统弹出"对特征形成图样"对话框。

（2）选取阵列的对象。在模型树中选取拉伸特征 2 为要阵列的对象。

（3）定义阵列方法。在对话框的 布局 下拉列表中选择 线性 选项。

（4）定义阵列参数。在对话框的 方向1 区域中单击 按钮，选择-YC 轴为第一阵列方向；在 间距 下拉列表中选择 数量和间隔 选项，然后在 数量 文本框中输入阵列数量值为 4，在 节距 文本框中输入阵列节距值为 7。

（5）单击 确定 按钮，完成矩形阵列的创建。

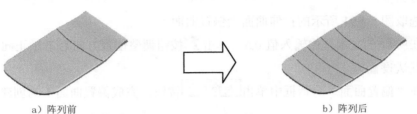

a）阵列前   b）阵列后

图 8.3.95   矩形阵列特征 1

Step11. 创建图 8.3.96 所示的拉伸特征 3。选择下拉菜单 插入(S) ➡ 设计特征(E)▶ ➡ 拉伸(E)... 命令；选取基准平面 1 为草图平面；绘制图 8.3.97 所示的截面草图；在 偏置 区域的 偏置 下拉列表中选择 对称 选项，并在其下的 开始 文本框中输入值 0.15；在"拉伸"对话框 限制 区域的 开始 下拉列表中选择 值 选项，并在其下的 距离 文本框中输入值 0；在 限制 区域的 结束 下拉列表中选择 直至延伸部分 选项，选取偏置曲面 1 为被延伸对象；在 方向 区域的 * 指定矢量 (0) 下拉列表中选择 -ZC 选项；在 布尔 区域的下拉列表中选择 减去 选项，选取实体为求差对象；在 公差 文本框中输入值 0.02，其他参数采用系统默认设置；单击 < 确定 > 按钮，完成拉伸特征 3 的创建。

放大图

图 8.3.96   拉伸特征 3   图 8.3.97   绘制截面草图

Step12. 创建图 8.3.98 所示的镜像特征 1。选择下拉菜单 插入(S) ➡ 关联复制(A)▶ ➡ 镜像特征(M)... 命令，系统弹出"镜像特征"对话框；选取拉伸特征 3 为镜像特征对象；选取 YZ 基准平面为镜像平面；在"镜像特征"对话框中单击 确定 按钮，完成镜像特征 1 的创建。

a）镜像前   b）镜像后

图 8.3.98   镜像特征 1

Step13. 创建图 8.3.99 所示的拉伸特征 4。选择下拉菜单 插入(S) ➡ 设计特征(E)▶ ➡ ▥ 拉伸(E)... 命令；选取基准平面 1 为草图平面；绘制图 8.3.100 所示的截面草图；在 "拉伸" 对话框 限制 区域的 开始 下拉列表中选择 ⑪值 选项，并在其下的 距离 文本框中输入值 0；在 限制 区域的 结束 下拉列表中选择 ⬛直至延伸部分 选项，选取偏置曲面 1 为被延伸对象；在 方向 区域的 ✳ 指定矢量 (0) 下拉列表中选择 -ZC↓ 选项；在 偏置 区域的 偏置 下拉列表中选择 对称 选项，并在其下的 开始 文本框中输入值 0.15；在 布尔 区域的下拉列表中选择 ⬛减去 选项，选取实体为求差对象；其他参数采用系统默认设置；单击 〈 确定 〉 按钮，完成拉伸特征 4 的创建。

图 8.3.99 拉伸特征 4

图 8.3.100 绘制截面草图

Step14. 创建图 8.3.101 所示的拉伸特征 5。选择下拉菜单 插入(S) ➡ 设计特征(E)▶ ➡ ▥ 拉伸(E)... 命令；选取基准平面 1 为草图平面；绘制图 8.3.102 所示的截面草图；在 偏置 区域的 偏置 下拉列表中选择 对称 选项，并在其下的 开始 文本框中输入值 0.15；在 "拉伸" 对话框 限制 区域的 开始 下拉列表中选择 ⑪值 选项，并在其下的 距离 文本框中输入值 0；在 限制 区域的 结束 下拉列表中选择 ⬛直至延伸部分 选项，选取偏置曲面 1 为被延伸对象；在 方向 区域的 ✳ 指定矢量 (0) 下拉列表中选择 -ZC↓ 选项；在 布尔 区域的下拉列表中选择 ⬛减去 选项，选取实体为求差对象，其他参数采用系统默认设置；单击 〈 确定 〉 按钮，完成拉伸特征 5 的创建。

图 8.3.101 拉伸特征 5

图 8.3.102 绘制截面草图

Step15. 创建图 8.3.103 所示的镜像特征 2。选择下拉菜单 插入(S) ➡ 关联复制(A)▶ ➡ ⚏ 镜像特征(M)... 命令；选取拉伸特征 5 为镜像对象；选取 YZ 基准平面为镜像平面；单击 确定 按钮，完成镜像特征 2 的创建。

a) 镜像前

b) 镜像后

图 8.3.103 镜像特征 2

Step16. 设置隐藏。

（1）选择下拉菜单 编辑(E) ➡ 显示和隐藏(H) ➡ 隐藏(H)... 命令（或单击 按钮），系统弹出"类选择"对话框。

（2）单击"类选择"对话框 过滤器 区域中的 按钮，系统弹出"根据类型选择"对话框；选择对话框列表中的 草图 、 片体 和 基准 选项，单击 确定 按钮，系统再次弹出"类选择"对话框；单击对话框 对象 区域中的 按钮。

（3）在"类选择"对话框中单击 确定 按钮，完成对设置对象的隐藏。

Step17. 保存零件模型。

8.3.11 编辑模型显示

以上已经创建完成模型的各个部件，但还不能得到清晰的装配体模型，要想得到比较清晰的装配体部件还要进行下面的简单编辑。

Step1. 在"装配导航器"窗口中的 key 选项上右击，在系统弹出的快捷菜单中选择 显示父项 ➡ mobile_phone 命令，系统在"装配导航器"中显示 mobile_phone 部件。

Step2. 在"装配导航器"窗口中的 mobile_phone 选项上右击，在系统弹出的快捷菜单中选择 设为工作部件 命令，对模型进行编辑。

Step3. 在"部件导航器"窗口中的第一个拉伸特征上右击，在系统弹出的快捷菜单中选择 隐藏(H) 命令。

Step4. 在"装配导航器"窗口中反选 second_back 选项，选中 cell_cover 选项和 back_cover 选项；反选 second_top 选项，选中 screen 选项、 key 选项和 top_cover 选项。

Step5. 选择下拉菜单 编辑(E) ➡ 显示和隐藏(H) ➡ 隐藏(H)... 命令（或单击 按钮），系统弹出"类选择"对话框；单击"类选择"对话框 过滤器 区域中的 按钮，系统弹出"根据类型选择"对话框；选择对话框列表中的 曲线 、 草图 、 片体 、 基准 和 点 选项，单击 确定 按钮，系统再次弹出"类选择"对话框；单击对话框 对象 区域中的 按钮，单击对话框中的 确定 按钮，完成对设置对象的隐藏。

Step6. 至此，完整的手机模型已经完成，可以对整个部件进行保存。

学习拓展：扫码学习更多视频讲解。

讲解内容：产品自顶向下（Top-Down）设计方法。自顶向下设计方法是一种高级的装配设计方法，在电子电器、工程机械、工业机器人等产品的设计中应用广泛。

第 **9** 章　曲面设计综合范例

本章提要　本章通过对 9 个典型曲面设计综合范例进行详细的讲解，使读者进一步清晰地理解曲面设计的过程。范例 4 和范例 5 采用了辅助线及辅助面的方法来建模，从而降低了曲面设计的难度。

9.1　范例 1——汽车后视镜的设计

范例概述

本范例介绍了一款汽车后视镜的设计过程。该设计过程是先创建一系列草图曲线，利用草图曲线构建出多个网格曲面，然后利用缝合和求和等命令将曲面合并成一个整体曲面，最后将整体曲面转变成实体模型。同时详细讲解了收敛点的产生原因及去除收敛点的方法。汽车后视镜模型如图 9.1.1 所示。

Step1. 新建文件。选择下拉菜单 文件(F) ➡ 新建(N)... 命令，系统弹出"新建"对话框；在 模型 选项卡的 模板 区域中选取模板类型为 模型，在 名称 文本框中输入文件名称 rearview_mirror，单击 确定 按钮进入建模环境。

Step2. 创建图 9.1.2 所示的草图 1。选择下拉菜单 插入(S) ➡ 在任务环境中绘制草图(V)... 命令，系统弹出"创建草图"对话框；选取 XY 基准平面为草图平面；单击 确定 按钮，进入草图环境，绘制图 9.1.2 所示的草图 1；选择下拉菜单 任务(K) ➡ 完成草图(K) 命令（或单击 完成 按钮），退出草图环境。

图 9.1.1　汽车后视镜模型

图 9.1.2　绘制草图 1

Step3. 创建图 9.1.3 所示的草图 2。选择下拉菜单 插入(S) ➡ 在任务环境中绘制草图(V)... 命令，系统弹出"创建草图"对话框，选取 XY 基准平面为草图平面；单击 确定 按钮，进入草图环境，绘制图 9.1.4 所示的草图 2；选择下拉菜单 任务(K) ➡ 完成草图(K) 命令（或单击 完成 按钮），退出草图环境。

图9.1.3 草图2（三维建模下）

图9.1.4 绘制草图2

Step4. 创建图9.1.5所示的基准平面1。选择下拉菜单 插入(S) ➡️ 基准/点(D) ➡️ □ 基准平面(D)... 命令（或单击 □ 按钮），系统弹出"基准平面"对话框；在 类型 区域的下拉列表中选择 📍 点和方向 选项，在绘图区选取图9.1.5所示的点，在 法向 区域的 ↕️ 下拉列表中选择 ⤴-XC 选项；单击 < 确定 > 按钮，完成基准平面1的创建。

Step5. 创建图9.1.6所示的草图3。选择下拉菜单 插入(S) ➡️ 🔲 在任务环境中绘制草图(V)... 命令，在 草图平面 区域的 平面方法 下拉列表中选择 新平面 选项，选取Step4所创建的基准平面1为草图平面，在 草图方向 区域的 参考 下拉列表中选择 水平 选项；在绘图区选取Y基准轴，单击 确定 按钮，进入草图环境，绘制图9.1.6所示的草图3；选择下拉菜单 任务(K) ➡️ 🏁 完成草图(K) 命令（或单击 🏁 按钮），退出草图环境。

说明： 图9.1.6所示的草图3中，圆弧的两个端点分别与草图1和草图2的端点重合。

图9.1.5 创建基准平面1

图9.1.6 绘制草图3

Step6. 创建图9.1.7所示的草图4。选择下拉菜单 插入(S) ➡️ 🔲 在任务环境中绘制草图(V)... 命令，在 草图平面 区域的 平面方法 下拉列表中选择 新平面 选项，选取YZ基准平面为草图平面，选取Y轴为水平参考；绘制图9.1.7所示的草图4；选择下拉菜单 任务(K) ➡️ 🏁 完成草图(K) 命令（或单击 🏁 按钮），退出草图环境。

说明： 在图9.1.7所示的草图4中，圆弧的两个端点分别与草图1和草图2的端点重合。

Step7. 创建图9.1.8所示的基准平面2。选择下拉菜单 插入(S) ➡️ 基准/点(D) ➡️ □ 基准平面(D)... 命令（或单击 □ 按钮），系统弹出"基准平面"对话框；单击 < 确定 > 按钮，完成基准平面2的创建（注：具体参数和操作参见随书学习资源）。

图9.1.7 绘制草图4

图9.1.8 创建基准平面2

Step8. 创建基准点。选择下拉菜单 插入(S) ➡ 基准/点(D) ➡ ✛ 点(P)... 命令，系统弹出"点"对话框；在 类型 区域的下拉列表中选择 交点 选项，在绘图区选取图 9.1.8 所示的基准平面 2，再选取图 9.1.9 所示的圆弧（将曲线选择范围改为"单条曲线"）；单击 〈 确定 〉 按钮，完成基准点的创建。

Step9. 创建图 9.1.10 所示的草图 5。选择下拉菜单 插入(S) ➡ 品 在任务环境中绘制草图(V)... 命令，选取 Step7 所创建的基准平面 2 为草图平面，绘制图 9.1.10 所示的草图 5；选择下拉菜单 任务(K) ➡ ✲ 完成草图(K) 命令，退出草图环境。

说明：在图 9.1.10 所示的草图 5 中，圆弧的两个端点分别与坐标原点和 Step8 所创建的基准点重合。圆弧中心在 X 轴上。

图 9.1.9　创建基准点

图 9.1.10　绘制草图 5

Step10. 创建图 9.1.11 所示的草图 6。选择下拉菜单 插入(S) ➡ 品 在任务环境中绘制草图(V)... 命令，系统弹出"创建草图"对话框；选取 XY 基准平面为草图平面，单击 确定 按钮，进入草图环境，绘制图 9.1.12 所示的草图 6；选择下拉菜单 任务(K) ➡ ✲ 完成草图(K) 命令，退出草图环境。

图 9.1.11　草图 6（三维建模下）

图 9.1.12　绘制草图 6

说明：在图 9.1.12 所示的草图 6 中，圆弧的两个端点分别与草图 1 和草图 2 相切，且与草图 1 和草图 2 的端点重合。

Step11. 创建图 9.1.13 所示的网格曲面特征 1。选择下拉菜单 插入(S) ➡ 网格曲面(M) ➡ 通过曲线网格(M)... 命令，系统弹出"通过曲线网格"对话框；选择图 9.1.14 所示的曲线 1，单击鼠标中键后选取曲线 2，单击鼠标中键后选取曲线 3，单击鼠标中键确认，再次单击鼠标中键后，将曲线选择范围调整到"单条曲线"，然后选取图 9.1.15 所示的曲线 4，单击鼠标中键后选取曲线 5；单击 〈 确定 〉 按钮，完成网格曲面特征 1 的创建。

注意：在定义主曲线时，所选曲线的方向必须一致，交叉线的方向也必须一致。

图 9.1.13　网格曲面特征 1

图 9.1.14　选取主曲线

图 9.1.15　选取交叉线

Step12. 创建图 9.1.16 所示的网格曲面特征 2 。选择下拉菜单 插入(S) ➜ 网格曲面(M) ➜ 通过曲线组(T)... 命令，系统弹出"通过曲线组"对话框；选取图 9.1.17 所示的曲线 1，单击鼠标中键后选取曲线 2，在 连续性 区域的 第一截面 下拉列表中选择 G1(相切) 选项，选取图 9.1.18 所示的曲面，其他参数采用系统默认设置；单击 < 确定 > 按钮，完成网格曲面特征 2 的创建。

说明：因为选取的两组截面线串相交于一点，所以 Step12 所创建的网格曲面 2 的两端为收敛点。消除此收敛点，将在 Step15 中进行处理。

图 9.1.16　网格曲面特征 2　　　　图 9.1.17　选取曲线串　　　　图 9.1.18　选取相切面

Step13. 创建曲面缝合特征 1。选择下拉菜单 插入(S) ➜ 组合(B) ▶ ➜ 缝合(W)... 命令，系统弹出"缝合"对话框；选取 Step11 所创建的网格曲面特征 1 为缝合的目标片体，选取 Step12 所创建的网格曲面特征 2 为缝合的刀具片体；单击 确定 按钮，完成曲面缝合特征 1 的创建。

Step14. 创建图 9.1.19 所示的草图 7。选择下拉菜单 插入(S) ➜ 在任务环境中绘制草图(V)... 命令，系统弹出"创建草图"对话框；选取 XY 基准平面为草图平面，单击 确定 按钮，进入草图环境，绘制图 9.1.19 所示的草图 7；选择下拉菜单 任务(K) ➜ 完成草图(K) 命令，退出草图环境。

Step15. 创建图 9.1.20 所示的拉伸特征 1。选择下拉菜单 插入(S) ➜ 设计特征(E) ➜ 拉伸(E)... 命令，系统弹出"拉伸"对话框；在绘图区选取 Step14 所创建的草图 7；在"拉伸"对话框 限制 区域的 开始 下拉列表中选择 值 选项，并在其下的 距离 文本框中输入值 0；在 限制 区域的 结束 下拉列表中选择 直至下一个 选项；在 布尔 区域的下拉列表中选择 减去 选项；其他参数采用系统默认设置；单击 < 确定 > 按钮，完成拉伸特征 1 的创建。

Step16. 创建图 9.1.21 所示的网格曲面特征 3 。选择下拉菜单 插入(S) ➜ 网格曲面(M) ➜ 通过曲线网格(M)... 命令，系统弹出"通过曲线网格"对话框；选择图 9.1.22 所示的曲线 1，单击鼠标中键后选取曲线 2，单击鼠标中键确认；再次单击鼠标中键后，选取图 9.1.22 所示的曲线 3，单击鼠标中键后选取曲线 4（选择曲线 4 时将曲线选择范围改为"单条曲线"，并按下"在相交处停止" 按钮）；在 连续性 区域的 第一主线串 下拉列表中选择 G1(相切)；单击 按钮，选取图 9.1.23 所示的曲面，在 最后主线串 的下拉列表中选择 G1(相切)；单击 按钮，选取图 9.1.23 所示的曲面，在 连续性 区域 第一交叉线串 的下拉列表中选择 G1(相切)；单击 按钮，选取图 9.1.23 所示的曲面；单击 < 确定 > 按钮，完成网格曲面特征 3 的创建。

注意：在定义网格曲面特征时，应注意曲线的方向，如图9.1.22所示。

图9.1.19 绘制草图7　　　图9.1.20 拉伸特征1　　　图9.1.21 网格曲面特征3

图9.1.22 选取网格曲面　　　　　　　　图9.1.23 选取相切面

Step17. 创建网格曲面特征4。参照 Step16 创建另一侧的曲面（图9.1.24）。

Step18. 创建曲面缝合特征2。选择下拉菜单 插入(S) —— 组合(B) ▶ —— 缝合(W)... 命令，系统弹出"缝合"对话框；选取图9.1.24所示的面为缝合的目标片体，选取图9.1.25所示的曲面为缝合的刀具片体；单击 确定 按钮，完成曲面缝合特征2的创建。

图9.1.24 选取目标片体　　　　　　　　图9.1.25 选取刀具片体

Step19. 创建图9.1.26所示的加厚特征。选择下拉菜单 插入(S) —— 偏置/缩放(O) —— 加厚(T)... 命令，系统弹出"加厚"对话框；在 面 区域中单击 按钮，选取图9.1.27所示的曲面；在 偏置1 文本框中输入值0.8，在 偏置2 文本框中输入值0，采用系统默认方向；单击 <确定> 按钮，完成加厚特征的创建。

图9.1.26 加厚特征　　　　　　　　图9.1.27 定义加厚特征

Step20. 创建图9.1.28所示的拉伸特征2。选择下拉菜单 插入(S) —— 设计特征(E) —— 拉伸(E)... 命令，系统弹出"拉伸"对话框；选取 YZ 基准平面为草图平面，绘制图9.1.29所示的截面草图；在"拉伸"对话框 限制 区域的 开始 下拉列表中选择 值 选项，并在其下的 距离 文本框中输入值-2；在 限制 区域的 结束 下拉列表中选择 值 选项，并在其下的 距离 文本框中输入值48；在 布尔 区域的下拉列表中选择 减去 选项，选取整个实体为求差对象；单击 < 确定 > 按钮，完成拉伸特征 2 的创建。

说明：在做拉伸特征前，将整个片体特征隐藏起来。

图 9.1.28　拉伸特征 2

图 9.1.29　绘制截面草图

Step21. 保存零件模型。选择下拉菜单 文件(F) ➡ 📄 保存(S) 命令。

9.2　范例 2——实体文字的制作

范例概述

本范例介绍了在曲面上创建文字的一般过程。该过程是先在曲面上创建文字样条，然后利用文字样条作为边界，修剪曲面得到文字图形的片体，再利用加厚命令使曲面上的文字凸起（也可以实现凹陷效果），将文字变成实体。零件模型如图 9.2.1 所示。

Step1. 新建文件。选择下拉菜单 文件(F) ➡ 📄 新建(N)... 命令，系统弹出“新建”对话框；在 模型 选项卡的 模板 区域中选取模板类型为 🔩模型，在 名称 文本框中输入文件名称 text.prt，单击 确定 按钮进入建模环境。

Step2. 创建图 9.2.2 所示的拉伸特征。选择下拉菜单 插入(S) ➡ 设计特征(E) ➡ 🔲 拉伸(E)... 命令（或单击 🔲 按钮），系统弹出“拉伸”对话框；单击“拉伸”对话框中的“绘制截面”按钮 🖼，系统弹出“创建草图”对话框；选取 XY 基准平面为草图平面；绘制图 9.2.3 所示的截面草图；在“拉伸”对话框 限制 区域的 开始 下拉列表中选择 🔧 值 选项，并在其下的 距离 文本框中输入值 0；在 限制 区域的 结束 下拉列表中选择 🔧 值 选项，并在其下的 距离 文本框中输入值 60；在 体类型 下拉列表中选择 片体；其他参数采用系统默认设置；单击 < 确定 > 按钮，完成拉伸特征的创建。

图 9.2.1　零件模型

图 9.2.2　拉伸特征

图 9.2.3　绘制截面草图

Step3. 创建抽取特征。选择下拉菜单 插入(S) ➡ 关联复制(A)▶ ➡ 📎 抽取几何特征(E)...

命令，系统弹出"抽取几何特征"对话框；在 类型 区域的下拉列表中选择 面 选项；选取 Step2 所创建的拉伸特征为抽取面；在 设置 区域中选中 ☑ 隐藏原先的 复选项，其他参数采用系统默认设置；单击 确定 按钮，完成抽取特征的创建。

Step4. 在曲面上创建图 9.2.4 所示的文字特征。选择下拉菜单 插入(S) ➡ 曲线(C) ➡ A 文本(T)... 命令，系统弹出"文本"对话框；在"文本"对话框的 类型 区域中选择 面上 选项，在绘图区中选取 Step3 所创建的抽取特征为文本放置面；在 面上的位置 区域的 放置方法 下拉列表中选择 面上的曲线 选项，单击 ∫ 按钮，选取图 9.2.5 所示的圆柱体的下边缘；通过单击"反向"按钮 ✕ 调整文本方向为 Z 轴正方向，在 文本框 区域中展开 尺寸 区域，在 偏置 文本框中输入值 30，其他参数采用系统默认设置；在"文本"对话框的 文本属性 区域中输入需要创建的文本"good"，其他参数采用系统默认设置；单击 < 确定 > 按钮，完成文字特征的创建。

Step5. 创建图 9.2.6 所示的修剪体特征 1。选择下拉菜单 插入(S) ➡ 修剪(T) ➡ 修剪片体(R)... 命令（或单击 按钮），系统弹出"修剪片体"对话框；在绘图区选取 Step3 所创建的抽取特征为修剪的目标片体，单击鼠标中键确认，依次选取 Step4 所创建的文字样条的外边线为修剪边界（将选择范围过滤器调整为"没有选择过滤器"）；在 区域 区域中选择 ◉放弃 单选项；单击 < 确定 > 按钮，完成修剪体特征 1 的创建。

图 9.2.4 文字特征　　　　图 9.2.5 定义文字位置　　　　图 9.2.6 修剪体特征 1

Step6. 创建图 9.2.7 所示的修剪体特征 2。选择下拉菜单 插入(S) ➡ 修剪(T) ➡ 修剪片体(R)... 命令（或单击 按钮），系统弹出"修剪片体"对话框；在绘图区选取图 9.2.8 所示的四个曲面为修剪的目标片体，单击鼠标中键确认；依次选取 Step5 所创建修剪体特征 1 的内边线为修剪边界，在 区域 区域中选择 ◉放弃 单选项；单击 < 确定 > 按钮，完成修剪体特征 2 的创建。

a) 修剪前　　　　　　b) 修剪后
图 9.2.7 修剪体特征 2　　　　图 9.2.8 选取修剪目标片体

Step7. 创建图 9.2.9 所示的片体加厚特征 1。选择下拉菜单 插入(S) ➡ 偏置/缩放(O) ➡ 加厚(T)... 命令，系统弹出"加厚"对话框；在 面 区域中单击 按钮，选取图 9.2.10

所示的曲面为加厚的对象；在 **偏置 1** 文本框中输入值 2，在 **偏置 2** 文本框中输入值 0，采用系统默认的加厚方向；单击 **< 确定 >** 按钮，完成加厚特征 1 的创建。

Step8. 创建片体加厚特征 2。选择下拉菜单 **插入(S)** ➡ **偏置/缩放(O)** ➡ **加厚(T)...** 命令，系统弹出"加厚"对话框；选取图 9.2.11 所示的面为加厚的对象，在 **偏置 1** 文本框中输入值 2，在 **偏置 2** 文本框中输入值 0，采用系统默认的加厚方向；单击 **< 确定 >** 按钮，完成加厚特征 2 的创建。

图 9.2.9　加厚特征 1

选取此面为加厚的对象

图 9.2.10　选取加厚面

选取此面为加厚的对象

图 9.2.11　选取加厚面

Step9. 创建片体加厚特征 3。参照 Step8，选取图 9.2.12 所示的面为加厚对象，厚度值为 2。

Step10. 创建片体加厚特征 4。选取图 9.2.13 所示的面为加厚对象，厚度值为 2。

Step11. 单击绘图区左边的"部件导航器"按钮 **⊡** ，从弹出的模型树中选择 **☑ 拉伸 (1)** 选项并右击，在弹出的快捷菜单中选择 **显示(S)** 命令，选取的此特征将会在绘图区显示，结果如图 9.2.14 所示。

选取此面为加厚的对象

图 9.2.12　选取加厚面

选取此面为加厚的对象

图 9.2.13　选取加厚面

Step12. 创建图 9.2.15 所示的片体加厚特征 5。选择下拉菜单 **插入(S)** ➡ **偏置/缩放(O)** ➡ **加厚(T)...** 命令，系统弹出"加厚"对话框；选取 Step2 所创建的拉伸特征为加厚的对象；在 **偏置 1** 文本框中输入值 -2，在 **偏置 2** 文本框中输入值 0，采用系统默认的加厚方向；单击 **< 确定 >** 按钮，完成加厚特征 5 的创建。

图 9.2.14　显示所隐藏的特征

图 9.2.15　加厚特征 5

Step13. 单击绘图区右边的"部件导航器"按钮 **⊡** ，从弹出的模型树中选择 **☑ 拉伸 (1)** 选项并右击，在弹出的快捷菜单中选择 **隐藏(H)** 命令，所选取的此特征将会隐藏。

Step14. 创建求和特征 1。选择下拉菜单 插入(S) ➡ 组合(B)▶ ➡ 合并(U)... 命令，系统弹出"合并"对话框；选取图 9.2.16 所示的实体为目标体，选取图 9.2.17 所示的特征为刀具体；单击 <确定> 按钮，完成布尔求和特征 1 的创建。

图 9.2.16　选取目标体　　　　　　图 9.2.17　选取刀具体

Step15. 保存零件模型。选择下拉菜单 文件(F) ➡ 保存(S) 命令。

9.3　范例 3——肥皂的设计

范例概述

本范例主要讲述一款肥皂的创建过程，在整个设计过程中运用了曲面拉伸、旋转、缝合、扫掠和倒圆角等命令。在整本书中本范例首次运用曲面的创建方法，此处需要读者用心体会。零件模型如图 9.3.1 所示。

Step1. 新建文件。选择下拉菜单 文件(F) ➡ 新建(N)... 命令，系统弹出"新建"对话框；在 模型 选项卡的 模板 区域中选取模板类型为 模型 ，在 名称 文本框中输入文件名称 SOAP，单击 确定 按钮进入建模环境。

Step2. 创建图 9.3.2 所示的零件基础特征——拉伸特征 1。选择下拉菜单 插入(S) ➡ 设计特征(E) ➡ 拉伸(E)... 命令，系统弹出"拉伸"对话框；选取 XY 平面为草图平面，绘制图 9.3.3 所示的截面草图；在 指定矢量 下拉列表中选择 ZC↑ 选项；在 限制 区域的 开始 下拉列表中选择 值 选项，并在其下的 距离 文本框中输入值 0；在 限制 区域的 结束 下拉列表中选择 值 选项，并在其下的 距离 文本框中输入值 18；在 设置 区域中选择 片体 选项；单击 <确定> 按钮，完成拉伸特征 1 的创建。

图 9.3.1　零件模型　　　图 9.3.2　拉伸特征 1　　　图 9.3.3　截面草图

Step3. 创建图 9.3.4 所示的草图 1。选择下拉菜单 插入(S) ➡ 在任务环境中绘制草图(V)...

命令，选取 YZ 为草图平面，进入草图环境绘制；绘制完成后单击 完成 按钮，完成草图特征 1 的创建。

图 9.3.4　草图 1

Step4. 创建图 9.3.5 所示的草图 2。选择下拉菜单 插入(S) ➡ ☐ 在任务环境中绘制草图(V)... 命令，选取 XZ 为草图平面，进入草图环境绘制；绘制完成后单击 完成 按钮，完成草图特征 2 的创建。

图 9.3.5　草图 2

Step5. 创建图 9.3.6 所示的扫掠特征 1。选择下拉菜单 插入(S) ➡ 扫掠(W) ➡ ☐ 扫掠(S)... 命令，在绘图区选取草图 1 为扫掠的截面曲线串；选取图 9.3.5 所示的曲线特征为扫掠的引导线串；单击"沿引导线扫掠"对话框中的 < 确定 > 按钮，完成扫掠特征 1 的创建。

图 9.3.6　扫掠特征 1

Step6. 创建图 9.3.7 所示的修剪特征 1。选择下拉菜单 插入(S) ➡ 修剪(T) ▶ ➡ ☐ 修剪与延伸(N)... 命令，在 类型 下拉列表中选择 ☐ 制作拐角 选项，选取图 9.3.8 所示的扫掠特征 1 为目标体，选取图 9.3.8 所示的拉伸特征 1 为工具体；调整方向保留图 9.3.7 所示的部分，单击 < 确定 > 按钮，完成修剪特征 1 的创建。

Step7. 创建图 9.3.9 所示的零件特征——有界平面 1。选择下拉菜单 插入(S) ➡ 曲面(R) ➡ ☐ 有界平面(B)... 命令，选取图 9.3.10 所示的边线，单击 < 确定 > 按钮，完成有界平面 1 的创建。

图 9.3.7　修剪特征 1　　　　　　　　图 9.3.8　定义参照对象

图 9.3.9　有界平面 1　　　　　　　　图 9.3.10　定义参照边

Step8. 创建缝合特征 1。选择下拉菜单 插入(S) ➡ 组合(B) ▶ ➡ 缝合(W)... 命令，选取修剪特征 1 为目标体，选取有界平面 1 为刀具体；单击 确定 按钮，完成缝合特征 1 的创建。

Step9. 创建图 9.3.11 所示的旋转特征 1。选择下拉菜单 插入(S) ➡ 设计特征(E) ➡ 旋转(R)... 命令，单击 截面线 区域中的 按钮，在绘图区选取 XZ 基准平面为草图平面，绘制图 9.3.12 所示的截面草图；在绘图区中选取图 9.3.12 所示的线为旋转轴。在"旋转"对话框 限制 区域的 开始 下拉列表中选择 值 选项，并在 角度 文本框中输入值 0，在 结束 下拉列表中选择 值 选项，并在 角度 文本框中输入值 360；在 布尔 区域的下拉列表中选择 无 选项，在 设置 区域中选择 片体 选项；单击 确定 按钮，完成旋转特征 1 的创建。

图 9.3.11　旋转特征 1　　　　　　　　图 9.3.12　截面草图

Step10. 创建图 9.3.13 所示的修剪特征 2。选择下拉菜单 插入(S) ➡ 修剪(T) ▶ ➡ 修剪与延伸(N)... 命令，在 类型 下拉列表中选择 制作拐角 选项，选取图 9.3.14 所示的特征为目标体，选取图 9.3.14 所示的特征为工具体，调整方向保留图 9.3.14 所示的部分；单击 确定 按钮，完成修剪特征 2 的创建。

图 9.3.13　修剪特征 2　　　　　　　　图 9.3.14　定义参照边

Step11. 创建图 9.3.15 所示的零件基础特征——拉伸特征 2。选择下拉菜单 插入(S) ➞ 设计特征(E) ➞ 拉伸(E)... 命令，系统弹出"拉伸"对话框；选取 XY 平面为草图平面，绘制图 9.3.16 所示的截面草图；在 ✓ 指定矢量 下拉列表中选择 ZC↑ 选项；在 限制 区域的 开始 下拉列表中选择 值 选项，并在其下的 距离 文本框中输入值 0；在 限制 区域的 结束 下拉列表中选择 值 选项，并在其下的 距离 文本框中输入值 40；在 布尔 区域的下拉列表中选择 减去 选项，采用系统默认的求差对象；单击 < 确定 > 按钮，完成拉伸特征 2 的创建。

图 9.3.15　拉伸特征 2

图 9.3.16　截面草图

Step12. 创建图 9.3.17 所示的边倒圆特征 1。选择下拉菜单 插入(S) ➞ 细节特征(L) ▶ ➞ 边倒圆(E)... 命令，在 边 区域中单击 □ 按钮，选择图 9.3.18 所示的边线为边倒圆参照，在 半径 1 文本框中输入值 10；单击 < 确定 > 按钮，完成边倒圆特征 1 的创建。

图 9.3.17　边倒圆特征 1

要圆角的边线

图 9.3.18　定义参照边

Step13. 创建图 9.3.19 所示的边倒圆特征 2。选择图 9.3.20 所示的边线为边倒圆参照，在 半径 1 文本框中输入值 5；单击 < 确定 > 按钮，完成边倒圆特征 2 的创建。

图 9.3.19　边倒圆特征 2

要圆角的边线

图 9.3.20　定义参照边

Step14. 创建图 9.3.21 所示的边倒圆特征 3。选择图 9.3.22 所示的边线为边倒圆参照，在 半径 1 文本框中输入值 10；单击 < 确定 > 按钮，完成边倒圆特征 3 的创建。

图 9.3.21　边倒圆特征 3

要圆角的边线

图 9.3.22　定义参照边

Step15. 创建图 9.3.23 所示的基准平面 1。选择下拉菜单 插入(S) ➡ 基准/点(D) ➡ 基准平面(D)... 命令，系统弹出"基准平面"对话框；在 类型 区域的下拉列表中选择 按某一距离 选项，在绘图区选取 XY 基准平面，输入偏移值 20；单击 < 确定 > 按钮，完成基准平面 1 的创建。

Step16. 创建图 9.3.24 所示的草图 3。选择下拉菜单 插入(S) ➡ 在任务环境中绘制草图(V)... 命令，选取基准平面 1 为草图平面，进入草图环境绘制；绘制完成后单击 完成 按钮，完成草图 3 的创建。

图 9.3.23　基准平面 1

图 9.3.24　草图 3

Step17. 创建图 9.3.25 所示的基准平面 2。选择下拉菜单 插入(S) ➡ 基准/点(D) ➡ 基准平面(D)... 命令，系统弹出"基准平面"对话框；单击 < 确定 > 按钮，完成基准平面 2 的创建（注：具体参数和操作参见随书学习资源）。

曲线端点为参考点

图 9.3.25　基准平面 2

Step18. 创建图 9.3.26 所示的草图 4。选择下拉菜单 插入(S) ➡ 在任务环境中绘制草图(V)... 命令，选取基准平面 2 为草图平面，进入草图环境绘制；绘制完成后单击 完成 按钮，完成草图 4 的创建。

图 9.3.26　草图 4

Step19. 创建图 9.3.27 所示的扫掠特征 2。选择下拉菜单 插入(S) ➡ 扫掠(W) ➡ 沿引导线扫掠(G)... 命令，在绘图区选取草图 4 为扫掠的截面曲线串；选取草图 3 为扫掠的引导线串；在 布尔 区域的下拉列表中选择 减去 选项；采用系统默认的扫掠偏置值；单击"沿引导线扫掠"对话框中的 < 确定 > 按钮，完成扫掠特征 2 的创建。

图 9.3.27　扫掠特征 2

Step20. 创建图 9.3.28 所示的边倒圆特征 4。选择图 9.3.29 所示的边线为边倒圆参照，在 半径 1 文本框中输入值 3；单击 < 确定 > 按钮，完成边倒圆特征 4 的创建。

图 9.3.28　边倒圆特征 4

要圆角的边线

图 9.3.29　定义参照边

Step21. 创建图 9.3.30 所示的阵列特征 1。选择下拉菜单 插入(S) ➡ 关联复制(A)▶ ➡ 阵列几何特征(T)... 命令，在绘图区选取草图 3 和草图 4 为要形成几何体的特征；在"阵列几何特征"对话框的 布局 下拉列表中选择 圆形 选项，在对话框的 旋转轴 区域中单击 * 指定矢量 后面的 按钮，选择 ZC 轴为旋转轴；单击 * 指定点 后面的 按钮，选取默认的原点为中心点；在对话框 角度方向 区域的 间距 下拉列表中选择 数里和间隔 选项，在 数量 文本框中输入阵列数量为 2，在 节距角 文本框中输入阵列角度值为 180，完成阵列特征 1 的创建。

图 9.3.30　阵列特征 1

Step22. 后面的详细操作过程请参见随书学习资源中的语音视频讲解。

9.4　范例 4——充电器上壳的设计

范例概述

本范例介绍充电器上壳的设计过程。该设计过程是先创建一系列草图曲线和空间曲线，然后利用所创建的曲线构建几个独立的曲面，再利用求和、缝合等工具将独立的曲面变成一个整体面组，最后对整体面组进行加厚，使其变为实体模型。同时，本范例还详细讲解了采用辅助线处理镜像曲线相切的设计方法。充电器上壳模型如图 9.4.1 所示。

Stage1. 创建图 9.4.2 所示的曲面 1

Step1. 新建文件。选择下拉菜单 文件(F) ➡️ 新建(N)... 命令，系统弹出"新建"对话框；在 模板 选项卡中选取模板类型为 模型，在 名称 文本框中输入文件名称 upper_cover.prt；单击 确定 按钮，进入模型设计环境。

图 9.4.1 充电器上壳模型

图 9.4.2 创建曲面 1

Step2. 创建图 9.4.3 所示的草图 1。选择下拉菜单 插入(S) ➡️ 在任务环境中绘制草图(V)... 命令，系统弹出"创建草图"对话框；选取 ZX 基准平面为草图平面，单击"创建草图"对话框中的 确定 按钮，进入草图环境，绘制图 9.4.3 所示的草图 1；选择下拉菜单 任务(K) ➡️ 完成草图(K) 命令，退出草图环境。

Step3. 创建图 9.4.4 所示的草图 2。选择下拉菜单 插入(S) ➡️ 在任务环境中绘制草图(V)... 命令，系统弹出"创建草图"对话框；选取 XY 基准平面为草图平面，绘制图 9.4.4 所示的草图 2。

Step4. 创建图 9.4.5 所示的基准平面 1。选择下拉菜单 插入(S) ➡️ 基准/点(D) ➡️ 基准平面(D)... 命令（或单击 按钮），在"基准平面"对话框中单击 < 确定 > 按钮，完成基准平面 1 的创建（注：具体参数和操作参见随书学习资源）。

图 9.4.3 绘制草图 1

图 9.4.4 绘制草图 2

图 9.4.5 基准平面 1

Step5. 创建图 9.4.6 所示的草图 3。选择下拉菜单 插入(S) ➡️ 在任务环境中绘制草图(V)... 命令，系统弹出"创建草图"对话框；选取基准平面 1 为草图平面，绘制图 9.4.6 所示的草图 3。

Step6. 创建图 9.4.7 所示的草图 4。选择下拉菜单 插入(S) ➡️ 在任务环境中绘制草图(V)... 命令，系统弹出"创建草图"对话框；选取基准平面 1 为草图平面，单击 确定 按钮进入草图环境；选择下拉菜单 插入(S) ➡️ 曲线(C) ➡️ 艺术样条(D)... 命令，系统弹出"艺术样条"对话框，在 类型 区域的下拉列表中选择 通过点 选项，绘制图 9.4.8 所示的初步草图曲线，在"艺术样条"对话框中单击 <确定> 按钮；选中绘制的草图 4，选择下拉菜单 分析(L) ➡️ 曲线(C) ➡️ 显示曲率梳(C) 命令，图形区将显示图 9.4.9 所示的草图曲线的曲率梳 1；通过拖动图 9.4.8 所示的初步草图曲线的控制点来调整曲线，将其调整到图 9.4.9 所示的形状；选中绘制的草图 4，选择下拉菜单 分析(L) ➡️ 曲线(C) ➡️ 显示曲率梳(C) 命令，取消曲率梳的显示；单击 完成 按钮，完成草图 4 的创建并退出草图环境。

注意：在使用曲率梳对草图进行编辑时，必须先选中草图，选择 分析(L) ➡️ 曲线(C) ➡️ 显示曲率梳(C) 命令才可以显示曲率梳，然后按 Esc 键取消选中曲线，对曲线进行拖动编辑。

图 9.4.6　绘制草图 3

图 9.4.7　绘制草图 4

图 9.4.8　初步的草图曲线

Step7. 创建图 9.4.10 所示的草图 5。选取 ZX 基准平面为草图平面，绘制图 9.4.10 所示的草图 5。参照 Step6 对草图 5 进行调整，其曲率梳 2 如图 9.4.11 所示。

图 9.4.9　曲率梳 1

图 9.4.10　绘制草图 5

图 9.4.11　曲率梳 2

Step8. 创建图 9.4.12 所示的草图 6。选取 XY 基准平面为草图平面，绘制图 9.4.12 所示的草图 6。参照 Step6 对草图 6 进行调整，其曲率梳 3 如图 9.4.13 所示。

图 9.4.12　绘制草图 6

图 9.4.13　曲率梳 3

注意：草图 6 的两个端点分别与草图 4 和草图 5 的端点重合。

Step9. 创建图 9.4.14 所示的直线特征 1。选择下拉菜单 插入(S) ➡️ 曲线(C) ➡️ 直线(L)... 命令，系统弹出"直线"对话框；在 起点选项 下拉列表中选取 点 选项，在绘图区域中选取图 9.4.14 所示的点 1；在 终点选项 下拉列表中选择 点 选项，在绘图区域中选取图 9.4.14 所示的点 2；单击"直线"对话框中的 <确定> 按钮（或单击鼠标中键），完成直线特征 1 的创建。

Step10. 创建图 9.4.15 所示的镜像曲线特征。选择下拉菜单 插入(S) ➡ 派生曲线(U) ➡ 镜像(M)... 命令，系统弹出"镜像曲线"对话框；在绘图区依次选取图 9.4.16 所示的直线、草图 5 和草图 6，单击鼠标中键，选取 ZX 基准平面为镜像平面；单击"镜像曲线"对话框中的 确定 按钮，完成镜像曲线特征的创建。

图 9.4.14　直线特征 1

图 9.4.15　镜像曲线特征

图 9.4.16　定义镜像曲线特征

Step11. 创建图 9.4.17 所示的网格曲面特征。选择下拉菜单 插入(S) ➡ 网格曲面(M) ➡ 通过曲线网格(M)... 命令，系统弹出"通过曲线网格"对话框；在绘图区选取图 9.4.18 所示的曲线 1，单击鼠标中键后选取曲线 2，单击鼠标中键确认；在 交叉曲线 区域中单击 按钮，选取图 9.4.18 所示的曲线 3；单击鼠标中键后选取曲线 4，再次单击鼠标中键后选取曲线 5，其他参数采用系统默认设置；单击 < 确定 > 按钮，完成网格曲面特征的创建。

图 9.4.17　网格曲面特征

图 9.4.18　定义网格曲面特征

Stage2. 创建图 9.4.19 所示的曲面 2

Step1. 创建图 9.4.20 所示的基准平面 2。选择下拉菜单 插入(S) ➡ 基准/点(D) ➡ 基准平面(D)... 命令，系统弹出"基准平面"对话框；在 类型 区域的下拉列表中选择 成一角度 选项；在绘图区选取 YZ 基准平面为参考平面，选取图 9.4.21 所示的直线为通过轴，在 角度 文本框中输入值-10；单击 < 确定 > 按钮，完成基准平面 2 的创建。

图 9.4.19　创建曲面 2

图 9.4.20　基准平面 2

图 9.4.21　定义基准平面

Step2. 创建图 9.4.22 所示的草图 7。选择下拉菜单 插入(S) ➡ 在任务环境中绘制草图(V)... 命令，系统弹出"创建草图"对话框；选取基准平面 2 为草图平面（可通过重新选择参考对象或调整"反向"按钮来调整视图方位），单击"创建草图"对话框中的 确定 按钮，进入草图环境，绘制图 9.4.22 所示的草图 7；选择下拉菜单 任务(K) ➡ 完成草图(K) 命令，退出草图环境。

说明：此草图 7 中的底部边线与草图 2 中的一条边共线。

Step3. 创建图 9.4.23 所示的有界平面特征 1。选择下拉菜单 插入(S) ➡ 曲面(R) ➡ 有界平面(B) 命令，系统弹出"有界平面"对话框；根据系统 选择有界平面的曲线 的提示在图形区选取 Step2 所创建的草图 7；在"有界平面"对话框中单击 < 确定 > 按钮，完成有界平面特征 1 的创建。

图 9.4.22　绘制草图 7　　　　　　图 9.4.23　有界平面特征 1

Step4. 创建图 9.4.24 所示的修剪片体特征 1。选择下拉菜单 插入(S) ➡ 修剪(T) ➡ 修剪片体(R)... 命令，系统弹出"修剪片体"对话框；在绘图区选取图 9.4.25 所示的曲面为修剪的目标片体，单击鼠标中键确认；选取 Step3 所创建的有界平面特征 1 为修剪边界，在 区域 区域中选择 ⊙ 保留 单选项；单击 确定 按钮，完成修剪片体特征 1 的创建。

a）修剪前　　　　　　　　　b）修剪后

图 9.4.24　修剪片体特征 1　　　　　　图 9.4.25　选取目标片体

Step5. 创建图 9.4.26 所示的修剪片体特征 2。选择下拉菜单 插入(S) ➡ 修剪(T) ➡ 修剪片体(R)... 命令，系统弹出"修剪片体"对话框；在绘图区选取图 9.4.26a 所示的曲面为修剪的目标片体，单击鼠标中键确认，选取图 9.4.27 所示的曲面为修剪边界，在 区域 区域中选择 ⊙ 保留 单选项；单击 确定 按钮，完成修剪片体特征 2 的创建。

a）修剪前　　　　　　　　　b）修剪后

图 9.4.26　修剪片体特征 2

Step6. 创建曲面缝合特征 1。选择下拉菜单 插入(S) ➡ 组合(B) ▶ ➡ 缝合(W)... 命令，系统弹出"缝合"对话框；选取图 9.4.28 所示的面为缝合的目标片体，选取图 9.4.29 所示的面为缝合的刀具片体；在"缝合"对话框中单击 确定 按钮，完成缝合特征 1 的创建。

图 9.4.27　选取边界对象

图 9.4.28　选取目标片体

图 9.4.29　选取刀具片体

Stage3. 创建图 9.4.30 所示的曲面 1 和曲面 2

Step1. 创建图 9.4.31 所示的基准平面 3。选择下拉菜单 插入(S) ➡ 基准/点(D) ➡ ▢ 基准平面(D)... 命令，系统弹出"基准平面"对话框；在 类型 区域的下拉列表中选择 按某一距离 选项，在绘图区选取 XY 基准平面，在 偏置 区域的 距离 文本框中输入值 35；在"基准平面"对话框中单击 < 确定 > 按钮，完成基准平面 3 的创建。

图 9.4.30　曲面 1 和曲面 2

图 9.4.31　基准平面 3

Step2. 创建图 9.4.32 所示的草图 8。选择下拉菜单 插入(S) ➡ 品 在任务环境中绘制草图(V)... 命令，系统弹出"创建草图"对话框；选取基准平面 3 为草图平面，绘制图 9.4.32 所示的草图 8。

Step3. 创建图 9.4.33 所示的草图 9。选择下拉菜单 插入(S) ➡ 品 在任务环境中绘制草图(V)... 命令，系统弹出"创建草图"对话框；选取 XY 基准平面为草图平面，单击 确定 按钮，进入草图环境，绘制图 9.4.33 所示的草图 9。选择下拉菜单 插入(S) ➡ 曲线(C) ➡ ✎ 艺术样条(D)... 命令，系统弹出"艺术样条"对话框；在 类型 区域的下拉列表中选择 通过点 选项，绘制图 9.4.33 所示的草图 9；在"艺术样条"对话框中单击 确定 按钮；选中绘制的草图，选择下拉菜单 分析(L) ➡ 曲线(C) ➡ ✸ 显示曲率梳(C) 命令，在图形区显示草图曲线的曲率梳，拖动草图曲线控制点使其曲率梳呈现图 9.4.34 所示的光滑形状；选中绘制的草图，选择下拉菜单 分析(L) ➡ 曲线(C) ➡ ✸ 显示曲率梳(C) 命令，取消曲率梳的显示；选择下拉菜单 任务(K) ➡ ✸ 完成草图(K) 命令，完成草图 9 的创建并退出草图环境。

图 9.4.32　绘制草图 8

图 9.4.33　绘制草图 9

图 9.4.34　曲率梳 4

Step4. 创建图 9.4.35 所示的草图 10。选取基准平面 3 为草图平面，绘制图 9.4.35 所示的草图 10；参照 Step3 对草图 10 进行调整，其曲率梳如图 9.4.36 所示。

图 9.4.35　绘制草图 10　　　　　　　　　图 9.4.36　曲率梳 5

Step5. 创建图 9.4.37 所示的直线特征 2。选择下拉菜单 插入(S) ➡ 曲线(C) ➡ ∕ 直线(L)... 命令，系统弹出"直线"对话框；在 起点选项 下拉列表中选取 点 选项，在绘图区域中选取图 9.4.37 所示的点 1（草图 9 的端点）；在 终点选项 的下拉列表中选择 点 选项，在绘图区域中选取图 9.4.37 所示的点 2（草图 10 的端点）；单击"直线"对话框中的 < 确定 > 按钮，完成直线特征 2 的创建。

Step6. 创建图 9.4.38 所示的直线特征 3。在绘图区域中选取图 9.4.38 所示的点 3（草图 9 的端点）为直线的起点；选取图 9.4.38 所示的点 4（草图 10 的端点）为直线的终点。

图 9.4.37　直线特征 2　　　　　　　　　图 9.4.38　直线特征 3

Step7. 创建图 9.4.39 所示的网格曲面特征 2。选择下拉菜单 插入(S) ➡ 网格曲面(M) ➡ 通过曲线网格(M)... 命令，系统弹出"通过曲线网格"对话框；在绘图区选取图 9.4.40 所示的曲线 1，单击鼠标中键后选取曲线 2，单击鼠标中键确认；再次单击鼠标中键，选取图 9.4.40 所示的曲线 3，单击鼠标中键后选取曲线 4，其他参数采用系统默认设置；单击 < 确定 > 按钮，完成网格曲面特征 2 的创建。

图 9.4.39　网格曲面特征 2　　　　　　　　图 9.4.40　定义网格曲面特征

Step8. 创建图 9.4.41 所示的修剪片体特征 3。选择下拉菜单 插入(S) ➡ 修剪(T) ➡ 修剪片体(R)... 命令，系统弹出"修剪片体"对话框；选取图 9.4.42 所示的面为修剪的目标片体；在绘图区域中单击鼠标中键，选取图 9.4.43 所示的面为修剪的边界对象；在 区域 区域中选择 ⊙ 保留 单选项；单击 确定 按钮，完成修剪片体特征 3 的创建。

图 9.4.41 修剪片体特征 3

图 9.4.42 选取目标片体

图 9.4.43 选取边界对象

Step9. 创建图 9.4.44 所示的修剪片体特征 4。选择下拉菜单 插入(S) ➔ 修剪(T) ➔ 修剪片体(R)... 命令，系统弹出"修剪片体"对话框；选取图 9.4.45 所示的面为修剪的目标片体；在绘图区域中单击鼠标中键，选取图 9.4.46 所示的面为修剪的边界对象；在区域区域中选择 ⊙ 保留 单选项；单击 确定 按钮，完成修剪片体特征 4 的创建。

图 9.4.44 修剪片体特征 4

图 9.4.45 选取目标片体

图 9.4.46 选取边界对象

Step10. 创建图 9.4.47 所示的镜像特征。选择下拉菜单 插入(S) ➔ 关联复制(A) ➔ 镜像特征(M)... 命令，系统弹出"镜像体"对话框；选取图 9.4.47a 所示的曲面，单击鼠标中键确认；选择平面 ZX 为镜像平面；单击 确定 按钮，完成镜像特征的创建。

a）镜像前

b）镜像后

图 9.4.47 镜像特征

Step11. 创建图 9.4.48 所示的修剪片体特征 5。选择下拉菜单 插入(S) ➔ 修剪(T) ➔ 修剪片体(R)... 命令，系统弹出"修剪片体"对话框；在绘图区选取图 9.4.47b 所示的目标片体，单击鼠标中键确认，选取图 9.4.47b 所示的修剪边界，在区域区域中选择 ⊙ 保留 单选项；单击 确定 按钮，完成修剪片体特征 5 的创建。

Step12. 创建图 9.4.49 所示的修剪片体特征 6。选择下拉菜单 插入(S) ➔ 修剪(T) ➔ 修剪片体(R)... 命令，系统弹出"修剪片体"对话框；在绘图区选取图 9.4.50 所示的目标片体，单击鼠标中键，选取图 9.4.48 所示的修剪边界，在区域区域中选择 ⊙ 保留 单选项；单击 确定 按钮，完成修剪片体特征 6 的创建。

Step13. 创建曲面缝合特征 2。选择下拉菜单 插入(S) ➔ 组合(B) ▸ ➔ 缝合(W)... 命令，系统弹出"缝合"对话框；选取图 9.4.51 所示的面为缝合的目标片体，选取图 9.4.52

所示的面为缝合的刀具片体；在"缝合"对话框中单击 确定 按钮，完成缝合特征 2 的创建。

图 9.4.48　修剪片体特征 5

图 9.4.49　修剪片体特征 6

图 9.4.50　修剪目标体

图 9.4.51　选取目标片体

图 9.4.52　选取刀具片体

Stage4．创建图 9.4.53 所示的凹槽部分

Step1. 创建图 9.4.54 所示的基准平面 4。选择下拉菜单 插入(S) ➡️ 基准/点(D) ➡️ □ 基准平面(D)... 命令，系统弹出"基准平面"对话框；在 类型 区域的下拉列表中选择 按某一距离 选项，在绘图区选取图 9.4.20 所示的基准平面 2 为参考平面，在 偏置 区域的 距离 文本框中输入值-25；在"基准平面"对话框中单击 < 确定 > 按钮，完成基准平面 4 的创建。

Step2. 创建图 9.4.55 所示的草图 11。选择下拉菜单 插入(S) ➡️ 在任务环境中绘制草图(V)... 命令，系统弹出"创建草图"对话框；选取基准平面 4 为草图平面，绘制图 9.4.55 所示的草图 11。

图 9.4.53　凹槽

图 9.4.54　基准平面 4

图 9.4.55　绘制草图 11

Step3. 创建图 9.4.56 所示的基准平面 5。选择下拉菜单 插入(S) ➡️ 基准/点(D) ➡️ □ 基准平面(D)... 命令，系统弹出"基准平面"对话框；在 类型 区域的下拉列表中选择 按某一距离 选项，在绘图区选取 YZ 基准平面，在 偏置 区域的 距离 文本框中输入值 25；在"基准平面"对话框中单击 < 确定 > 按钮。

Step4. 创建图 9.4.57 所示的草图 12。选择下拉菜单 插入(S) ➡️ 在任务环境中绘制草图(V)... 命令，系统弹出"创建草图"对话框；选取基准平面 5 为草图平面，绘制图 9.4.57 所示的草图 12。

Step5. 创建图 9.4.58 所示的草图 13。选择下拉菜单 插入(S) ➡️ 在任务环境中绘制草图(V)...

命令，系统弹出"创建草图"对话框；选取基准平面 4 为草图平面，绘制图 9.4.58 所示的草图 13。

注意：样条曲线在 Z 轴上的点的切向方向一定要垂直于 Z 轴。

图 9.4.56 基准平面 5　　　　图 9.4.57 绘制草图 12　　　　图 9.4.58 绘制草图 13

Step6. 创建图 9.4.59 所示的草图 14。选择下拉菜单 插入(S) ➡️ 在任务环境中绘制草图(V)... 命令，系统弹出"创建草图"对话框；选取基准平面 5 为草图平面，绘制图 9.4.59 所示的草图 14。

注意：样条曲线在 Z 轴上的点的切向方向一定要垂直于 Z 轴。

图 9.4.59 绘制草图 14

Step7. 创建图 9.4.60 所示的直线特征 4。选择下拉菜单 插入(S) ➡️ 曲线(C) ➡️ 直线(L)... 命令，系统弹出"直线"对话框；在绘图区域中选取图 9.4.60 所示的点 1 为直线的起点，选取点 2 为直线的终点。

Step8. 创建图 9.4.61 所示的镜像曲线特征。选择下拉菜单 插入(S) ➡️ 派生曲线(U) ➡️ 镜像(M)... 命令，系统弹出"镜像曲线"对话框；在绘图区依次选取图 9.4.62 所示的三条曲线，单击鼠标中键确认；选取 ZX 基准平面为镜像平面；单击"镜像曲线"对话框中的 确定 按钮，完成镜像曲线特征的创建。

图 9.4.60 直线特征 4　　　　图 9.4.61 镜像曲线特征　　　　图 9.4.62 定义镜像曲线特征

Step9. 创建图 9.4.63 所示的网格曲面特征 3。选择下拉菜单 插入(S) ➡️ 网格曲面(M) ➡️ 通过曲线网格(M)... 命令，系统弹出"通过曲线网格"对话框；在绘图区选取图 9.4.64 所示的曲线 1，单击鼠标中键后选取曲线 2，单击鼠标中键确认；再次单击鼠标中键，选取图 9.4.64 所示的曲线 3，单击鼠标中键后选取曲线 4，其他参数采用系统默认设置；单击 ＜确定＞ 按钮，完成网格曲面特征 3 的创建。

Step10. 创建图 9.4.65 所示的直线特征 5。选择下拉菜单 插入(S) ➡ 曲线(C) ➡ ✏ 直线(L)... 命令，系统弹出"直线"对话框；在绘图区分别选取图 9.4.64 所示的曲线 3 和曲线 4 的起点与终点，绘制图 9.4.65 所示的两条直线。

图 9.4.63　网格曲面特征 3　　　图 9.4.64　定义网格曲面特征　　　图 9.4.65　直线特征 5

Step11. 创建图 9.4.66 所示的有界平面特征 2。选择下拉菜单 插入(S) ➡ 曲面(R) ➡ 🔲 有界平面(B)... 命令，系统弹出"有界平面"对话框；根据系统 选择有界平面的曲线 的提示，在绘图区依次选取图 9.4.67 所示的曲线 1 和边，单击 < 确定 > 按钮，完成有界平面特征 2 的创建。

Step12. 创建有界平面特征 3。参照 Step11，在绘图区依次选取图 9.4.68 所示的曲线 1 和边为有界平面的边界曲线。

图 9.4.66　有界平面特征 2　　　图 9.4.67　定义有界平面特征 2　　　图 9.4.68　定义有界平面特征 3

Step13. 创建曲面缝合特征 3。选择下拉菜单 插入(S) ➡ 组合(B) ▸ ➡ 📖 缝合(W)... 命令，系统弹出"缝合"对话框；选取 Step11 所创建的有界平面特征 2 为缝合的目标片体，选取图 9.4.69 所示的面为缝合的刀具片体；在"缝合"对话框中单击 确定 按钮，完成缝合特征 3 的创建。

Step14. 创建图 9.4.70 所示的修剪片体特征 6。选择下拉菜单 插入(S) ➡ 修剪(T) ➡ 🔵 修剪片体(R)... 命令，系统弹出"修剪片体"对话框；选取图 9.4.71 所示的曲面为修剪的目标片体，在绘图区域中单击鼠标中键确认；选取 Step13 所创建的缝合特征 3 为修剪的边界对象，在 区域 区域中选择 ⦿ 保留 单选项；单击 确定 按钮，完成修剪片体特征 6 的创建。

图 9.4.69　选取刀具片体　　　a) 修剪前　　　b) 修剪后

图 9.4.70　修剪片体特征 6

Step15. 创建图 9.4.72 所示的修剪片体特征 7。选择下拉菜单 插入(S) ➡ 修剪(T) ➡ 修剪片体(R)... 命令，系统弹出"修剪片体"对话框；选取图 9.4.73 所示的曲面为修剪的目标片体，在绘图区域中单击鼠标中键确认；选取缝合特征 3 为修剪的边界对象，在 区域 区域中选择 ⊙ 保留 单选项；单击 确定 按钮，完成修剪片体特征 7 的创建。

图 9.4.71　选取目标片体

图 9.4.72　修剪片体特征 7

图 9.4.73　选取目标片体

Step16. 创建曲面缝合特征 4。选择下拉菜单 插入(S) ➡ 组合(B) ▶ ➡ 缝合(W)... 命令，选取图 9.4.74 所示的曲面为缝合的目标片体，选取图 9.4.75 所示的曲面为缝合刀具片体，单击 确定 按钮。

图 9.4.74　选取目标片体

图 9.4.75　选取刀具片体

Step17. 后面的详细操作过程请参见随书学习资源中的语音视频讲解。

9.5　范例 5——咖啡壶的设计

范例概述

本范例介绍一个咖啡壶的设计过程。该设计过程是先创建骨架曲线，然后利用所创建的曲线构建扫掠曲面，再利用缝合等工具将独立的曲面变成一个整体面组，最后将整体面组变成实体模型。该范例同时采用了实体建模的方法，简化了设计的过程。咖啡壶模型如图 9.5.1 所示。

图 9.5.1　咖啡壶模型

说明：本应用前面的详细操作过程请参见随书学习资源中的语音视频讲解。

Step1. 打开文件 D:\ugnx12.8\work\ch09.05\coffee_pot_ex.prt。

Step2. 创建图 9.5.2 所示的扫掠特征。选择下拉菜单 插入(S) ➡ 扫掠(W) ➡ 扫掠(S)...

命令，系统弹出"扫掠"对话框；在 截面 区域中单击 按钮，在绘图区域中选取图 9.5.3 所示的直线，单击鼠标中键确认；在 引导线 区域中单击 按钮，在绘图区域中选取图 9.5.3 所示的曲线 1，单击鼠标中键确认，选取曲线 2，其他参数采用系统默认设置；单击"扫掠"对话框中的 < 确定 > 按钮，完成扫掠特征的创建。

图 9.5.2 扫掠特征

图 9.5.3 定义扫掠特征

注意：定义扫掠特征时，所选取的扫掠截面线和扫掠引导线的方向要与图 9.5.3 所示的方向一致，否则会导致扫掠截面扭曲。

Step3. 创建图 9.5.4 所示的旋转特征。选择下拉菜单 插入(S) ➡ 设计特征(E) ➡ 旋转(R)... 命令，系统弹出"旋转"对话框；单击 截面线 区域中的 按钮，系统弹出"创建草图"对话框；选取 ZX 基准平面为草图平面，单击 确定 按钮；进入草图环境，绘制图 9.5.5 所示的截面草图；选择下拉菜单 任务(K) ➡ 完成草图(K) 命令，退出草图环境；在绘图区域中选取 Z 基准轴为旋转轴，指定坐标原点为旋转点；在"旋转"对话框 限制 区域的 开始 下拉列表中选择 值 选项，并在其下的 角度 文本框中输入值 0；在 结束 下拉列表中选择 值 选项，并在其下的 角度 文本框中输入值 360；在 体类型 下拉列表中选择 片体 选项，其他参数采用系统默认设置；单击 < 确定 > 按钮，完成旋转特征的创建。

图 9.5.4 旋转特征

图 9.5.5 绘制截面草图

Step4. 创建曲面缝合特征。选择下拉菜单 插入(S) ➡ 组合(B) ▶ ➡ 缝合(W)... 命令，系统弹出"缝合"对话框；在绘图区选取图 9.5.6 所示的曲面为缝合的目标片体，选取 Step3 所创建的旋转特征为缝合工具片体；在"缝合"对话框中单击 确定 按钮，完成缝合特征的创建。

Step5. 创建图 9.5.7 所示的边倒圆特征 1。选择下拉菜单 插入(S) ➡ 细节特征(L) ▶ ➡ 边倒圆(E) 命令（或单击 按钮），系统弹出"边倒圆"对话框；在 边 区域中单击 按钮，选择图 9.5.7a 所示的边为边倒圆参照，在 半径 1 文本框中输入值 15；单击 < 确定 > 按钮，完成边倒圆特征 1 的创建。

图 9.5.6 选取目标片体

图 9.5.7 边倒圆特征 1

b）边倒圆后

Step6. 创建图 9.5.8 所示的曲面加厚特征。选择下拉菜单 插入(S) ➡ 偏置/缩放(O) ➡ 加厚(T)... 命令，系统弹出"加厚"对话框；在图形区选取图 9.5.9 所示的面为加厚面；在"加厚"对话框的 偏置 1 文本框中输入值 5，方向朝外，其他参数采用系统默认设置；单击 < 确定 > 按钮，完成曲面加厚特征的创建。

图 9.5.8 曲面加厚特征

图 9.5.9 选取加厚面

Step7. 隐藏片体特征。在图形区的右侧单击"部件导航器"按钮 ，在弹出的"部件导航器"窗口中选择 Step4 所创建的缝合特征并右击，从弹出的快捷菜单中选择 隐藏(H) 选项，所选取的特征即被隐藏。

Step8. 创建图 9.5.10 所示的拉伸特征。选择下拉菜单 插入(S) ➡ 设计特征(E) ➡ 拉伸(E)... 命令，系统弹出"拉伸"对话框；单击"拉伸"对话框中的"绘制截面"按钮 ，系统弹出"创建草图"对话框；单击 此按钮，选取 ZX 基准平面为草图平面；单击 确定 按钮，进入草图环境，绘制图 9.5.11 所示的截面草图；选择下拉菜单 任务(K) ➡ 完成草图(K) 命令，退出草图环境；在 限制 区域的 开始 下拉列表中选择 对称值 选项，并在其下的 距离 文本框中输入值 150；在 布尔 区域中选择 减去 选项，采用系统默认的求差对象；单击 < 确定 > 按钮，完成拉伸特征的创建。

说明： 创建此拉伸特征是为了切平壶口处。

图 9.5.10 拉伸特征

图 9.5.11 绘制截面草图

Step9. 创建边倒圆特征 2。选取图 9.5.12 所示的边线为边倒圆参照，其圆角半径值为 1.5。

Step10. 创建边倒圆特征 3。选取图 9.5.13 所示的边线为边倒圆参照，其圆角半径值为 2。

图 9.5.12　选取边倒圆 2 的参照　　　　　图 9.5.13　选取边倒圆 3 的参照

Step11. 创建图 9.5.14 所示的草图 3。

（1）选择下拉菜单 插入(S) ➡️ 在任务环境中绘制草图(V) 命令，系统弹出"创建草图"对话框。

（2）定义草图平面。单击 ⊕ 按钮，选取 **ZX** 基准平面为草图平面，单击 确定 按钮。

（3）进入草图环境，创建图 9.5.14 所示的草图 3。选择下拉菜单 插入(S) ➡️ 艺术样条(I)... 命令，系统弹出"艺术样条"对话框；在"艺术样条"对话框的 类型 区域中单击"通过点"按钮 通过点，绘制图 9.5.14 所示的草图 3；在"艺术样条"对话框中单击 < 确定 > 按钮。

（4）对草图 3 进行编辑。

① 双击图 9.5.14 所示的曲线 1。

a）选择下拉菜单 分析(L) ➡️ 曲线(C)▶ ➡️ 显示曲率梳(C) 命令，在图形区显示草图曲线的曲率梳。

b）拖动草图曲线控制点，使其曲率梳呈现图 9.5.15 所示的光滑形状；选择下拉菜单 分析(L) ➡️ 曲线(C)▶ ➡️ 显示曲率梳(C) 命令，取消曲率梳的显示。

c）在"艺术样条"对话框中单击 < 确定 > 按钮。

② 双击图 9.5.14 所示的曲线 2，采用同样的方法调整曲线 2，使其曲率梳呈现图 9.5.16 所示的光滑形状。

（5）选择下拉菜单 任务(K) ➡️ 完成草图(K) 命令，退出草图环境。

注意： 调整样条曲率时，应保证其曲率连续光滑，因为曲线构造质量的好坏直接关系到生成的曲面和实体的质量。

图 9.5.14　绘制草图 3　　　图 9.5.15　曲率梳 1　　　图 9.5.16　曲率梳 2

Step12. 创建图 9.5.17 所示的基准平面 2。选择下拉菜单 插入(S) ➡️ 基准/点(D) ➡️ 基准平面(D)... 命令（或单击 □ 按钮），系统弹出"基准平面"对话框；在 类型 区域的下拉列表中选择 按某一距离 选项，在绘图区选取 **YZ** 基准平面，在 偏置 区域的 距离 文本框中输入值

60；在"基准平面"对话框中单击 <确定> 按钮，完成基准平面2的创建。

Step13. 创建图9.5.18所示的草图4。选择下拉菜单 插入(S) ➡ 在任务环境中绘制草图(V)... 命令，系统弹出"创建草图"对话框；单击 ✛ 按钮，选取基准平面2为草图平面；单击 确定 按钮，进入草图环境，绘制图9.5.18所示的草图4。选择下拉菜单 插入(S) ➡ 艺术样条(D)... 命令，系统弹出"艺术样条"对话框；在"艺术样条"对话框的 类型 区域中单击"通过点" 按钮 通过点 ，选取图9.5.14所示的曲线1与基准面2的交点为曲线的起点，选取图9.5.14 所示的曲线2与基准面2的交点为曲线的终点，绘制图9.5.19所示的曲线1，在"艺术样 条"对话框中单击 <确定> 按钮；双击图9.5.19所示的曲线1，通过拖动草图曲线控制 点使其曲率梳呈现图9.5.20所示的光滑形状。选择下拉菜单 分析(L) ➡ 曲线(C)▶ ➡ 显示曲率梳(C)命令，取消曲率梳的显示。在"艺术样条"对话框中单击 <确定> 按钮，选择下拉菜单 插入(S) ➡ 来自曲线集的曲线(F) ▶ ➡ 镜像曲线(M)...命令，选取 Z基准轴为镜像中心线，选取曲线1为要镜像的曲线，单击对话框中的 <确定> 按钮；选 择下拉菜单 任务(K) ➡ 完成草图(K)命令，退出草图环境。

图9.5.17 基准平面2

图9.5.18 绘制草图4

图9.5.19 绘制曲线1

Step14. 创建图9.5.21所示的扫掠特征。选择下拉菜单 插入(S) ➡ 扫掠(W) ➡ 扫掠(S)...命令，系统弹出"扫掠"对话框；在 截面 区域中单击 🗗 按钮，在绘图区域中 选取图9.5.22所示的曲线1，单击中键确认；在 引导线 区域中单击 🗗 按钮，在绘图区域中选 取图9.5.22所示的曲线2，单击鼠标中键后选取曲线3，其他参数采用系统默认设置；单击 "扫掠"对话框中的 <确定> 按钮，完成扫掠特征的创建。

注意：定义扫掠特征时，所选取的扫掠截面线和扫掠引导线的方向要与图9.5.22所示 的方向一致，否则会导致扫掠截面扭曲。

图9.5.20 曲率梳3

图9.5.21 扫掠特征

图9.5.22 定义扫掠特征

Step15. 显示片体特征。在图形区的右侧单击"部件导航器"按钮 ，在弹出的"部件导航器"窗口中选择 Step4 所创建的缝合特征并右击，从弹出的快捷菜单中选择 显示(S) 选项，所选取的特征即显示。

Step16. 创建图 9.5.23 所示的修剪体特征。选择下拉菜单 插入(S) ➡ 修剪(T) ➡ 修剪体(T)... 命令（或单击 按钮），系统弹出"修剪体"对话框；选取 Step14 所创建的扫掠特征为修剪的目标体，在绘图区域中单击鼠标中键确认；选取图 9.5.24 所示的片体（即 Step3 所创建的旋转特征）为修剪的刀具片体，采用系统默认的修剪方向（如有必要，可单击"反向"按钮 使修剪方向向外）；单击 < 确定 > 按钮，完成修剪体特征的创建。

a) 修剪前　　　　　　　　　　b) 修剪后　　　　　　　　　　选取此曲面

图 9.5.23　修剪体特征　　　　　　　　　　　图 9.5.24　选取刀具片体

Step17. 创建求和特征。选择下拉菜单 插入(S) ➡ 组合(B) ▶ ➡ 合并(U)... 命令，系统弹出"合并"对话框；选取图 9.5.25 所示的实体为目标体，选取图 9.5.26 所示的特征为刀具体；单击 确定 按钮，完成布尔求和特征的创建。

Step18. 创建边倒圆特征 4。选取图 9.5.27 所示的两条边线为边倒圆参照，其圆角半径值为 5。

选取此特征　　　　　　　　选取此特征　　　　　　　　这两条边线为边倒圆参照

图 9.5.25　选取目标体　　　图 9.5.26　选取刀具体　　　图 9.5.27　选取边倒圆 4 的参照

Step19. 设置隐藏。选择下拉菜单 编辑(E) ➡ 显示和隐藏(H) ➡ 隐藏(H) 命令，系统弹出"类选择"对话框；单击"类选择"对话框中的 按钮，系统弹出"根据类型选择"对话框；选择对话框列表中的 曲线 、草图 、片体 和 基准 选项，单击 确定 按钮，系统再次弹出"类选择"对话框，单击对话框 对象 区域中的 按钮；单击对话框中的 确定 按钮，完成对设置对象的隐藏。

Step20. 保存零件模型。选择下拉菜单 文件(F) ➡ 保存(S) 命令。

9.6　范例6——水嘴手柄的设计

范例概述

本范例设计的是生活中常用的产品——水嘴手柄。此例的设计思路是先通过绘制产品的外形控制曲线，再通过曲线得到模型的整体曲面特征。在创建曲面时要对可能产生收敛点的曲面有足够的重视，因为很多时候由于收敛点的存在使后续设计无法进行或变得非常复杂。对于收敛点的去除方法，本例将有介绍。零件模型及模型树如图 9.6.1 所示。

Step1. 新建文件。选择下拉菜单 文件(F) ➡ 新建(N)... 命令，系统弹出"新建"对话框；在 模型 选项卡的 模板 区域中选取模板类型为 模型，在 名称 文本框中输入文件名称 tap_switch，单击 确定 按钮，进入建模环境。

图 9.6.1　零件模型及模型树

Step2. 创建图 9.6.2 所示的草图 1。选择下拉菜单 插入(S) ➡ 在任务环境中绘制草图(V)... 命令，系统弹出"创建草图"对话框；单击 ✛ 按钮，选取 XY 基准平面为草图平面，单击 确定 按钮；进入草图环境，绘制图 9.6.3 所示的草图 1；选择下拉菜单 任务(K) ➡ 完成草图(K) 命令，退出草图环境。

Step3. 创建图 9.6.4 所示的基准平面 1；选择下拉菜单 插入(S) ➡ 基准/点(D)▶ ➡ 基准平面(D)... 命令，系统弹出"基准平面"对话框；在 类型 区域的下拉列表中选择 按某一距离 选项，在 平面参考 区域中单击 ✛ 按钮，选取 YZ 基准平面为参考平面；在 偏置 文本框中输入值 80，其他参数采用系统默认设置；单击 确定 按钮，完成基准平面 1 的创建。

图 9.6.2　草图 1（建模环境）　　　图 9.6.3　草图 1（草图环境）　　　图 9.6.4　基准平面 1

Step4. 创建图 9.6.5 所示的草图 2。选择下拉菜单 插入(S) ➡️ 在任务环境中绘制草图(V)... 命令；选取基准平面 1 为草图平面，绘制图 9.6.6 所示的草图 2（半个椭圆形）；单击 完成 按钮，退出草图环境。

图 9.6.5　草图 2（建模环境）　　　　　　图 9.6.6　草图 2（草图环境）

Step5. 创建图 9.6.7 所示的草图 3。选择下拉菜单 插入(S) ➡️ 在任务环境中绘制草图(V)... 命令；选取 ZX 基准平面为草图平面；绘制图 9.6.8 所示的草图 3；分别双击图 9.6.8 所示的草图 3 中的两条曲线，选择下拉菜单 分析(L) ➡️ 曲线(C)▶ ➡️ 显示曲率梳(C) 命令，在图形区显示草绘曲线的曲率梳，拖动草绘曲线控制点使其曲率梳呈现图 9.6.9 所示的光滑的形状；在"艺术样条"对话框中单击 〈 确定 〉 按钮，选择下拉菜单 分析(L) ➡️ 曲线(C)▶ ➡️ 显示曲率梳(C) 命令，取消曲率梳的显示；选择下拉菜单 任务(K) ➡️ 完成草图(K) 命令，退出草图环境。

图 9.6.7　草图 3（建模环境）　　　　　　图 9.6.8　草图 3（草图环境）

图 9.6.9　草图 3 的曲率梳

Step6. 创建图 9.6.10 所示的直线。选择下拉菜单 插入(S) ➡️ 曲线(C)▶ ➡️ 直线(L)... 命令（或单击 按钮），系统弹出"直线"对话框；在"直线"对话框 起点 区域的 起点选项 下拉列表中选择 点 选项，并选取图 9.6.11 所示的点 1（Step5 中草图 3 的样条曲线和直线的交点）为参考点；在 终点或方向 区域的终点选项下拉列表中选择 点 选项，并选取图 9.6.11

所示的点 2（Step5 中草图 3 的样条曲线和直线的交点）为参考点；单击 < 确定 > 按钮，完成直线的创建。

图 9.6.10 直线

图 9.6.11 选取参考点 1

Step7. 创建图 9.6.12 所示的偏置曲线 1。选择下拉菜单 插入(S) ➡ 派生曲线(U) ➡ 偏置(O)... 命令（或单击 按钮），系统弹出"偏置曲线"对话框；在 类型 区域的下拉列表中选择 3D 轴向 选项，并选取图 9.6.10 所示的直线为偏置曲线参照；在 偏置 区域的 距离 文本框中输入值 10，在 指定方向 的下拉列表中选择 YC 选项为偏置方向，其他参数采用系统默认设置；单击 确定 按钮，完成偏置曲线 1 的操作。

Step8. 创建图 9.6.13 所示的基准平面 2。选择下拉菜单 插入(S) ➡ 基准/点(D)▶ ➡ 基准平面(D)... 命令，系统弹出"基准平面"对话框；在 类型 区域的下拉列表中选择 曲线和点 选项，并在 曲线和点子类型 区域的 子类型 下拉列表中选择 点和曲线/轴 选项；在 参考几何体 区域中单击 按钮，选取图 9.6.14 所示的直线端点为参考点；单击 ⊕ 按钮，选取 Step6 创建的直线特征为参考曲线，其他参数采用系统默认设置；单击 < 确定 > 按钮，完成基准平面 2 的创建。

图 9.6.12 偏置曲线 1

图 9.6.13 基准平面 2

图 9.6.14 选取参考点 2

Step9. 创建图 9.6.15 所示的草图 4。选择下拉菜单 插入(S) ➡ 在任务环境中绘制草图(V)... 命令，选取基准平面 2 为草图平面，绘制图 9.6.16 所示的草图 4（此曲线端点与 Step6 中创建的直线端点重合）；选择下拉菜单 任务(K) ➡ 完成草图(K) 命令，退出草图环境。

图 9.6.15 草图 4（建模环境）

图 9.6.16 草图 4（草图环境）

Step10. 创建图 9.6.17 所示的拉伸特征 1。选择下拉菜单 插入(S) ➡ 设计特征(E)▶ ➡ 拉伸(E)... 命令，系统弹出"拉伸"对话框；单击"曲线"按钮 ，选取图 9.6.18 所示的两条曲线为拉伸截面；在"拉伸"对话框 限制 区域的 开始 下拉列表中选择 值 选项，并在其下的 距离 文本框中输入值 0；在 限制 区域的 结束 下拉列表中选择 值 选项，并在其下的 距离 文本框中输入值 10，其他参数采用系统默认设置；单击 < 确定 > 按钮，完成拉伸特征 1 的创建。

图 9.6.17　拉伸特征 1

选取这两条曲线

图 9.6.18　拉伸截面曲线

Step11. 创建图 9.6.19 所示的曲面特征 1。选择下拉菜单 插入(S) ➡ 网格曲面(M)▶ ➡ 通过曲线网格(M)... 命令，系统弹出"通过曲线网格"对话框；依次选取图 9.6.20 所示的曲线 1 和曲线 2 为主曲线，并分别单击鼠标中键确认；再次单击鼠标中键后依次选取曲线 3、曲线 4 和曲线 5 为交叉曲线，并分别单击鼠标中键确认；在"通过曲线网格"对话框 连续性 区域的 第一主线串 下拉列表中选择 G1（相切）选项，并选取图 9.6.20 所示的约束曲面 1 为约束面；在 最后主线串 下拉列表中选择 G1（相切）选项，并选取图 9.6.20 所示的约束曲面 2 为约束面；在"通过曲线网格"对话框中单击 < 确定 > 按钮，完成曲面特征 1 的创建。

图 9.6.19　曲面特征 1

曲线 4　曲线 1
曲线 5
约束曲面 1
曲线 2
曲线 3
约束曲面 2

图 9.6.20　定义曲面特征

Step12. 创建图 9.6.21 所示的镜像特征 1（隐藏拉伸曲面）。选择下拉菜单 插入(S) ➡ 关联复制(A) ➡ 镜像特征(M)... 命令，系统弹出"镜像特征"对话框；选取曲面特征 1 为镜像特征，选取 ZX 基准平面为镜像平面，其他参数采用系统默认设置；单击 确定 按钮，完成镜像特征 1 的创建。

Step13. 创建图 9.6.22 所示的曲面缝合特征 1。选择下拉菜单 插入(S) ➡ 组合(B)▶ ➡ 缝合(W)... 命令；选择图 9.6.23 所示的目标体和工具体；单击 确定 按钮，完成曲面缝合特征 1 的操作。

图 9.6.21　镜像特征 1

图 9.6.22　曲面缝合特征 1

工具体　目标体

图 9.6.23　选取缝合特征参照

Step14. 创建图 9.6.24 所示的基准平面 3。选择下拉菜单 插入(S) ➡ 基准/点(D)▶ ➡ 基准平面(D)... 命令，系统弹出"基准平面"对话框；在 类型 区域的下拉列表中选择 按某一距离选项，在 平面参考 区域中单击 ✛ 按钮，选取 XY 基准平面为参考平面；在 偏置 区域的 距离 文本框中输入值为 25，其他参数采用系统默认设置；单击 < 确定 > 按钮，完成基准平面 3 的创建。

Step15. 创建图 9.6.25 所示的草图 5。选择下拉菜单 插入(S) ➡ 🔠 在任务环境中绘制草图(V)... 命令，选取基准平面 3 为草图平面，绘制图 9.6.26 所示的草图 5；选择下拉菜单 任务(K) ➡ 🔠 完成草图(K) 命令，退出草图环境。

图 9.6.24　基准平面 3

图 9.6.25　草图 5（建模环境）

图 9.6.26　草图 5（草图环境）

Step16. 创建图 9.6.27 所示的投影曲线 1。选择下拉菜单 插入(S) ➡ 派生曲线(U) ➡ 🔧 投影(P)... 命令，系统弹出"投影曲线"对话框；在 要投影的曲线或点 区域中单击 🔲 按钮，选取草图 5 为要投影的曲线；选择图 9.6.28 所示的曲面为投影对象；在 投影方向 区域的 方向 下拉列表中选择 沿矢量 选项，在 * 指定矢量 (0) 下拉列表中选择 -ZC↓ 选项，选中 ☑ 沿矢量投影到最近的点 复选框，其他参数采用系统默认设置；单击 < 确定 > 按钮，完成投影曲线 1 的创建。

图 9.6.27　投影曲线 1

此面为投影对象

图 9.6.28　定义投影对象

Step17. 创建图 9.6.29 所示的分割面 1。选择下拉菜单 插入(S) ➡ 修剪(T) ▶ ➡ 📎 分割面(D)... 命令，系统弹出"分割面"对话框；选择图 9.6.30 所示的面为要分割的面；选择 Step16 创建的投影曲线 1 为分割对象；在 投影方向 区域的 投影方向 下拉列表中选择 沿矢量 选项，在 * 指定矢量 (0) 下拉列表中选择 -ZC↓ 选项；在 设置 区域中取消勾选 ☐ 隐藏分割对象 复选项，其他参数采用系统默认设置；单击 < 确定 > 按钮，完成分割面 1 的创建。

Step18. 创建图 9.6.31 所示的偏置曲面 1（图中分割面 1 已设为透明显示）。选择下拉菜单 插入(S) ➡ 偏置/缩放(O)▶ ➡ 🔲 偏置曲面(O)... 命令，系统弹出"偏置曲面"对话框；选择 Step17 创建的分割面 1 为要偏置的曲面；在 偏置 1 文本框中输入值 1，单击"反向"按钮 ⚡ 使偏置方向指向模型内部，其他参数采用系统默认设置；单击 < 确定 > 按钮，完成偏置曲面 1 的创建。

Step19. 创建图 9.6.32 所示的修剪片体 1。选择下拉菜单 插入(S) ➡ 修剪(T) ▶ ➡ 🔲 修剪片体(R)... 命令，系统弹出"修剪片体"对话框；选择图 9.6.33 所示的目标片体和边界对象, 在 区域 区域中选中 ⊙ 保留 单选项, 其他参数采用系统默认设置; 单击 确定 按钮, 完成修剪片体 1 的创建。

图 9.6.29　分割面 1　　　　图 9.6.30　选取要分割的面　　　　图 9.6.31　偏置曲面 1

图 9.6.32　修剪片体 1　　　　　图 9.6.33　选择目标片体和边界对象

Step20. 创建图 9.6.34 所示的偏置曲面 1 上的偏置曲线特征 2。选择下拉菜单 插入(S) ➙ 派生曲线(U) ➙ 在面上偏置 命令, 系统弹出 "面中的偏置曲线" 对话框; 在 类型 区域的下拉列表中选择 恒定 选项; 单击 按钮, 选取图 9.6.35 所示的曲线为要偏置的曲线, 在 曲线 区域的 截面线1:偏置1 文本框中输入值 3; 单击 面或平面 区域中的 按钮, 选取 Step18 创建的偏置曲面 1, 其他参数采用系统默认设置; 单击 < 确定 > 按钮, 完成偏置曲线 2 的创建。

图 9.6.34　偏置曲线特征 2　　　　　　　图 9.6.35　选取曲线

Step21. 创建图 9.6.36 所示的修剪片体 2。选择下拉菜单 插入(S) ➙ 修剪(T) ▶ ➙ 修剪片体(R)... 命令, 选择图 9.6.37 所示的目标片体, 选择偏置曲线 2 为边界对象; 在 区域 区域中选中 ⊙ 保留 单选项, 其他参数采用系统默认设置; 单击 确定 按钮, 完成修剪片体 2 的创建。

图 9.6.36　修剪片体 2　　　　　　　图 9.6.37　选择目标片体

Step22. 创建图 9.6.38 所示的曲面特征 2。选择下拉菜单 插入(S) ➙ 网格曲面(M)▶ ➙ 通过曲线组(T)... 命令, 系统弹出 "通过曲线组" 对话框; 选取图 9.6.39 所示的曲线 1 作为截面 1,单击鼠标中键确认;选取图 9.6.39 所示的曲线 2 作为截面 2,单击鼠标中键确认;在"通过曲线组"对话框 连续性 区域的 第一截面 下拉列表中选取 G1（相切） 选项,选取图 9.6.39 所示的曲面 1 为约束面;在 最后截面 下拉列表中选取 G1（相切） 选项,选取图 9.6.39 所示的曲面 2 为约束面;在 对齐 区域中取消勾选 □ 保留形状 复选项;单击 < 确定 > 按钮,完成曲面特征 2 的创建。

注意:此处需要将前面创建的偏置曲线和投影曲线进行隐藏,以便选取到曲面的边线。

图 9.6.38 曲面特征 2

图 9.6.39 选取截面曲线 1

Step23. 创建曲面缝合特征 2。选择下拉菜单 插入(S) ➡ 组合(B) ➡ 缝合(W)... 命令;选择图 9.6.40 所示的曲面 1 为目标体,选择图 9.6.40 所示的曲面 2 和曲面 3 为工具体;单击 确定 按钮,完成曲面缝合特征 2 的操作。

Step24. 创建图 9.6.41 所示的草图 6。选择下拉菜单 插入(S) ➡ 在任务环境中绘制草图(V)... 命令,系统弹出"创建草图"对话框;选取 ZX 基准平面为草图平面,粗略绘制图 9.6.41 所示的样条曲线;双击图 9.6.41 所示的草图 6 中的样条曲线,选择下拉菜单 分析(L) ➡ 曲线(C)▶ ➡ 显示曲率梳(C) 命令,在图形区显示草绘曲线的曲率梳;拖动草绘曲线控制点使其曲率梳呈现图 9.6.42 所示的光滑的形状;在"艺术样条"对话框中单击 < 确定 > 按钮,选择下拉菜单 分析(L) ➡ 曲线(C)▶ ➡ 显示曲率梳(C) 命令,取消曲率梳的显示;选择下拉菜单 任务(K) ➡ 完成草图(K) 命令,退出草图环境。

图 9.6.40 选取片体

图 9.6.41 草图 6

Step25. 创建图 9.6.43 所示的拉伸特征 2。选择下拉菜单 插入(S) ➡ 设计特征(E)▶ ➡ 拉伸(E)... 命令(或单击 按钮),系统弹出"拉伸"对话框;选取 Step24 所创建的草图 6 为拉伸截面;在"拉伸"对话框 限制 区域的 开始 下拉列表中选择 值 选项,并在其下的 距离 文本框中输入值 0;在 限制 区域的 结束 下拉列表中选择 值 选项,并在其下的 距离 文本框中输入值 4;在 布尔 区域的下拉列表中选择 无 选项,其他参数采用系统默认设置;单击 < 确定 > 按钮,完成拉伸特征 2 的创建。

Step26. 创建图 9.6.44 所示的曲面特征 3。选择下拉菜单 插入(S) ➡ 网格曲面(M)▶ ➡ 通过曲线组(T)... 命令,系统弹出"通过曲线组"对话框;选择图 9.6.45 所示的曲线

1和曲线2为截面线串，分别单击鼠标中键确认；在"通过曲线组"对话框 连续性 区域的 第一截面 下拉列表中选取 G1（相切）选项，选取图 9.6.45 所示的曲面 1 为约束面；在 最后截面 下拉列表中选取 G1（相切）选项，选取拉伸特征2为约束面，其他参数采用系统默认设置；单击 ＜确定＞ 按钮，完成曲面特征 3 的创建。

图 9.6.42　草图 6 的曲率梳　　　　　　　　图 9.6.43　拉伸特征 2

图 9.6.44　曲面特征 3　　　　　　　　图 9.6.45　选取截面曲线 2

Step27. 创建图 9.6.46b 所示的镜像几何体特征 2（隐藏曲面特征 3）。选择下拉菜单 插入(S) ➡ 关联复制(A) ➡ 镜像几何体(G)... 命令；选取图 9.6.46a 所示的曲面为要镜像的几何体；选取 XZ 基准平面为镜像平面；单击 确定 按钮，完成镜像几何体特征 2 的创建。

Step28. 创建曲面缝合特征 3。选择下拉菜单 插入(S) ➡ 组合(B) ➡ 缝合(W)... 命令，选择图 9.6.47 所示的两个曲面分别为目标体和工具体；单击 确定 按钮，完成曲面缝合特征 3 的操作。

a）镜像前　　　　　　　　b）镜像后
图 9.6.46　镜像几何体特征 2　　　　　　　图 9.6.47　缝合特征 3

Step29. 创建图 9.6.48 所示的拉伸特征 3。选择下拉菜单 插入(S) ➡ 设计特征(E)▶ ➡ 拉伸(E)... 命令（或单击 按钮），系统弹出"拉伸"对话框；单击对话框中的"绘制截面"按钮，系统弹出"创建草图"对话框；单击 按钮，选取 XY 基准平面为草图平面；单击 确定 按钮，进入草图环境，绘制图 9.6.49 所示的截面草图；在"拉伸"对话框 限制 区域的 开始 下拉列表中选择 值 选项，并在其下的 距离 文本框中输入值 0；在 限制 区域的 结束 下拉列表中选择 贯通 选项；在 布尔 区域的下拉列表中选择 减去 选项，系统自动选择整个片体为求差对象，其他参数采用系统默认设置；单击 ＜确定＞ 按钮，完成拉伸特征 3 的创建。

图 9.6.48　拉伸特征 3　　　　　　　　　图 9.6.49　截面草图

Step30. 创建图 9.6.50 所示的曲面特征 4。选择下拉菜单 插入(S) ➔ 网格曲面(M) ➔ 通过曲线网格(M)... 命令，系统弹出"通过曲线网格"对话框；依次选取图 9.6.51 所示的曲线 1 和曲线 2 为主曲线，并分别单击鼠标中键确认；再次单击鼠标中键后选取曲线 3 和曲线 4 为交叉曲线，并分别单击鼠标中键确认；在"通过曲线网格"对话框 连续性 区域的 第一主线串 下拉列表中选取 G1（相切）选项，选取图 9.6.52 所示的缝合曲面为约束面；在 最后主线串 下拉列表中选取 G1（相切）选项，选取图 9.6.52 所示的缝合曲面为约束面；在 第一交叉线串 下拉列表中选取 G1（相切）选项，选取图 9.6.52 所示的缝合曲面为约束面；在 最后交叉线串 下拉列表中选取 G1（相切）选项，选取图 9.6.52 所示的缝合曲面为约束面；在"通过曲线网格"对话框中单击 < 确定 > 按钮，完成曲面特征 4 的创建。

图 9.6.50　曲面特征 4　　　　　　　　　图 9.6.51　定义曲线

Step31. 创建图 9.6.53 所示的曲面特征 5。选择下拉菜单 插入(S) ➔ 网格曲面(M) ➔ 通过曲线网格(M)... 命令，系统会弹出"通过曲线网格"对话框；依次选取图 9.6.54 所示的曲线 1 和曲线 2 为主曲线，并分别单击鼠标中键确认；再次单击鼠标中键后选取曲线 3 和曲线 4 为交叉曲线，并分别单击鼠标中键确认；在"通过曲线网格"对话框 连续性 区域的 第一主线串 下拉列表中选取 G1（相切）选项，选取图 9.6.55 所示的缝合曲面为约束面；在 最后主线串 下拉列表中选取 G1（相切）选项，选取图 9.6.55 所示的缝合曲面为约束面；在 第一交叉线串 下拉列表中选取 G1（相切）选项，选取图 9.6.55 所示的缝合曲面为约束面；在 最后交叉线串 下拉列表中选取 G1（相切）选项，选取图 9.6.55 所示的缝合曲面为约束面；在"通过曲线网格"对话框中单击 < 确定 > 按钮，完成曲面特征 5 的创建。

图 9.6.52　选取约束曲面

图 9.6.53　曲面特征 5

Step32. 创建曲面缝合特征 4。选择下拉菜单 插入(S) ➡ 组合(B) ➡ 📖 缝合(W)... 命令；选择图 9.6.55 所示的缝合曲面为目标片体，选取 Step30 所创建的曲面特征 4 和 Step31 所创建的曲面特征 5 为工具片体；单击 确定 按钮，完成曲面缝合特征 4 的操作。

图 9.6.54　定义曲线　　　　　　　　　　图 9.6.55　选取约束曲面

Step33. 创建图 9.6.56 所示的加厚特征。选择下拉菜单 插入(S) ➡ 偏置/缩放(O)▶ ➡ 🔲 加厚(T)... 命令，系统弹出"加厚"对话框；选取图 9.6.57 所示的曲面为加厚对象；在 厚度 区域的 偏置 1 文本框中输入值 1.5，单击"反向"按钮 ✗ 使得加厚方向指向模型内部，其他参数采用系统默认设置；单击 < 确定 > 按钮，完成曲面加厚特征的创建。

图 9.6.56　加厚特征　　　　　　　　　　图 9.6.57　选取加厚对象

Step34. 创建图 9.6.58 所示的边倒圆特征。选择下拉菜单 插入(S) ➡ 细节特征(L)▶ ➡ 🔲 边倒圆(E)... 命令（或单击 🔲 按钮），系统弹出"边倒圆"对话框；在 边 区域中单击 📦 按钮，选择图 9.6.59 所示的两条边为边倒圆参照，在 半径 1 文本框中输入值 0.5；单击 确定 按钮，完成边倒圆特征的创建。

图 9.6.58　边倒圆特征　　　　　　　　　　图 9.6.59　选取边倒圆参照

Step35. 保存零件模型。选择下拉菜单 文件(F) ➡ 💾 保存(S) 命令。

9.7　范例 7——吸尘器上盖的设计

范例概述

本范例介绍了吸尘器上盖的设计过程。本例模型的主要外形控制线不宜直接创建，采用的是组合投影的方法，即先绘制主要外形控制线在两个方向上的特性曲线（在本例中也是模型外形的控制线），再得到主要外形控制线。这种方法在很多产品设计中都经常使用，希望读者能从中受到启发。零件模型及模型树如图 9.7.1 所示。

图 9.7.1　零件模型及模型树

Step1. 新建文件。选择下拉菜单 文件(F) ➡ 新建(N)... 命令，系统弹出"新建"对话框；在 模型 选项卡的 模板 区域中选取模板类型为 模型，在 名称 文本框中输入文件名称 "clearner"；单击 确定 按钮，进入建模环境。

Step2. 创建图 9.7.2 所示的草图 1。选择下拉菜单 插入(S) ➡ 在任务环境中绘制草图(V)... 命令，系统弹出"创建草图"对话框；单击 ✛ 按钮，选取 XZ 基准平面为草图平面，单击 确定 按钮；选择下拉菜单 插入(S) ➡ 曲线(C)▶ ➡ 艺术样条(O)... 命令（或者在草图工具栏中单击"艺术样条"按钮 ），系统弹出"艺术样条"对话框，在 类型 区域的下拉列表中选择 通过点 选项，绘制图 9.7.2 所示的艺术样条曲线，在"艺术样条"对话框中单击 < 确定 > 按钮；双击图 9.7.2 所示的艺术样条曲线，选择下拉菜单 分析(L) ➡ 曲线(C)▶ ➡ 显示曲率梳(C) 命令，在图形区显示草图曲线的曲率梳，拖动草图曲线控制点使其曲率梳呈现图 9.7.3 所示的光滑的形状。在"艺术样条"对话框中单击 确定 按钮，选择下拉菜单 分析(L) ➡ 曲线(C)▶ ➡ 显示曲率梳(C) 命令，取消曲率梳的显示；选择下拉菜单 任务(K) ➡ 完成草图(K) 命令，退出草图环境。

Step3. 创建图 9.7.4 所示的草图 2。选择下拉菜单 插入(S) ➡ 在任务环境中绘制草图(V)... 命令，系统弹出"创建草图"对话框；选取 XY 基准平面为草图平面；绘制图 9.7.4 所示的草图 2，并调整曲线使其曲率梳呈现图 9.7.5 所示的光滑的形状（具体操作步骤参照 Step2）；

单击 按钮，退出草图环境。

图 9.7.2　草图 1

图 9.7.3　草图 1 的曲率梳

图 9.7.4　草图 2

图 9.7.5　草图 2 的曲率梳

Step4. 创建图 9.7.6 所示的组合投影特征 1。选择下拉菜单 插入(S) ➡ 派生曲线(U) ➡ 组合投影(C)... 命令，系统弹出"组合投影"对话框；选择草图 1 所绘的曲线为曲线 1，单击鼠标中键确认；选择草图 2 所绘的曲线为曲线 2，单击鼠标中键确认，其他参数采用系统默认设置；单击 确定 按钮，完成组合投影特征 1 的创建。

Step5. 创建图 9.7.7 所示的直线 1。选择下拉菜单 插入(S) ➡ 曲线(C)▸ ➡ 直线(L)... 命令（或单击 / 按钮），系统弹出"直线"对话框；选取图 9.7.8 所示的草图 1 中的曲线端点（点 1）为起点，选取图 9.7.8 所示的投影曲线的端点（点 2）为终点；单击 确定 按钮，完成直线 1 的创建。

图 9.7.6　组合投影特征 1　　　图 9.7.7　直线 1　　　图 9.7.8　定义起点和终点 1

Step6. 创建图 9.7.9 所示的拉伸特征 1。选择下拉菜单 插入(S) ➡ 设计特征(E)▸ ➡ 拉伸(E)... 命令（或单击 按钮），系统弹出"拉伸"对话框；选取直线 1 为拉伸截面；在 方向 区域的 *指定矢量 (0) 下拉列表中选择 -ZC 选项，在 限制 区域的 开始 下拉列表中选择 值 选项，并在其下的 距离 文本框中输入值 0；在 限制 区域的 结束 下拉列表中选择 值 选项，并在其下的 距离 文本框中输入值 50，其他参数采用系统默认设置；单击对话框中的 <确定> 按钮，完成拉伸特征 1 的创建。

Step7. 创建图 9.7.10 所示的直线 2。选择下拉菜单 插入(S) ➡ 曲线(C)▸ ➡ 直线(L)... 命令，系统弹出"直线"对话框；选取图 9.7.11 所示的曲线端点（点 1）为起点，选取图 9.7.11 所示的曲线端点（点 2）为终点；单击 确定 按钮，完成直线 2 的创建。

Step8. 创建图 9.7.12 所示的曲面特征 1。选择下拉菜单 插入(S) ➡ 网格曲面(M)▸ ➡ 通过曲线网格(M)... 命令，系统弹出"通过曲线网格"对话框；依次选取图 9.7.13 所示的曲线

1 和曲线 2 为主曲线，并分别单击鼠标中键确认；再次单击鼠标中键后选取曲线 3 和曲线 4 为交叉曲线，并分别单击鼠标中键确认；在 连续性 区域的 交叉曲线 下拉列表中选择 G1（相切）选项，选择拉伸特征 1 的平面为约束面，其余下拉列表均选择 G0（位置）选项；单击 ＜确定＞ 按钮，完成曲面特征 1 的创建。

图 9.7.9　拉伸特征 1　　　　图 9.7.10　直线 2　　　　图 9.7.11　定义起点和终点 2

图 9.7.12　曲面特征 1　　　　图 9.7.13　定义主曲线和交叉曲线

Step9. 创建图 9.7.14 所示的镜像曲线 1。选择下拉菜单 插入(S) ➡ 派生曲线(U) ➡ 镜像(M) 命令，系统弹出"镜像曲线"对话框；选择 Step4 所创建的组合投影曲线为要镜像的曲线；在 镜像平面 区域中单击 □ 按钮，选取 XY 基准平面为镜像平面；单击 确定 按钮，完成镜像曲线 1 的创建。

Step10. 创建图 9.7.15 所示的直线 3。选择下拉菜单 插入(S) ➡ 曲线(C) ➡ 直线(L)... 命令，系统弹出"直线"对话框；选取图 9.7.16 所示的曲线端点（点 1）为起点，选取图 9.7.16 所示的曲线端点（点 2）为终点；单击 确定 按钮，完成直线 3 的创建。

图 9.7.14　镜像曲线 1　　　　图 9.7.15　直线 3　　　　图 9.7.16　定义起点和终点 3

Step11. 创建图 9.7.17 所示的曲面特征 2。选择下拉菜单 插入(S) ➡ 网格曲面(M) ➡ 通过曲线组(T)... 命令，系统弹出"通过曲线组"对话框；依次选取图 9.7.18 所示的曲线 1、曲线 2 和曲线 3 为截面曲线，并分别单击鼠标中键确认；单击 ＜确定＞ 按钮，完成曲面特征 2 的创建。

说明：选取曲线时要在过滤器中选择"单条曲线"选项。

Step12. 创建图 9.7.19 所示的镜像特征 1。选择下拉菜单 插入(S) ➡ 关联复制(A) ➡ 镜像特征(M)... 命令，系统弹出"镜像特征"对话框；选取曲面特征 1 为镜像特征对象，选取 XY 基准平面为镜像平面；单击 确定 按钮，完成镜像特征 1 的创建。

图 9.7.17　曲面特征 2

图 9.7.18　定义截面曲线

图 9.7.19　镜像特征 1

Step13. 创建图 9.7.20 所示的拉伸特征 2。选择下拉菜单 插入(S) ➡ 设计特征(E)▶ ➡ 拉伸(E)... 命令（或单击 按钮），系统弹出"拉伸"对话框；单击对话框中的"绘制截面"按钮，系统弹出"创建草图"对话框；单击 按钮，选取 XZ 基准平面为草图平面，单击 确定 按钮，进入草图环境，绘制图 9.7.21 所示的截面草图；选择下拉菜单 任务(K) ➡ 完成草图(K) 命令，退出草图环境。在"拉伸"对话框 限制-区域的 开始 下拉列表中选择 值 选项，并在其下的 距离 文本框中输入值 0；在 限制-区域的 结束 下拉列表中选择 值 选项，并在其下的 距离 文本框中输入值 140，在 方向-区域的 * 指定矢量 (0) 下拉列表中选择 YC 选项；在 布尔-区域的下拉列表中选择 减去 选项，单击 按钮，选择图 9.7.22 所示的曲面为求差对象，其他参数采用系统默认设置；单击对话框中的 < 确定 > 按钮，完成拉伸特征 2 的创建。

图 9.7.20　拉伸特征 2

图 9.7.21　截面草图

选取求差对象参照

图 9.7.22　定义求差对象

Step14. 创建图 9.7.23 所示的曲面特征 3。选择下拉菜单 插入(S) ➡ 网格曲面(M)▶ ➡ 通过曲线网格(M)... 命令，系统弹出"通过曲线网格"对话框；依次选取图 9.7.24 所示的曲线 1 和曲线 2 为主曲线，并分别单击鼠标中键确认；再次单击鼠标中键后选取曲线 3 和曲线 4 为交叉曲线，并分别单击鼠标中键确认；在 连续性-区域的 最后主线串 下拉列表中选择 G1（相切）选项，选择图 9.7.24 所示的曲面为约束面；参照此方法，分别定义第一交叉线串和最后交叉线串与相同的曲面相切；单击 < 确定 > 按钮，完成曲面特征 3 的创建。

图 9.7.23　曲面特征 3

图 9.7.24　定义主曲线和交叉线串

Step15. 创建曲面缝合 1。选择下拉菜单 插入(S) ➡ 组合(B) ➡ 缝合(W)... 命令，系统弹出"缝合"对话框；在 类型 区域的下拉列表中选择 片体 选项；选择曲面特征 2 为目标体，选择曲面特征 3 为工具体（图 9.7.25），其他参数采用系统默认设置；单击 确定 按钮，完成曲面缝合 1 的创建。

Step16. 创建曲面缝合 2。选择下拉菜单 插入(S) —— 组合(B) —— 缝合(W) 命令，系统弹出"缝合"对话框；在 类型 区域的下拉列表中选择 片体 选项；选择图 9.7.26 所示的曲面为目标体，选择图 9.7.26 所示的曲面为工具体，其他参数采用系统默认设置；单击 确定 按钮，完成曲面缝合 2 的创建。

图 9.7.25 定义目标体和工具体 1

图 9.7.26 定义目标体和工具体 2

Step17. 创建图 9.7.27 所示的草图 3。选择下拉菜单 插入(S) —— 在任务环境中绘制草图(V)... 命令，系统弹出"创建草图"对话框；选取 XY 基准平面为草图平面；绘制图 9.7.27 所示的草图 3；选择下拉菜单 任务(K) —— 完成草图(K) 命令，退出草图环境。

Step18. 编辑曲线长度。选择下拉菜单 编辑(E) —— 曲线(V)▸ —— 长度(L)... 命令，系统弹出"曲线长度"对话框；选择图 9.7.28 所示的曲面边线为编辑对象；在 限制 区域的 开始 文本框中输入值 3，在 结束 文本框中输入值 3，其他参数采用系统默认设置值；单击 确定 按钮，完成编辑曲线长度的操作。

图 9.7.27 草图 3

图 9.7.28 定义编辑曲线

Step19. 创建图 9.7.29 所示的艺术曲面特征 1。选择下拉菜单 插入(S) —— 网格曲面(M)▸ —— 艺术曲面(U)... 命令，系统弹出"艺术曲面"对话框；选择 Step17 创建的草图 3 所绘曲线为截面线串；选择 Step18 所编辑的曲线为引导曲线，其他参数采用系统默认设置；单击 < 确定 > 按钮，完成艺术曲面特征 1 的创建。

Step20. 创建图 9.7.30 所示的修剪特征 1。选择下拉菜单 插入(S) —— 修剪(T) ▸ —— 修剪片体(R)... 命令，系统弹出"修剪片体"对话框；选择图 9.7.31 所示的目标体和边界对象，在 区域 区域中选中 ⦿ 保留 单选项，其他参数采用系统默认设置；单击 确定 按钮，完成修剪特征 1 的创建。

图 9.7.29　艺术曲面特征 1　　　　图 9.7.30　修剪特征 1　　　图 9.7.31　定义目标体和边界对象 1

Step21. 创建图 9.7.32 所示的修剪特征 2。选择下拉菜单 插入(S) ➡ 修剪(T) ▶ ➡ 修剪片体(R)... 命令，系统弹出"修剪片体"对话框；选择图 9.7.33 所示的目标体和边界对象；在 区域 区域中选中⊙ 保留 单选项，其他参数采用系统默认设置；单击 确定 按钮，完成曲面修剪特征 2 的创建。

图 9.7.32　修剪特征 2　　　　　　　图 9.7.33　定义目标体和边界对象 2

Step22. 创建曲面缝合 3。选择下拉菜单 插入(S) ➡ 组合(B) ➡ 缝合(W)... 命令，系统弹出"缝合"对话框；在 类型 区域的下拉列表中选择 ● 片体 选项，选择图 9.7.34 所示的目标体和工具体，其他参数采用系统默认设置；单击 确定 按钮，完成曲面缝合 3 的创建。

Step23. 创建图 9.7.35 所示的边倒圆特征 1。选择下拉菜单 插入(S) ➡ 细节特征(L)▶ ➡ 边倒圆(E)... 命令（或单击 按钮），系统弹出"边倒圆"对话框；选择图 9.7.36 所示的边线为边倒圆参照，在 半径 1 文本框中输入值 10；单击 确定 按钮，完成边倒圆特征 1 的创建。

图 9.7.34　定义目标体和工具体 3　　　图 9.7.35　边倒圆特征 1　　　　图 9.7.36　边倒圆参照 1

Step24. 创建图 9.7.37 所示的边倒圆特征 2。选择下拉菜单 插入(S) ➡ 细节特征(L)▶ ➡ 边倒圆(E)... 命令，系统弹出"边倒圆"对话框；选择图 9.7.38 所示的边线为边倒圆参照，并在 半径 1 文本框中输入值 10；单击 确定 按钮，完成边倒圆特征 2 的创建。

Step25. 创建图 9.7.39 所示的草图 4。选择下拉菜单 插入(S) ➡ 在任务环境中绘制草图(V)... 命令，系统弹出"创建草图"对话框；选取 XZ 基准平面为草图平面；绘制图 9.7.39 所示的草图 4；选择下拉菜单 任务(K) ➡ 完成草图(K) 命令，退出草图环境。

Step26. 创建图 9.7.40 所示的投影曲线 1。选择下拉菜单 插入(S) ➡ 派生曲线(U) ➡ 投影(P)... 命令，系统弹出"投影曲线"对话框；在 要投影的曲线或点 区域中单击 按钮，选择草图 4 为要投影的曲线；选择图 9.7.41 所示的曲面为投影对象；在 投影方向 区域的 方向 下拉列表中选择 沿矢量 选项，在 * 指定矢量 (0) 下拉列表中选择 YC 选项，其他参数采用系统默认设置；单击 < 确定 > 按钮，完成投影曲线 1 的创建。

图 9.7.37 边倒圆特征 2

图 9.7.38 边倒圆参照 2

图 9.7.39 草图 4

图 9.7.40 投影曲线 1

图 9.7.41 定义投影对象

Step27. 创建图 9.7.42 所示的分割面 1。选择下拉菜单 插入(S) ➡ 修剪(T) ▶ ➡ 分割面(D)... 命令，系统弹出"分割面"对话框；选择图 9.7.43 所示的面为要分割的面；选择投影曲线 1 为分割对象；在 投影方向 区域的 投影方向 下拉列表中选择 沿矢量 选项，在 * 指定矢量 (0) 下拉列表中选择 YC 选项，其他参数采用系统默认设置；单击 < 确定 > 按钮，完成分割面 1 的创建。

图 9.7.42 分割面 1

图 9.7.43 定义分割对象

Step28. 创建图 9.7.44 所示的偏置曲面 1。选择下拉菜单 插入(S) ➡ 偏置/缩放(O)▶ ➡ 偏置曲面(O)... 命令，系统弹出"偏置曲面"对话框；选择图 9.7.45 所示的面为偏置曲面，在 偏置 1 文本框中输入值 10，其他参数采用系统默认设置；单击 < 确定 > 按钮，完成偏置曲面 1 的创建。

图 9.7.44 偏置曲面 1

图 9.7.45 定义偏置对象

Step29. 创建图 9.7.46 所示的修剪特征 3。选择下拉菜单 插入(S) ➡ 修剪(T) ▶ ➡ 修剪片体(R)... 命令，系统弹出"修剪片体"对话框；选择图 9.7.47 所示的目标体和边界对象；在 区域 区域中选中 ⦿ 保留 单选项，其他参数采用系统默认设置；单击 确定 按钮，完成修剪特征 3 的创建。

图 9.7.46　修剪特征 3

图 9.7.47　定义目标体 1

Step30. 创建图 9.7.48 所示的偏置曲面 2。选择下拉菜单 插入(S) ➡ 偏置/缩放(O)▶ ➡ 偏置曲面(O)... 命令，系统弹出"偏置曲面"对话框；选择偏置曲面 1 为偏置对象；在 偏置1 的文本框中输入值 10，单击"反向"按钮 ，其他参数采用系统默认设置；单击 < 确定 > 按钮，完成偏置曲面 2 的创建（完成后隐藏偏置曲面 1）。

Step31. 创建阵列几何体特征 1。选择下拉菜单 插入(S) ➡ 关联复制(A)▶ ➡ 阵列几何特征(T)... 命令，系统弹出"阵列几何特征"对话框；在 布局 下拉列表中选择 圆形 选项，选取 Step30 所创建的偏置曲面 2，在 旋转轴 区域 * 指定矢量 后面的 下拉列表中选择"两点"选项 ，选择图 9.7.49 所示的点 1 和点 2；在 角度方向 区域的 间距 下拉列表中选择 数量和间隔 选项，然后在 数量 文本框中输入阵列数量为 2，在 节距角 文本框中输入阵列角度值为-10；单击 < 确定 > 按钮，完成阵列几何体的创建，如图 9.7.50 所示。编辑完成后隐藏偏置曲面 2。

图 9.7.48　偏置曲面 2

图 9.7.49　定义直线

图 9.7.50　阵列几何体特征 1

Step32. 创建图 9.7.51 所示的实例几何体 1 上的在面上的偏置 1。选择下拉菜单 插入(S) ➡ 派生曲线(U) ➡ 在面上偏置... 命令，系统弹出"在面上的偏置曲线"对话框；在 类型 下拉列表中选择 恒定 选项；单击 按钮，选取图 9.7.52 所示的曲线为要偏置的曲线，在 曲线 区域的 截面线1:偏置1 文本框中输入值 15；单击 面或平面 区域中的 按钮，选取 Step31 所创建的实例几何体 1；在 修剪和延伸偏置曲线 区域中选中 ☑ 延伸至面的边 复选框，其他参数采用系统默认设置；单击 < 确定 > 按钮，完成在面上的偏置 1 的创建。

图 9.7.51　在面上的偏置 1

选取此边线

图 9.7.52　定义曲线

Step33. 创建图 9.7.53 所示的修剪特征 4。选择下拉菜单 插入(S) ➡ 修剪(T) ▸ ➡ 修剪片体(R)... 命令，系统弹出"修剪片体"对话框；选择图 9.7.54 所示的目标体，选择在面上的偏置 1 为边界对象；在 区域 区域中选中 ⊙ 保留 单选项，其他参数采用系统默认设置；单击 确定 按钮，完成修剪特征 4 的创建。

图 9.7.53　修剪特征 4

图 9.7.54　定义目标体 2

Step34. 创建图 9.7.55 所示的曲面 4。选择下拉菜单 插入(S) ➡ 网格曲面(M)▸ ➡ 通过曲线组(T)... 命令，系统弹出"通过曲线组"对话框；依次选取图 9.7.56 所示的曲线 1 和曲线 2 为截面曲线，并分别单击鼠标中键确认；在 连续性 区域的 第一截面 下拉列表中选择 G1(相切) 选项，选择图 9.7.56 所示的曲面 1 为约束面；在 最后截面 下拉列表中选择 G1(相切) 选项，选择图 9.7.56 所示的曲面 2 为约束面；单击 确定 按钮，完成曲面 4 的创建。

图 9.7.55　曲面特征 4

图 9.7.56　定义曲线和约束面

Step35. 创建曲面缝合 4。选择下拉菜单 插入(S) ➡ 组合(B) ➡ 缝合(W)... 命令，系统弹出"缝合"对话框；在 类型 区域的下拉列表中选择 片体 选项；选择图 9.7.57 所示的曲面为目标体和工具体，其他参数采用系统默认设置；单击 确定 按钮，完成缝合曲面 4 的创建。

Step36. 创建图 9.7.58 所示的拉伸特征 3。选择下拉菜单 插入(S) ➡ 设计特征(E)▸ ➡ 拉伸(E)... 命令，系统弹出"拉伸"对话框；选取 XZ 基准平面为草图平面；绘制图 9.7.59 所示的截面草图；在 限制 区域的 开始 下拉列表中选择 值 选项，并在其下的 距离 文本框中输入值 0；在 限制 区域的 结束 下拉列表中选择 贯通 选项；在 布尔 区域的下拉列表中选择 减去 选项，单击 按钮，选择 Step35 所创建的缝合曲面为求差对象，其他参数采用系统默认设置；单击对话框中的 < 确定 > 按钮，完成拉伸特征 3 的创建。

图 9.7.57　定义目标体和工具体 4

图 9.7.58　拉伸特征 3

图 9.7.59　截面草图

Step37. 创建图 9.7.60 所示的曲面 5。选择下拉菜单 插入(S) ➡ 网格曲面(M)▶ ➡ 通过曲线网格(M)... 命令，系统弹出"通过曲线网格"对话框；依次选取图 9.7.61 所示的曲线 1 和曲线 2 为主曲线，并分别单击鼠标中键确认；选取曲线 3 和曲线 4 为交叉曲线，并分别单击鼠标中键确认；在 连续性 区域的 第一主线串 下拉列表中选择 G1（相切）选项，选择图 9.7.62 所示的曲面为相切面；参照此方法，定义最后主线串、第一交叉线串和最后交叉线串的相切面均为图 9.7.61 所示的曲面；单击 < 确定 > 按钮，完成曲面 5 的创建。

图 9.7.60 曲面特征 5

图 9.7.61 定义主曲线和交叉曲线

图 9.7.62 定义相切面

Step38. 创建曲面缝合 5。选择下拉菜单 插入(S) ➡ 组合(B) ➡ 缝合(W)... 命令，系统弹出"缝合"对话框；在 类型 区域的下拉列表中选择 片体 选项；选择图 9.7.63 所示的曲面为目标体和工具体，其他参数采用系统默认设置；单击 确定 按钮，完成曲面缝合 5 的创建。

Step39. 创建图 9.7.64 所示的片体加厚特征 1。选择下拉菜单 插入(S) ➡ 偏置/缩放(O)▶ ➡ 加厚(T)... 命令，系统弹出"加厚"对话框；选取图 9.7.65 所示的曲面为加厚对象；在 厚度 区域的 偏置 1 文本框中输入值 2.5，其他参数采用系统默认设置；单击 < 确定 > 按钮，完成片体加厚特征 1 的创建。

图 9.7.63 定义目标体和工具体 5

图 9.7.64 加厚特征 1

图 9.7.65 定义加厚对象

Step40. 后面的详细操作过程请参见随书学习资源中的语音视频讲解。

9.8 范例 8——电话机面板的设计

范例概述

本范例介绍电话机面板的设计过程，主要讲述了偏置曲线、投影曲线、直纹面、通过曲线组、曲面修剪和缝合的操作。值得注意的是偏置曲面的应用以及曲面修剪的技巧性。所建的零件模型如图 9.8.1 所示。

图 9.8.1 零件模型

Step1. 新建文件。选择下拉菜单 文件(F) ➡️ 🗋 新建(N)... 命令，系统弹出"新建"对话框，在 模型 选项卡的 模板 区域中选取模板类型为 🔩 模型，在 名称 文本框中输入文件名称 FACEPLATE；单击 确定 按钮，进入建模环境。

Step2. 创建图 9.8.2 所示的零件基础特征——拉伸特征 1。选择下拉菜单 插入(S) ➡️ 设计特征(E) ➡️ 🔲 拉伸(E)... 命令，系统弹出"拉伸"对话框；选取 YZ 平面为草图平面，绘制图 9.8.3 所示的截面草图；在 ✔ 指定矢量 下拉列表中选择 🔩 选项；在 限制 区域的 开始 下拉列表中选择 🔩 对称值 选项，并在其下的 距离 文本框中输入值 60；在 设置 区域的 体类型 下拉列表中选择 片体 选项；单击 < 确定 > 按钮，完成拉伸特征 1 的创建。

图 9.8.2 拉伸特征 1   图 9.8.3 截面草图

Step3. 创建图 9.8.4 所示的草图 1。选择下拉菜单 插入(S) ➡️ 🔧 在任务环境中绘制草图(V)... 命令，选取 XY 基准平面为草图平面，进入草图环境绘制；绘制完成后单击 🏁 按钮，完成草图 1 的创建。

Step4. 创建图 9.8.5 所示的修剪特征 1。选择下拉菜单 插入(S) ➡️ 修剪(T) ▶ ➡️ 🔩 修剪片体(R)... 命令，选取图 9.8.6 所示的特征为目标体，选取图 9.8.6 所示的特征为边界对象；单击 < 确定 > 按钮，完成修剪特征 1 的创建。

说明： 注意选取目标体时单击箭头所指的位置。

Step5. 创建图 9.8.7 所示的草图 2。选择下拉菜单 插入(S) ➡️ 🔧 在任务环境中绘制草图(V)... 命令，选取 XY 基准平面为草图平面，进入草图环境绘制；绘制完成后单击 🏁 按钮，完成草图特征 2 的创建。

Step6. 创建图 9.8.8 所示的修剪特征 2。选择下拉菜单 插入(S) ➡️ 修剪(T) ▶ ➡️

命令，选取图 9.8.9 所示的特征为目标体，选取图 9.8.9 所示的特征为边界对象；单击 <确定> 按钮，完成修剪特征 2 的创建。

说明：注意选取目标体时单击箭头所指的位置，公差值可设置为 0.0001。

图 9.8.4　草图 1

图 9.8.5　修剪特征 1

图 9.8.6　定义参照对象 1

图 9.8.7　草图 2

图 9.8.8　修剪特征 2

图 9.8.9　定义参照对象 2

Step7. 创建图 9.8.10 所示的零件基础特征——拉伸特征 2。选择下拉菜单 插入(S) → 设计特征(E) → 拉伸(E)... 命令；选取 YZ 平面为草图平面，绘制图 9.8.11 所示的截面草图；在 指定矢量 下拉列表中选择 XC 选项；在 限制 区域的 开始 下拉列表中选择 值 选项，并在其下的 距离 文本框中输入值 0；在 限制 区域的 结束 下拉列表中选择 值 选项，并在其下的 距离 文本框中输入值 40；单击 <确定> 按钮，完成拉伸特征 2 的创建。

图 9.8.10　拉伸特征 2

图 9.8.11　截面草图

Step8. 创建图 9.8.12 所示的草图 3。选择下拉菜单 插入(S) ➡ 🏠 在任务环境中绘制草图(V)... 命令，选取 XY 基准平面为草图平面，进入草图环境绘制；绘制完成后单击 🏁 按钮，完成草图 3 的创建。

Step9. 创建图 9.8.13 所示的修剪特征 3。选择下拉菜单 插入(S) ➡ 修剪(T) ▶ ➡ 🌑 修剪片体(R)... 命令，选取图 9.8.13 所示的特征为目标体，选取图 9.8.12 所示的草图 3 为边界对象；单击 < 确定 > 按钮，完成修剪特征 3 的创建。

说明：注意选取目标体时单击箭头所指的位置。

图 9.8.12 草图 3   图 9.8.13 修剪特征 3

Step10. 创建图 9.8.14 所示的网格曲面特征 1。选择下拉菜单 插入(S) ➡ 网格曲面(M) ➡ 🌑 通过曲线组(T)... 命令，系统弹出"通过曲线组"对话框；选取图 9.8.15 所示的曲线 1，单击鼠标中键后选取曲线 2，在 连续性 区域的 第一截面 下拉列表中选择 G1（相切）选项，选取图 9.8.14 所示的曲面，取消选中 对齐 区域中的 □保留形状 按钮，其他参数采用系统默认设置；单击 < 确定 > 按钮，完成网格曲面特征 1 的创建。

图 9.8.14 网格曲面特征 1   图 9.8.15 选取曲线串 1

Step11. 创建缝合特征 1。选择下拉菜单 插入(S) ➡ 组合(B) ▶ ➡ 📖 缝合(W)... 命令，选取图 9.8.16 所示的曲面 1 为目标体，选取其余的两个面为工具体；单击 确定 按钮，完成缝合特征 1 的创建。

图 9.8.16 缝合特征 1

Step12. 创建图 9.8.17 所示的零件基础特征——拉伸特征 3。选择下拉菜单 插入(S) ➡ 设计特征(E) ➡ 🛢 拉伸(E)... 命令，选取 XY 平面为草图平面，绘制图 9.8.18 所示的截面草图；在 ✅指定矢量 下拉列表中选择 ^ZC^ 选项；在 限制 区域的 开始 下拉列表中选择 值 选项，并在其下的 距离 文本框中输入值-5；在 限制 区域的 结束 下拉列表中选择 值 选项，并在其下的 距离 文本框中输入值 30；在 设置 区域的 体类型 下拉列表中选择 片体 选项；单击 < 确定 > 按钮，完成拉伸特征 3 的创建。

图 9.8.17 拉伸特征 3

图 9.8.18 截面草图

Step13. 创建图 9.8.19 所示的修剪特征 4。选择下拉菜单 插入(S) ➡ 修剪(T) ▶ ➡ 修剪与延伸(N)... 命令，在 类型 区域的下拉列表中选择 制作拐角 选项，选取图 9.8.20 所示的特征为目标体，选取图 9.8.20 所示的特征为工具体；调整方向保留图 9.8.19 所示的部分；单击 < 确定 > 按钮，完成修剪特征 4 的创建。

图 9.8.19 修剪特征 4

图 9.8.20 定义参照对象 3

Step14. 创建图 9.8.21 所示的草图 4。选择下拉菜单 插入(S) ➡ 在任务环境中绘制草图(V)... 命令，选取 YZ 基准平面为草图平面，进入草图环境绘制；绘制完成后单击 完成 按钮，完成草图 4 的创建。

图 9.8.21 草图 4

Step15. 创建图 9.8.22 所示的投影曲线特征 1。选择下拉菜单 插入(S) ➡️ 派生曲线(U) ➡️ ⟍ 投影(P)... 命令，在图形区选取 Step14 所创建的草图 4 为投影曲线，单击鼠标中键确认；在图形区选取图 9.8.23 所示的曲面为投影曲面；在 投影方向 区域的 方向 下拉列表中选择 沿矢量 选项，采用图 9.8.23 箭头所示的方向；单击 <确定> 按钮，完成投影曲线特征 1 的创建。

图 9.8.22 投影曲线特征 1   图 9.8.23 选取投影曲面

Step16. 创建图 9.8.24 所示的草图 5。选择下拉菜单 插入(S) ➡️ 🔲 在任务环境中绘制草图(V)... 命令；选取图 9.8.25 所示的平面为草图平面，进入草图环境绘制；绘制完成后单击 完成 按钮，完成草图 5 的创建。

图 9.8.24 草图 5   图 9.8.25 草图平面

Step17. 创建图 9.8.26 所示的基准平面 1。选择下拉菜单 插入(S) ➡️ 基准/点(D) ➡️ 🔲 基准平面(D)... 命令，在 类型 区域的下拉列表中选择 🔲 点和方向 选项，选取图 9.8.27 所示的点为参照，方向采用 YC 方向；单击 <确定> 按钮，完成基准平面 1 的创建。

Step18. 创建图 9.8.28 所示的草图 6。选择下拉菜单 插入(S) ➡️ 🔲 在任务环境中绘制草图(V)... 命令；选取图 9.8.26 所示的基准平面为草图平面，进入草图环境绘制；绘制完成后单击 完成 按钮，完成草图 6 的创建。

图 9.8.26 基准平面 1   图 9.8.27 定义参照点

图 9.8.28 草图 6

Step19. 创建图 9.8.29 所示的网格曲面特征 2。选择下拉菜单 插入(S) ➡ 网格曲面(M) ➡ 通过曲线网格(M)... 命令；在绘图区选取图 9.8.30 所示的曲线 1，单击鼠标中键后选取曲线 2 为主曲线，单击鼠标中键确认；选取图 9.8.30 所示的曲线 3，单击鼠标中键选取曲线 4 为交叉曲线，其他参数采用系统默认设置；单击 < 确定 > 按钮，完成网格曲面特征 2 的创建。

图 9.8.29 网格曲面特征 2

图 9.8.30 选取曲线串 2

Step20. 创建图 9.8.31 所示延伸片体特征 1。选择下拉菜单 插入(S) ➡ 修剪(T) ▶ ➡ 延伸片体(X)... 命令，选取图 9.8.32 所示的边线为要移动的边，在 限制 区域的 限制 下拉列表中选择 偏置 选项，在 偏置 文本框中输入值 20，其他参数采用系统默认设置；单击 < 确定 > 按钮，完成延伸片体特征 1 的创建。

图 9.8.31 延伸片体特征 1

图 9.8.32 定义参照边 1

选取此边线

Step21. 创建图 9.8.33 所示的延伸片体特征 2。选择下拉菜单 插入(S) ➡ 修剪(T) ▶ ➡ 延伸片体(X)... 命令，选取图 9.8.34 所示的边线为要移动的边，在 限制 区域的 限制 下拉列表中选择 偏置 选项，在 偏置 文本框中输入值 2，其他参数采用系统默认设置；单击 < 确定 > 按钮，完成延伸片体特征 2 的创建。

图 9.8.33 延伸片体特征 2

图 9.8.34 定义参照边 2

选取此两条边线

Step22. 创建图 9.8.35 所示的修剪特征 5。选择下拉菜单 插入(S) ➡ 修剪(T) ▶ ➡ 修剪与延伸(N)... 命令，在 修剪和延伸类型 区域的下拉列表中选择 制作拐角 选项，选取图

9.8.36 所示的特征为目标体，选取图 9.8.36 所示的特征为工具体；调整方向保留图 9.8.35 所示的部分，单击 < 确定 > 按钮，完成修剪特征 5 的创建。

图 9.8.35 修剪特征 5

图 9.8.36 定义参照对象 4

Step23. 创建图 9.8.37 所示的边倒圆特征 1。选择下拉菜单 插入(S) ➡ 细节特征(L) ▶ ➡ 边倒圆(E) 命令，在 边 区域中单击 按钮，选择图 9.8.38 所示的边线为边倒圆参照，在 半径 1 文本框中输入值 2.5；单击 < 确定 > 按钮，完成边倒圆特征 1 的创建。

图 9.8.37 边倒圆特征 1

选取此边线

图 9.8.38 定义参照边 3

Step24. 创建图 9.8.39 所示的边倒圆特征 2。选择图 9.8.40 所示的边线为边倒圆参照，在 半径 1 文本框中输入值 2.5；单击 < 确定 > 按钮，完成边倒圆特征 2 的创建。

图 9.8.39 边倒圆特征 2

选取此边线

图 9.8.40 定义参照边 4

Step25. 创建图 9.8.41 所示的偏置曲面 1。选择下拉菜单 插入(S) ➡ 偏置/缩放(O) ➡ 偏置曲面(O)... 命令，在偏置 1 文本框中输入偏置量值 3，在绘图区域中选取图 9.8.42 所示的曲面，采用系统默认的偏置方向；单击 < 确定 > 按钮，完成偏置曲面 1 的创建。

Step26. 创建图 9.8.43 所示的草图 7。选择下拉菜单 插入(S) ➡ 在任务环境中绘制草图(V)... 命令，选取 XY 基准平面为草图平面，进入草图环境绘制；绘制完成后单击 完成 按钮，完成草图 7 的创建。

Step27. 创建图 9.8.44 所示的修剪特征 6。选择下拉菜单 插入(S) ➡ 修剪(T) ▶ ➡

📄 修剪片体(R)... 命令,选取偏置曲面 1 为目标体,选取图 9.8.43 所示的草图 7 为边界对象;调整区域保留图 9.8.44 所示的部分,单击 < 确定 > 按钮,完成修剪特征 6 的创建。

图 9.8.41　偏置曲面 1　　　　　　　　　　图 9.8.42　定义参照曲面

图 9.8.43　草图 7

图 9.8.44　修剪特征 6

Step28. 创建图 9.8.45 所示的偏置曲线 1 。选择下拉菜单 插入(S) ➡ 派生曲线(U) ➡ 📄 偏置(O)... 命令,在 偏置类型 区域的下拉列表中选择 ▬ 距离 选项,在绘图区域中选取图 9.8.46 所示的曲线,在 偏置 区域的 距离 文本框中输入值 3,采用系统默认的偏置方向;单击 < 确定 > 按钮,完成偏置曲线 1 的创建。

图 9.8.45　偏置曲线 1

图 9.8.46　定义参照曲线

Step29. 创建图 9.8.47 所示的网格曲面特征 3。选择下拉菜单 插入(S) ➡ 网格曲面(M) ➡ 📄 直纹(R)... 命令。在绘图区选取图 9.8.48 所示的曲线 1,单击鼠标中键后选取曲线 2 为主曲线,其他参数采用系统默认设置;单击 < 确定 > 按钮,完成网格曲面特征 3 的创建。

图 9.8.47　网格曲面特征 3

图 9.8.48　选取曲线串 3

Step30. 创建图 9.8.49 所示的修剪特征 7。选择下拉菜单 插入(S) ➡ 修剪(T) ▶ ➡ 修剪与延伸(N)... 命令，在 修剪和延伸类型 下拉列表中选择 制作拐角 选项，选取图 9.8.50 所示的特征为目标体，选取图 9.8.50 所示的特征为工具体；调整方向保留图 9.8.49 所示的部分，单击 < 确定 > 按钮，完成修剪特征 7 的创建。

图 9.8.49 修剪特征 7　　　　　　图 9.8.50 定义参照对象 5

Step31. 创建图 9.8.51 所示的零件基础特征——拉伸特征 4。选择下拉菜单 插入(S) ➡ 设计特征(E) ➡ 拉伸(E)... 命令，在绘图区选取图 9.8.52 所示的边线；在 指定矢量 下拉列表中选择 ZC↑ 选项；在 限制 区域的 开始 下拉列表中选择 值 选项，并在其下的 距离 文本框中输入值 0，在 限制 区域的 结束 下拉列表中选择 值 选项，并在其下的 距离 文本框中输入值 30；单击 < 确定 > 按钮，完成拉伸特征 4 的创建。

图 9.8.51 拉伸特征 4　　　　　　图 9.8.52 选取截面线串

Step32. 创建缝合特征 2。选择下拉菜单 插入(S) ➡ 组合(B) ▶ ➡ 缝合(W)... 命令，选取图 9.8.53 所示的曲面为目标体，选取图 9.8.53 所示的曲面为工具体；单击 确定 按钮，完成缝合特征 2 的创建。

图 9.8.53 缝合特征 2

Step33. 后面的详细操作过程请参见随书学习资源中的语音视频讲解。

9.9 范例9——洗发水瓶的设计

范例概述

本范例介绍了一个洗发水瓶的设计过程，主要讲述修剪有界平面，以及曲线网格曲面、偏置曲面、加厚曲面等命令的应用，其中还运用到了缝合、倒圆角等命令。要注意曲线的质量对曲面的影响，灵活运用各种曲线及曲面分析工具查看曲线及曲面中的缺陷并进行修改，其零件模型如图 9.9.1 所示。

图 9.9.1 零件模型

Step1. 新建文件。选择下拉菜单 文件(F) ➡ 📄 新建(N)... 命令，系统弹出"新建"对话框；在 模型 选项卡的 模板 区域中选取模板类型为 📄 模型，在 名称 文本框中输入文件名称 shampoo_bottle；单击 确定 按钮，进入建模环境。

Step2. 创建图 9.9.2 所示的草图 1。选择下拉菜单 插入(S) ➡ 🔲 在任务环境中绘制草图(V)... 命令，系统弹出"创建草图"对话框；选取 XY 基准平面为草图平面，单击 确定 按钮；进入草图环境，绘制图 9.9.2 所示的草图 1；选择下拉菜单 任务(K) ➡ 🔲 完成草图(K) 命令，退出草图环境。

Step3. 创建图 9.9.3 所示的拉伸特征 1。选择下拉菜单 插入(S) ➡ 设计特征(E) ➡ 🔲 拉伸(E)... 命令（或单击 🔲 按钮），系统弹出"拉伸"对话框；在绘图区选取 Step2 所创建的草图 1；在"拉伸"对话框 限制 区域的 开始 下拉列表中选择 🔲 值 选项，并在其下的 距离 文本框中输入值 0；在 限制 区域的 结束 下拉列表中选择 🔲 值 选项，并在其下的 距离 文本框中输入值 150；在 体类型 下拉列表中选择 片体，其他参数采用系统默认设置；单击 < 确定 > 按钮，完成拉伸特征 1 的创建。

Step4. 创建图 9.9.4 所示的草图 2。选择下拉菜单 插入(S) ➡ 🔲 在任务环境中绘制草图(V)... 命令，系统弹出"创建草图"对话框；选取 XZ 基准平面为草图平面，单击 确定 按钮，进入草图环境，绘制图 9.9.4 所示的草图 2；选择下拉菜单 任务(K) ➡ 🔲 完成草图(K) 命令，退出草图环境。

图 9.9.2 草图 1

图 9.9.3 拉伸特征 1

Step5. 创建图 9.9.5 所示的修剪片体特征 1。选择下拉菜单 插入(S) ➡ 修剪(T) ➡ 修剪片体(R)... 命令（或单击 按钮），系统弹出"修剪片体"对话框；在绘图区选取拉伸特征 1 为修剪的目标片体，单击鼠标中键确认；选取 Step4 所创建的草图 2 为修剪边界（将选择范围过滤器调整为"没有选择过滤器"），在 投影方向 下拉列表中选择 垂直于曲线平面 选项，在 区域 区域中选择 ⊙ 保留 单选项，确认图 9.9.5 所示的区域为被选中的状态；单击 < 确定 > 按钮，完成修剪片体特征 1 的创建。

图 9.9.4 草图 2

图 9.9.5 修剪片体特征 1

Step6. 创建图 9.9.6 所示的草图 3。选择下拉菜单 插入(S) ➡ 在任务环境中绘制草图(V)... 命令，系统弹出"创建草图"对话框；选取 XZ 基准平面为草图平面，单击 确定 按钮；进入草图环境，绘制图 9.9.6 所示的草图 3；选择下拉菜单 任务(K) ➡ 完成草图(K) 命令，退出草图环境。

Step7. 创建图 9.9.7 所示的修剪片体特征 2。选择下拉菜单 插入(S) ➡ 修剪(T) ➡ 修剪片体(R)... 命令（或单击 按钮），系统弹出"修剪片体"对话框；在绘图区选取修剪片体特征 1 为修剪的目标片体，单击鼠标中键确认，选取 Step6 所创建的草图 3 为修剪边界，在 投影方向 下拉列表中选择 垂直于曲线平面 选项，在 区域 区域中选择 ⊙ 保留 单选项，确认图 9.9.7 所示的片体为被选中的状态；单击 < 确定 > 按钮，完成修剪片体特征 2 的创建。

Step8. 创建图 9.9.8 所示的草图 4。选择下拉菜单 插入(S) ➡ 在任务环境中绘制草图(V)... 命令，系统弹出"创建草图"对话框；选取 XY 基准平面为草图平面，单击 确定 按钮；进入草图环境，绘制图 9.9.8 所示的草图 4；选择下拉菜单 任务(K) ➡ 完成草图(K) 命令，退出草图环境。

Step9. 创建图 9.9.9 所示的拉伸特征 2。选择下拉菜单 插入(S) ➡ 设计特征(E) ➡ 拉伸(E)... 命令（或单击 按钮），系统弹出"拉伸"对话框；在绘图区选取 Step8 所创建的草图 4；在"拉伸"对话框 限制 区域的 开始 下拉列表中选择 值 选项，并在其下的 距离 文本框中输入值 0；在 限制 区域的 结束 下拉列表中选择 值 选项，并在其下的 距离 文本框中输入值 150；在 体类型 下拉列表中选择 片体，其他参数采用系统默认设置；单击 < 确定 > 按钮，完成拉伸特征 2 的创建。

图 9.9.6　草图 3　　　　　　　　图 9.9.7　修剪片体特征 2

图 9.9.8　草图 4　　　　　　　　图 9.9.9　拉伸特征 2

Step10. 创建图 9.9.10 所示的草图 5。选择下拉菜单 插入(S) ➡ 在任务环境中绘制草图(V)... 命令，系统弹出"创建草图"对话框；选取 XZ 基准平面为草图平面，单击 确定 按钮；进入草图环境，绘制图 9.9.10 所示的草图 5；选择下拉菜单 任务(K) ➡ 完成草图(K) 命令，退出草图环境。

Step11. 创建图 9.9.11 所示的修剪片体特征 3。选择下拉菜单 插入(S) ➡ 修剪(T) ➡ 修剪片体(R)... 命令（或单击 按钮），系统弹出"修剪片体"对话框；在绘图区选取拉伸特征 2 为修剪的目标片体，单击鼠标中键确认，选取 Step10 所创建的草图 5 为修剪边界（将选择范围过滤器调整为"没有选择过滤器"），在 投影方向 下拉列表中选择 垂直于曲线平面 选项，在 区域 区域中选择 ⊙ 保留 单选项，确认图 9.9.11 所示的片体为被选中的状态；单击 < 确定 > 按钮，完成修剪片体特征 3 的创建。

图 9.9.10 草图 5

图 9.9.11 修剪片体特征 3

Step12. 创建图 9.9.12 所示的草图 6。选择下拉菜单 插入(S) ➡ 在任务环境中绘制草图(V)... 命令，系统弹出"创建草图"对话框；选取 XZ 基准平面为草图平面，单击 确定 按钮；进入草图环境，绘制图 9.9.12 所示的草图 6；选择下拉菜单 任务(K) ➡ 完成草图(K) 命令，退出草图环境。

Step13. 创建图 9.9.13 所示的修剪片体特征 4。选择下拉菜单 插入(S) ➡ 修剪(T) ➡ 修剪片体(R)... 命令（或单击 按钮），系统弹出"修剪片体"对话框；在绘图区选取修剪片体特征 3 为修剪的目标片体，单击鼠标中键确认，选取 Step12 所创建的草图 6 为修剪边界，在 投影方向 下拉列表中选择 垂直于曲线平面，在 区域 区域中选择 ⊙ 保留 单选项，确认图 9.9.13 所示的片体为被选中的状态；单击 < 确定 > 按钮，完成修剪片体特征 4 的创建。

图 9.9.12 草图 6

图 9.9.13 修剪片体特征 4

Step14. 创建图 9.9.14 所示的草图 7。选择下拉菜单 插入(S) ➡ 在任务环境中绘制草图(V)...

命令，系统弹出"创建草图"对话框；选取 XY 基准平面为草图平面，单击 确定 按钮；进入草图环境，绘制图 9.9.14 所示的草图 7；选择下拉菜单 任务(K) ➡ 完成草图(K) 命令，退出草图环境。

Step15. 创建图 9.9.15 所示的基准平面 1。选择下拉菜单 插入(S) ➡ 基准/点(D) ➡ 基准平面(D)... 命令（或单击 按钮），系统弹出"基准平面"对话框；单击 < 确定 > 按钮，完成基准平面 1 的创建（注：具体参数和操作参见随书学习资源）。

图 9.9.14　草图 7　　　　　　　　　图 9.9.15　基准平面 1

Step16. 创建图 9.9.16 所示的草图 8。选择下拉菜单 插入(S) ➡ 在任务环境中绘制草图(V)... 命令，系统弹出"创建草图"对话框；选取基准平面 1 为草图平面，单击 确定 按钮；进入草图环境，绘制图 9.9.17 所示的草图 8。

图 9.9.16　草图 8（建模环境）　　　　　图 9.9.17　草图 8（草绘环境）

Step17. 创建图 9.9.18 所示的网格曲面特征 1。选择下拉菜单 插入(S) ➡ 网格曲面(M) ➡ 通过曲线网格(M)... 命令（或在"曲面"工具栏中单击"通过曲线网格"按钮 ），系统弹出"通过曲线网格"对话框；选择图 9.9.19 所示的曲线 1，单击鼠标中键后选取曲线 2，单击鼠标中键确认，再次单击鼠标中键后，选取图 9.9.19 所示的曲线 3，单击鼠标中键后选取曲线 4；单击 < 确定 > 按钮，完成网格曲面特征 1 的创建。

注意：在定义主曲线时，所选曲线的方向必须一致，交叉线的方向也必须一致。

图 9.9.18 网格曲面特征 1

图 9.9.19 定义曲线串

Step18. 创建图 9.9.20 所示的网格曲面特征 2。详细操作过程请参考随书学习资源。

图 9.9.20 网格曲面特征 2

Step19. 创建曲面缝合特征 1。选择下拉菜单 插入(S) ➞ 组合(B) ▶ ➞ 缝合(W)... 命令，系统弹出"缝合"对话框；选取 Step18 所创建的网格曲面特征 2 为缝合的目标片体，选取其余所有曲面为缝合刀具片体；单击 确定 按钮，完成曲面缝合特征的创建。

Step20. 创建图 9.9.21b 所示的特征——倒圆角 1。选取图 9.9.21a 所示的边为倒圆角的对象，倒圆角半径为 2。

Step21. 创建图 9.9.22 所示的草图 9。选择下拉菜单 插入(S) ➞ 在任务环境中绘制草图(V)... 命令，系统弹出"创建草图"对话框；选取 XZ 基准平面为草图平面，单击 确定 按钮；进入草图环境，绘制图 9.9.22 所示的草图 9；选择下拉菜单 任务(K) ➞ 完成草图(K) 命令，退出草图环境。

a) 倒圆角前   b) 倒圆角后

图 9.9.21 倒圆角 1

Step22. 创建图 9.9.23 所示的拉伸特征 3。选择下拉菜单 插入(S) ➡ 设计特征(E) ➡ ⫿ 拉伸(E)... 命令（或单击 ⫿ 按钮），系统弹出"拉伸"对话框；在绘图区选取 Step21 所创建的草图 9；将拉伸的方向设置为 YC 方向；在"拉伸"对话框 限制 区域的 开始 下拉列表中选择 ⬨ 对称值 选项，并在其下的 距离 文本框中输入值 20；在 体类型 下拉列表中选择 片体，其他参数采用系统默认设置；单击 < 确定 > 按钮，完成拉伸特征 3 的创建。

图 9.9.22　草图 9

Step23. 创建图 9.9.24 所示的修剪与延伸特征 1。选择下拉菜单 插入(S) ➡ 修剪(T) ➡ 🔘 修剪与延伸(N)... 命令，系统弹出"修剪与延伸"对话框；在绘图区选取拉伸特征 3 为修剪的目标片体，单击鼠标中键确认；选取 Step20 所创建的倒圆角 1 为工具片体，确认保留部分为图 9.9.24 所示的区域；单击 确定 按钮，完成修剪与延伸特征 1 的创建。

图 9.9.23　拉伸特征 3

图 9.9.24　修剪与延伸特征 1

Step24. 创建图 9.9.25 所示的偏置曲面特征 1。选择下拉菜单 插入(S) ➡ 偏置/缩放(O) ➡ 🔲 偏置曲面(O)... 命令，系统弹出"偏置曲面"对话框；在偏置 1 文本框中输入偏置量值 2，在绘图区域中选取图 9.9.26 所示的曲面；单击"偏置曲面"对话框中的 < 确定 > 按钮，完成偏置曲面特征 1 的创建。

图 9.9.25　偏置曲面特征 1

图 9.9.26　定义偏置面

Step25. 创建基准平面 2。选择下拉菜单 插入(S) ➤ 基准/点(D) ➤ 基准平面(D)... 命令（或单击 按钮），系统弹出"基准平面"对话框；在 类型 区域的下拉列表中选择 按某一距离 选项，在绘图区选取 XY 基准平面，在 偏置 区域的 距离 文本框中输入值 155；在"基准平面"对话框中单击 < 确定 > 按钮，完成基准平面 2 的创建。

Step26. 创建图 9.9.27 所示的草图 10。选择下拉菜单 插入(S) ➤ 在任务环境中绘制草图(V)... 命令，系统弹出"创建草图"对话框；选取 Step25 创建的基准平面 2 为草图平面，单击 确定 按钮；进入草图环境，绘制图 9.9.27 所示的草图 10；选择下拉菜单 任务(K) ➤ 完成草图(K) 命令，退出草图环境。

Step27. 创建图 9.9.28 所示的拉伸特征 4。选择下拉菜单 插入(S) ➤ 设计特征(E) ➤ 拉伸(E)... 命令（或单击 按钮），系统弹出"拉伸"对话框；在绘图区选取 Step26 所创建的草图 10；将拉伸的方向设置为-ZC 方向；在"拉伸"对话框 限制 区域的 开始 下拉列表中选择 值 选项，并在其下的 距离 文本框中输入值 0；在 限制 区域的 结束 下拉列表中选择 值 选项，并在其下的 距离 文本框中输入值 30；在 体类型 下拉列表中选择 片体，其他参数采用系统默认设置；单击 < 确定 > 按钮，完成拉伸特征 4 的创建。

图 9.9.27　草图 10

图 9.9.28　拉伸特征 4

Step28. 创建图 9.9.29 所示的修剪体特征 5。选择下拉菜单 插入(S) ➤ 修剪(T) ➤ 修剪片体(R)... 命令（或单击 按钮），系统弹出"修剪片体"对话框；在绘图区选取 Step27 所创建的拉伸特征 4 为修剪的目标片体，单击鼠标中键确认，选取偏置曲面为修剪边界，在 区域 区域中选择 ⊙放弃 单选项；单击 < 确定 > 按钮，完成修剪体特征 5 的创建。

Step29. 创建图 9.9.30 所示的修剪与延伸特征 2（已隐藏偏置面）。选择下拉菜单 插入(S) ➤ 修剪(T) ➤ 修剪与延伸(N)... 命令，系统弹出"修剪与延伸"对话框；在绘图区选取修剪体特征 5 为修剪的目标片体，单击鼠标中键确认；选取图 9.9.30 所示的面为修剪边界，确认保留部分为图 9.9.30 所示的区域；单击 确定 按钮，完成修剪与延伸特征 2 的创建。

图 9.9.29　修剪体特征 5　　　　　　　　　图 9.9.30　修剪与延伸特征 2

Step30. 创建图 9.9.31 所示的草图 11。选择下拉菜单 插入(S) ➡ 📇 在任务环境中绘制草图(V)... 命令，系统弹出"创建草图"对话框；选取 Step25 所创建的基准平面 2 为草图平面，单击 确定 按钮；进入草图环境，绘制图 9.9.31 所示的草图 11；选择下拉菜单 任务(K) ➡ 🏁 完成草图(K) 命令，退出草图环境。

Step31. 创建图 9.9.32 所示的拉伸特征 5。选择下拉菜单 插入(S) ➡ 设计特征(E) ➡ 🔟 拉伸(E)... 命令（或单击 🔟 按钮），系统弹出"拉伸"对话框；在绘图区选取 Step30 所创建的草图 11；在"拉伸"对话框 限制 区域的 开始 下拉列表中选择 🏦 值 选项，并在其下的 距离 文本框中输入值 0；在 限制 区域的 结束 下拉列表中选择 🏦 值 选项，并在其下的 距离 文本框中输入值 6；在 体类型 下拉列表中选择 片体 ，其他参数采用系统默认设置；单击 < 确定 > 按钮，完成拉伸特征 5 的创建。

图 9.9.31　草图 11

图 9.9.32　拉伸特征 5

Step32. 创建图 9.9.33 所示的基准点 1。选择下拉菜单 插入(S) ➡ 基准/点(D) ➡ ➕ 点(E)... 命令，系统弹出"点"对话框；在 类型 区域的下拉列表中选择 曲线/边上的点 选项，选取图 9.9.33 所示的圆弧为参考曲线，在对话框 曲线上的位置 区域的 位置 下拉列表中选择 🔧 弧长百分比 并在 弧长百分比 文本框中输入数值 50；单击 < 确定 > 按钮，完成基准点 1 的创建。

图 9.9.33　基准点 1

Step33. 创建图 9.9.34 所示的基准点 2。选择下拉菜单 插入(S) ➡ 基准/点(D) ➡ ✛ 点(P)... 命令，系统弹出"点"对话框；在 类型 区域的下拉列表中选择 曲线/边上的点 选项；选取图 9.9.34 所示的圆弧为参考曲线；在对话框 曲线上的位置 区域的 位置 下拉列表中选择 弧长百分比 并在 弧长百分比 文本框中输入数值 50；单击 < 确定 > 按钮，完成基准点 2 的创建。

选取此圆弧　　　　　　　　　　　　　　　　　基准点 2

图 9.9.34　基准点 2

Step34. 创建图 9.9.35 所示的基准平面 3。选择下拉菜单 插入(S) ➡ 基准/点(D) ➡ ◻ 基准平面(D)... 命令（或单击 ◻ 按钮），系统弹出"基准平面"对话框；在 类型 区域的下拉列表中选择 自动判断 选项，在绘图区选取 Step32 与 Step33 所创建的基准点 1、基准点 2 与图 9.9.35 所示的圆弧中心点为参考点；在"基准平面"对话框中单击 < 确定 > 按钮，完成基准平面 3 的创建。

放大图

选取此点

图 9.9.35　基准平面 3

Step35. 创建图 9.9.36 所示的草图 12。选择下拉菜单 插入(S) ➡ 品 在任务环境中绘制草图(V)... 命令，系统弹出"创建草图"对话框；选取 Step34 所创建的基准平面 3 为草图平面，单击 确定 按钮；进入草图环境，绘制图 9.9.36 所示的草图 12；选择下拉菜单 任务(K) ➡ ▨ 完成草图(K) 命令，退出草图环境。

图 9.9.36 草图 12

Step36. 创建图 9.9.37 所示的草图 13。选择下拉菜单 插入(S) ➡️ 🔛 在任务环境中绘制草图(V)... 命令，系统弹出"创建草图"对话框；选取 Step34 所创建的基准平面 3 为草图平面，单击 确定 按钮；进入草图环境，绘制图 9.9.37 所示的草图 13；选择下拉菜单 任务(K) ➡️ 🔳 完成草图(K) 命令，退出草图环境。

图 9.9.37 草图 13

Step37. 创建图 9.9.38 所示的基准点 3。选择下拉菜单 插入(S) ➡️ 基准/点(D) ➡️ ➕ 点(P)... 命令，系统弹出"点"对话框；在 类型 区域的下拉列表中选择 曲线/边上的点 选项；选取图 9.9.38 所示的边线为参考曲线（靠近图 9.9.38 所示边线的右侧选取）；在 曲线上的位置 区域的 位置 下拉列表中选择 弧长百分比 并在 弧长百分比 文本框中输入数值 40；单击 < 确定 > 按钮，完成基准点 3 的创建。

选取此边线

基准点 3

图 9.9.38 基准点 3

Step38. 创建图 9.9.39 所示的基准点 4。选择下拉菜单 插入(S) ➡ 基准/点(D) ➡ ┼ 点(P)... 命令，系统弹出"点"对话框；在 类型 区域的下拉列表中选择 曲线/边上的点 选项；选取图 9.9.39 所示的边线为参考曲线（靠近图 9.9.39 所示边线的左侧选取）；在对话框 曲线上的位置 区域的 位置 下拉列表中选择 弧长百分比 并在 弧长百分比 文本框中输入数值 40；单击 < 确定 > 按钮，完成基准点 4 的创建。

图 9.9.39 基准点 4

Step39. 创建图 9.9.40 所示的基准平面 4。选择下拉菜单 插入(S) ➡ 基准/点(D) ➡ □ 基准平面(D)... 命令（或单击 □ 按钮），系统弹出"基准平面"对话框；在 类型 区域的下拉列表中选择 自动判断 选项，在绘图区选取 Step37 与 Step38 所创建的基准点 3、基准点 4 与图 9.9.40 所示的圆弧中心点为参考点；在"基准平面"对话框中单击 < 确定 > 按钮，完成基准平面 4 的创建。

图 9.9.40 基准平面 4

Step40. 创建图 9.9.41 所示的草图 14。选择下拉菜单 插入(S) ➡ 在任务环境中绘制草图(V)... 命令，系统弹出"创建草图"对话框；选取 Step39 所创建的基准平面 4 为草图平面，单击 确定 按钮；进入草图环境，绘制图 9.9.41 所示的草图 14；选择下拉菜单 任务(K) ➡ 完成草图(K) 命令，退出草图环境。

Step41. 创建图 9.9.42 所示的草图 15。选择下拉菜单 插入(S) ➡ 在任务环境中绘制草图(V)... 命令，系统弹出"创建草图"对话框；选取 Step39 中创建的基准平面 4 为草图平面，单击 确定 按钮；进入草图环境，绘制图 9.9.42 所示的草图 15；选择下拉菜单 任务(K) ➡ 完成草图(K) 命令，退出草图环境。

图 9.9.41　草图 14　　　　　　　　　　图 9.9.42　草图 15

Step42. 创建图 9.9.43 所示的曲线网格特征 1。选择下拉菜单 插入(S) ➡ 网格曲面(M) ➡ 通过曲线网格(M)... 命令，系统弹出"通过曲线网格"对话框；在"曲线规格"命令条中选择 单条曲线 选项，单击"在相交处停止"按钮 ┼┼，选择图 9.9.44a 所示的曲线 1，单击鼠标中键后选取图 9.9.44b 所示的曲线 2，单击鼠标中键确认；单击鼠标中键，选取图 9.9.44c 所示的曲线 3 和曲线 4，分别单击鼠标中键；在 连续性 区域的 第一主线串 下拉列表中选择 G1（相切） 选项，单击 ⬜ 按钮，选取图 9.9.44a 所示的面；在 最后主线串 的下拉列表中选择 G1（相切） 选项，单击 ⬜ 按钮，选取图 9.9.44b 所示的面，其他参数采用系统默认设置；单击 ＜ 确定 ＞ 按钮，完成曲线网格特征 1 的创建。

图 9.9.43　曲线网格特征 1

图 9.9.44　定义参考曲线 1

Step43. 创建图 9.9.45 所示的曲线网格特征 2，详细操作过程可参考 Step42。

Step44. 创建图 9.9.46 所示的曲线网格特征 3。选择下拉菜单 插入(S) ➡ 网格曲面(M) ➡ 通过曲线网格(M)... 命令，系统弹出"通过曲线网格"对话框；在"曲线规格"命令条中选择 单条曲线 选项，并单击"在相交处停止"按钮 ⟂；选择图 9.9.47a 所示的曲线 1，单击鼠标中键后选取图 9.9.47b 所示的曲线 2，单击鼠标中键确认；单击鼠标中键，选取图 9.9.47c 所示的曲线 3 和曲线 4，分别单击鼠标中键；在 连续性 区域的 第一主线串 下拉列表中选择 G1（相切），单击 ▢ 按钮，选取图 9.9.47a 所示的面；在 最后主线串 下拉列表中选择 G1（相切），单击 ▢ 按钮，选取图 9.9.47b 所示的面；在 连续性 区域的 第一交叉线串 下拉列表中选择 G1（相切）选项，单击 ▢ 按钮，选取图 9.9.47c 所示的面 1；在 最后交叉线串 下拉列表中选择 G1（相切）选项，单击 ▢ 按钮，选取图 9.9.47c 所示的面 2；其他参数采用系统默认设置；单击 ＜ 确定 ＞ 按钮，完成曲线网格特征 3 的创建。

图 9.9.45　曲线网格特征 2　　　　　　图 9.9.46　曲线网格特征 3

图 9.9.47　定义参考曲线 2

Step45. 创建图 9.9.48 所示的曲线网格特征 4，详细操作过程可参考 Step42。

Step46. 创建曲面缝合特征 2。选择下拉菜单 插入(S) ➡ 组合(B) ▸ ➡ 缝合(W)... 命令，系统弹出"缝合"对话框；选取 Step45 所创建的曲线网格特征为缝合的目标片体；

单击鼠标中键，选取其余曲面特征为工具片体；在"缝合"对话框中单击 确定 按钮，完成缝合特征 2 的创建。

图 9.9.48　曲线网格特征 4

Step47. 创建边倒圆 1。选择下拉菜单 插入(S) ━━▶ 细节特征(L) ▶ ━━▶ 边倒圆(E) 命令（或单击 按钮），系统弹出"边倒圆"对话框；在 边 区域中单击 按钮，选取图 9.9.49a 所示的边线为边倒圆参照，在 半径 1 文本框中输入值 2；单击 < 确定 > 按钮，完成边倒圆 1 的创建。

a）倒圆角前　　　　　　　　　　　　　　　　　　　　　　　　b）倒圆角后

图 9.9.49　边倒圆 1

Step48. 创建图 9.9.50b 所示的特征——边倒圆 2。选取图 9.9.50a 所示的边线为倒圆角的对象，倒圆角半径为 0.5。

a）倒圆角前　　　　　　　　　　　　　　　　　　　　　　　　b）倒圆角后

图 9.9.50　边倒圆 2

Step49. 创建图 9.9.51 所示的有界平面 1。选择下拉菜单 插入(S) ➡ 曲面(R) ➡ 有界平面(B)... 命令，系统弹出"有界平面"对话框；根据系统 选择有界平面的曲线 的提示，在图形区选取图 9.9.52 所示的边线作为有界平面的边界；单击 < 确定 > 按钮，完成有界平面 1 的创建。

图 9.9.51　有界平面 1　　　　　　　　图 9.9.52　选取有界平面的边界 1

Step50. 创建曲面缝合特征 3。选择下拉菜单 插入(S) ➡ 组合(B) ▶ ➡ 缝合(W)... 命令，系统弹出"缝合"对话框；选取 Step49 所创建的有界平面为缝合的目标片体；单击鼠标中键，选取缝合特征 2 为工具片体；在"缝合"对话框中单击 确定 按钮，完成缝合特征 3 的创建。

Step51. 创建图 9.9.53 所示的草图 16。选择下拉菜单 插入(S) ➡ 在任务环境中绘制草图(V)... 命令，系统弹出"创建草图"对话框；选取 XY 平面为草图平面，单击 确定 按钮，进入草图环境，绘制图 9.9.53 所示的草图 16；选择下拉菜单 任务(K) ➡ 完成草图(K) 命令，退出草图环境。

Step52. 创建基准平面 5。选择下拉菜单 插入(S) ➡ 基准/点(D) ➡ 基准平面(D)... 命令（或单击 按钮），系统弹出"基准平面"对话框；在 类型 区域的下拉列表中选择 按某一距离 选项，在绘图区选取 XY 基准平面，在 偏置 区域的 距离 文本框中输入值 2；在"基准平面"对话框中单击 < 确定 > 按钮，完成基准平面 5 的创建。

Step53. 创建图 9.9.54 所示的草图 17。选择下拉菜单 插入(S) ➡ 在任务环境中绘制草图(V)... 命令，系统弹出"创建草图"对话框；选取基准平面 5 为草图平面，单击 确定 按钮；进入草图环境，绘制图 9.9.54 所示的草图 17；选择下拉菜单 任务(K) ➡ 完成草图(K) 命令，退出草图环境。

图 9.9.53　草图 16　　　　　　　　图 9.9.54　草图 17

Step54. 创建图 9.9.55 所示的修剪体特征 6。选择下拉菜单 插入(S) ➡ 修剪(T) ➡ 修剪片体(R)... 命令（或单击 按钮），系统弹出"修剪片体"对话框；在绘图区选取缝合特征 3 为修剪的目标片体，单击鼠标中键，选取草图 16 为修剪边界，在 区域 区域中选择 ◉ 保留 单选项；单击 < 确定 > 按钮，完成修剪体特征 6 的创建。

Step55. 创建图 9.9.56 所示的通过曲线组特征。选择下拉菜单 插入(S) ➡ 网格曲面(M) ➡ 通过曲线组(T)... 命令（或在"曲面"工具栏中单击"通过曲线网格"按钮 ），系统弹出"通过曲线组"对话框；在绘图区域选取草图 16，单击鼠标中键后选取草图 17，在 设置 区域 体类型 下拉列表中选择 片体 选项；其他参数采用系统默认设置；单击 < 确定 > 按钮，完成通过曲线组特征的创建。

图 9.9.55　修剪体特征 6　　　　　　　图 9.9.56　通过曲线组特征

Step56. 创建图 9.9.57 所示的有界平面 2。选择下拉菜单 插入(S) ➡ 曲面(R) ➡ 有界平面(B)... 命令，系统弹出"有界平面"对话框；根据系统 选择有界平面的曲线 的提示，在图形区选取图 9.9.58 所示的边线作为有界平面的边界；单击 < 确定 > 按钮，完成有界平面 2 的创建。

图 9.9.57　有界平面 2　　　　　　　图 9.9.58　选取有界平面的边界 2

Step57. 创建曲面缝合特征 4。选择下拉菜单 插入(S) ➡ 组合(B) ▶ ➡ 缝合(W)... 命令，系统弹出"缝合"对话框；选取 Step56 所创建的有界平面为缝合的目标片体；单击鼠标中键，选取其余所有的片体为工具片体；在"缝合"对话框中单击 确定 按钮，完成缝合特征 4 的创建。

Step58. 后面的详细操作过程请参见随书学习资源中的语音视频讲解。

学习拓展：扫码学习更多视频讲解。

讲解内容：曲面设计实例精选。本部分首先对常用的曲面设计思路和方法进行了系统的总结，然后讲解了数十个典型曲面产品设计的全过程，并对每个产品的设计要点都进行了深入剖析。

读者意见反馈卡

书名： 《UG NX 12.0 曲面设计教程》

1. 读者个人资料：

姓名：_____ 性别：____ 年龄：____ 职业：_____ 职务：_____ 学历：_____

专业：_____ 单位名称：_____ 电话：_____ 手机：_____

邮寄地址：_____ 邮编：_____ E-mail：_____

2. 影响您购买本书的因素（可以选择多项）：

☐内容 ☐作者 ☐价格

☐朋友推荐 ☐出版社品牌 ☐书评广告

☐工作单位（就读学校）指定 ☐内容提要、前言或目录 ☐封面封底

☐购买了本书所属丛书中的其他图书 ☐其他_____

3. 您对本书的总体感觉：

☐很好 ☐一般 ☐不好

4. 您认为本书的语言文字水平：

☐很好 ☐一般 ☐不好

5. 您认为本书的版式编排：

☐很好 ☐一般 ☐不好

6. 您认为 UG 其他哪些方面的内容是您所迫切需要的？

_____

7. 其他哪些 CAD/CAM/CAE 方面的图书是您所需要的？

_____

8. 您认为我们的图书在叙述方式、内容选择等方面还有哪些需要改进？

_____

本书学习资源中含有该"读者意见反馈卡"的电子文档，请认真填写本反馈卡，并 E-mail 给我们。E-mail: 兆迪科技 zhanygjames@163.com，丁锋 fengfener@qq.com。咨询电话：010-82176248，010-82176249。

读者回馈活动：

为了感谢广大读者对兆迪科技图书的信任与支持，兆迪科技面向读者推出"免费送课"活动，即日起，读者凭有效购书证明，可领取价值 100 元的在线课程代金券 1 张，此券可在兆迪科技网校（http://www.zalldy.com/）免费换购在线课程 1 门，也可以在购买在线课程时抵扣现金。活动详情可以登录兆迪网校或者关注兆迪公众号查看。

兆迪网校

兆迪公众号

咨询电话：010-82176248，010-82176249。